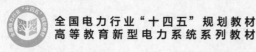

全国电力行业"十四五"规划教材
高等教育新型电力系统系列教材

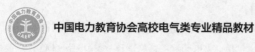

中国电力教育协会高校电气类专业精品教材

电力电子技术

Power Electronics

第三版

王 毅　孙丽玲　李建文　石新春　编著
段善旭　主审

中国电力出版社
CHINA ELECTRIC POWER PRESS

内 容 提 要

本书为全国电力行业"十四五"规划教材。

本书紧密结合电力电子技术的最新发展情况以及在电力系统中的典型应用，对《电力电子技术》教学内容进行了全面更新与完善。本书共分为 5 章，包括电力电子器件、AC‐DC 变换电路、DC‐AC 变换电路、DC‐DC 变换电路和 AC‐AC 变换电路。每章都围绕一个具体的工程案例（如直流输电、光伏发电等）展开，并将工程问题与理论知识点相融合，最后给出仿真算例分析，从而有利于基于该教材形成"发现问题—理论探究—仿真模拟—解决问题"的闭环教学过程。

本书可作为电气类、自动化类等相关专业电力电子课程的本科教材，也可作为相关专业研究生的参考教材，还可作为相关工程技术人员的参考用书。

图书在版编目（CIP）数据

电力电子技术/王毅等编著 . —3 版 . —北京：中国电力出版社，2023.12
ISBN 978‐7‐5198‐8020‐0

Ⅰ.①电… Ⅱ.①王… Ⅲ.①电力电子技术—教材 Ⅳ.①TM76

中国国家版本馆 CIP 数据核字（2023）第 143226 号

出版发行：中国电力出版社
地　　址：北京市东城区北京站西街 19 号（邮政编码 100005）
网　　址：http://www.cepp.sgcc.com.cn
责任编辑：雷　锦　常丽燕（010‐63412530）
责任校对：黄　蓓　常燕昆
装帧设计：郝晓燕
责任印制：吴　迪

印　　刷：北京九天鸿程印刷有限责任公司
版　　次：2005 年 5 月第一版　2023 年 12 月第三版
印　　次：2023 年 12 月北京第一次印刷
开　　本：787 毫米×1092 毫米　16 开本
印　　张：14.5
字　　数：358 千字
定　　价：52.00 元

前　言

　　电力电子换流器具有高效、高功率密度和高可靠性等诸多优点，是新型电力系统中"源网荷储"各环节都必不可少的核心装备，也必将是未来能源体系实现"双碳"目标的重要技术手段。随着电力电子技术在电力系统中渗透率的不断提高，作为电气工程及其自动化专业的必修课程，电力电子技术与其他各专业课程的联系也更加紧密，掌握电力电子换流器原理将为后续深入学习能源互联网领域的专业知识奠定基础。

　　从本书第一版出版至今，电力电子技术在拓扑结构、控制技术和应用领域都一直在蓬勃发展之中，本课程的教学方法和手段也在不断改革更新。本书第三版仍按照电力电子器件、基本电力变换电路来组织内容结构，但对内容进行了更新和梳理，如删减了一些已不具备实用价值的电路，拓展了双向 DC-DC 变换电路、多电平变换电路及软开关技术等，使内容更加全面系统、结构更加清晰合理。一方面，在阐述电力电子技术原理的同时，将前沿性工程案例与理论教学体系有机融合，以明确目标点、找准兴趣点、融入思政点，激发学生的兴趣与爱国情怀，培养学生的工程思想；另一方面，将虚拟仿真算例作为从理论迈向工程的桥梁，以增强学习的全面性、先进性和互动性，培养学生自主探究工程问题的综合能力与高级思维。

　　本书主要介绍电力电子技术的基本原理及其在电力系统中的应用，并将工程案例与仿真算例融入电路学习之中。第 1 章为电力电子器件，作为后续电路分析的基础，重点介绍几种广泛应用的电力电子器件的工作原理、基本特性、主要参数及应用情况，并更新了碳化硅电力电子器件及电力电子器件的辅助电路等内容，简单介绍了电力电子器件的仿真模型。第 2 章为 AC-DC 变换电路，首先介绍原理更为简单的不可控整流电路，而对晶闸管相控电路仅阐述符合实际应用的具有大电感滤波的阻感负载工况的波形分析和数值计算，分析 AC-DC 变换电路的有源逆变工作状态以及谐波与无功问题，并结合高压直流输电仿真算例加深读者对相控电路的工作原理及控制性能的理解。第 3 章为 DC-AC 变换电路，首先简述方波控制下的电路原理，然后重点阐述电压型脉冲宽度调制逆变电路原理，分析其整流与逆变工作状态、四象限运行以及谐波特点，并结合变频调速领域的应用进一步分析其变压变频性能。第 4 章为 DC - AC 变换电路，重点阐述非隔离型、隔离型、双向 DC - DC 变换电路的工作原理，还简要介绍了软开关技术，并给出了光伏发电系统中 DC - DC 变换电路的仿真算例。第 5 章为 AC - AC 变换电路，重点介绍传统交流电力控制电路中的交流调压电路、交流调功电路和交流无触点开关的电路结构及原理，简要介绍了直接 AC - AC 变频电路及 AC - DC - AC 组合变换电路的原理，最后给出了 AC - AC 变换电路在静止无功补偿领域的仿真算例。

为了方便教学，提高学生的学习兴趣，加强学生对所学内容的理解，本教材还配套了慕课、基于 MATLAB/Simulink 和 PSIM 软件的电力电子电路仿真程序，以帮助学生深入分析和理解各种变换电路的拓扑结构和控制原理，并进一步对电路的参数进行设计和优化。

在本书的编写过程中，华北电力大学（保定）付超、孙玉巍、田艳军等老师给予了极大的支持和帮助，同时研究生魏子文、高玉华、余祖泳、韩创等同学参与了仿真算例、插图绘制及书稿校对等工作，在此表示衷心的感谢。

限于编者水平，书中内容难免存在疏漏之处，殷切希望广大读者不吝指正，提出改进意见。

编　者
2023 年 5 月于华北电力大学（保定）

第一版前言

电力电子技术又称为功率电子技术，它是用于电能变换和功率控制为主要目的的电子技术。电力电子技术是弱电控制强电的方法和手段，是当代高新技术发展的重要内容，也是支持电力系统技术革新和技术革命发展的重要基础，并成为节能降耗、增产节约、提高生产效能的重要技术手段。随着微电子技术、计算机技术以及大功率电力电子技术的快速发展，极大地推动了电工技术、电气工程和电力系统的技术发展和技术进步。

电力电子器件是电力电子技术发展的基础。正是大功率晶闸管的发明，使得半导体变流技术从电子学中分离出来，发展成为电力电子技术这一专门的学科。而20世纪90年代各种全控型大功率半导体器件的发明，极大地拓展了电力电子技术应用和覆盖的领域和范围。电力电子技术的应用领域已经深入到国民经济的各个部门，包括钢铁、冶金、化工、电力、石油、汽车、运输以及人们的日常生活。功率范围大到几千兆瓦的高压直流输电，小到不足1W的手机电池充电器，电力电子技术的应用随处可见。据统计，在发达的工业化国家，电厂发出的电力有60％以上要经过各种电力电子装置变换以后才最终使用。电力电子技术提高了用电效率，降低了能源的消耗，方便了人们的生活，提高了劳动生产率。各个电力电子设备的生产厂家形成了相关的产业群体，是国民经济的重要组成部分。

电力电子技术在电力系统中的应用也有长足的发展。例如，高压直流输电（HVDC）、静止无功补偿（SVC）、大型发电机静止励磁、抽水蓄能机组的软启动、超高压交流输电线的可控串联补偿（TCSC）等。电力电子技术是电力系统中发展最快、最具活力的组成部分。电力电子装置与传统的以机械式开关操作的设备相比，具有动态响应快，控制方便、灵活的特点，能够显著地改善电力系统的特性，在提高系统稳定、降低运行风险、节约运行成本方面具有很大的潜力。最近，电力系统研究发展的热点"灵活交流输电系统"就是以电力电子技术在电力系统的应用为主要的技术手段，以改进和提高电力系统的可控性和灵活性为主要目的的。各种用户的特制电力供电方式也离不开电力电子技术。

本书由电力电子器件、基本电力变换电路和电力电子技术在电力系统中的应用三大部分组成。第1章系统介绍了电力电子器件的发展概貌、各种典型电力电子器件的原理、结构、特性和参数；第 2～5 章讲述了四种基本电力变换电路的原理及其控制方法；第 6～9 章以电力系统为背景，介绍了各种电力变换电路的典型应用：高压直流输电、静止无功补偿、有源电力滤波、同步电机控制。相对于其他电力电子教材，本书突出了应用技术所占的比重，体现了作为一门工程技术，基础理论与应用技术并重的特点。

本书力求概念清晰、结构严谨、深入浅出、内容新颖，并结合电力系统的特点，做到理论联系实际，照顾到行业特点和实用性。本书适合电气工程专业、自动化专业的本科学生学习，也适合从事相关工作的技术人员阅读和参考。

本书由华北电力大学石新春教授、杨京燕教授和王毅博士合作编写，由朱凌副教授审阅。在编写过程中得到了许多同仁们的关怀和支持，并参阅了许多同行专家的论著和文献，在此一并表示感谢。由于时间仓促、编者水平所限，书中错误之处在所难免，敬请同行和广大读者批评指正。

编　者

2005 年 12 月于华北电力大学

第二版前言

作为对电能高效变换和控制的重要手段，电力电子技术一直处在蓬勃发展之中，而智能电网与新能源应用的兴起为电力电子技术提供了更为广阔的空间。如今电力电子技术已经成为高等院校电气工程及其自动化专业的必修课程，而且与其专业课程的联系日益紧密。本书在介绍电力电子器件、分析电力变换电路的基础上，引入了电力电子技术在电力系统中的典型应用，便于学生将电力电子技术的基础理论与应用领域的知识相结合，加深了解电力系统中先进电力电子变换装置的性能，为进一步深入学习智能电网与新能源领域的专业知识奠定基础。

从本书第一版出版至今，电力电子技术在拓扑结构、控制技术和应用领域都有新的发展。本书第二版重点对直流斩波电路、PWM 控制技术、多电平电路的内容进行了补充和完善，在应用部分将"电力电子技术在风力发电中的应用"替代了第一版中的"电力电子技术在同步电机中的应用"，以突出电力电子技术在新能源领域的重要作用。

本书内容可分为器件、电路、控制和应用四个部分，第 1 章介绍典型的电力电子器件，第 2～4 章分析了四种基本类型的电力变换电路的原理，第 5 章阐述了PWM 控制的原理和实现方法，第 6～9 章则介绍了电力电子技术在电力系统中的典型应用。第 1 章首先简述电力电子器件的概念、基本类型和特点；然后重点介绍了几种广泛应用的电力电子器件的工作原理、基本特性、主要参数及应用情况；最后简单介绍一些新型电力电子器件及电力电子器件的发展趋势。第 2 章分析了重点电路——相控整流电路的工作原理，以及其有源逆变工作状态、变压器漏抗影响、谐波和无功等问题。第 3 章则涵盖了 DC - DC 变换电路和 AC - AC 变换电路两部分内容。第 4 章分析了方波控制下的电压型、电流型和谐振型的无源逆变电路的工作原理。第 5 章介绍为获得正弦化交流输出波形的正弦脉宽调制（SPWM）的基本原理、实现方法、谐波特点等，并着重阐述基于 PWM 控制技术的 DC - AC 变换电路——PWM 变流器的工作原理。第 6 章介绍了整流电路的典型应用——高压直流输电的发展概况、应用现状、基本组成、换流器及控制系统的基本原理。第 7章介绍了交流电力变换电路在电力系统中的应用——静止无功补偿的基本原理，具体阐述了晶闸管控制电抗器（TCR）、晶闸管投切电容器（TSC）和静止同步补偿器（STATCOM）的工作原理。而第 8 章和第 9 章均是介绍 PWM 变流器在电力系统中的应用装置。第 8 章首先介绍有源滤波器的基本原理和结构、发展现状和应用情况、三相电路的瞬时无功功率理论以及检测方法，最后着重介绍了目前应用比较广泛的并联型有源电力滤波器。第 9 章主要介绍风力发电的发展、风力发电机组的主要类型、典型风力发电机组的工作原理以及电力电子技术在风力发电中的应用。

为了便于教学和提高学生的学习兴趣，本教材还配套了多媒体课件、基于 PSIM 软件的电力电子电路仿真程序，帮助学生深入分析和理解各种变换电路的拓扑结构和控制原理，并能进一步对电路的参数进行设计和优化。

在本书的编写过程中得到了华北电力大学杨京燕、朱凌等老师们的支持和帮助，同时该教研室的研究生马韬、郭秀红、韩冰、苏小晴、马然等同学参与了部分内容校对、文字录入及插图绘制工作，在此向他们表示感谢。

华中科技大学的段善旭教授在审阅本书的过程中提出了许多宝贵意见，编者在此表示衷心感谢。

编者殷切希望广大读者对书中内容的疏漏、错误之处给予批评指正。

编　者

2013 年 6 月于华北电力大学

目　录

电力电子技术
（第三版）
综合资源

绪　　论

1. 电力电子技术的概念与特点

电力电子技术是采用电力电子器件（power electronic device）对电能进行变换和控制的一门工程技术，目的是更方便、高效地生产和使用电能，使电能更好地为人们服务。按照美国电气电子工程师学会（Institute of Electrical and Electronics Engineers，IEEE）的定义，电力电子技术是有效地使用功率半导体器件（power semiconductor device），应用电路和控制理论以及分析开发工具，实现对电能高效变换和控制的一门技术，包括对电压、电流、频率和波形等方面的变换。国际电工委员会（International Electrotechnical Commission，IEC）认为，电力电子技术就是应用于电力领域的电子技术，它是电气工程三大领域——电力学、电子学和控制理论之间的边缘学科。1974 年由美国学者 W. Newell 博士提出，并且被学术界普遍承认的倒三角（见图 0-1）形象地描述了电力电子技术的这一特征。电能变换包括交直流电能之间的转换、交流频率的变换和直流电压幅值的调节等，需要采用含电力电子器件的换流电路完成。采用变压器、交流电动机 - 直流发电机组、无源滤波器等不含电力电子器件的方式也可对电能进行变换，但这并不属于电力电子技术的范畴。

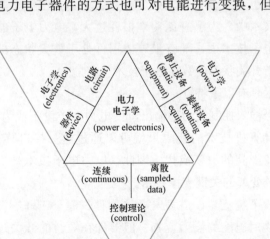

图 0-1　美国学者 W. Newell 提出的电力电子技术定义

电力电子技术通常分为电力电子器件的制造技术以及电力电子器件和电路的

应用技术即换流技术。器件制造技术的理论基础是半导体物理学，与微电子技术的半导体器件同源，包括各种功率半导体器件的设计、测试、模型分析、工艺及数字仿真等，是电力电子技术的基础。换流技术则是基于电路和控制理论，采用电力电子器件构成各种电力变换电路并对其进行控制，以及由这些电路构成电力电子装置及系统的技术。器件制造技术和换流技术相互支持、相互促进。

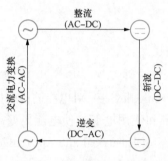

图 0-2　电力变换的基本类型

电能分为直流（direct current，DC）和交流（alternating current，AC）两种类型，电力变换（power conversion，也称功率变换）的基本类型就是这两种电能之间的四种变换形式，即整流（AC-DC）、逆变（DC-AC）、交流电力变换（AC-AC）、斩波（DC-DC），如图 0-2 所示。

根据应用目的和功率强弱的不同，电子技术可分为信息电子技术和电力电子技术两大类。信息电子技术用于信息处理，属于弱电领域，包括微电子学、纳米电子学、光电子学等分支。基于信息电子技术出现了计算机技术、通信技术（移动通信、光纤通信、卫星通信与导航）、互联网技术，这些技术的发展与融合使人类从电气时代走向了信息时代。而电力电子技术本身是大功率变换技术，又应用于强电领域，因此其属于电工学科，包括器件制造技术和换流技术。电力系统产生的电能经电力电子技术的高效变换之后，可满足航空航天、一般工业、电力传动、家用电器等各个方面的需求。信息电子技术和电力电子技术既有一定联系又有所区别。在器件制造技术方面，两者的理论基础、工艺方法相似；在电路分析方面，两者也有许多相通之处，如数字仿真方法等。两者的一个显著区别是：在电力电子技术中，为了避免功率损耗过大，电力电子器件总是工作在开关状态；而在信息电子技术中，既有半导体器件处于放大状态的模拟电子技术，也有半导体器件处于开关状态的数字电子技术。

电力电子技术具有以下特点：

（1）以小信号输入控制大功率输出，使电力电子设备成为强弱电之间的接口。这样电子技术和计算机技术的新成果就可以通过这一接口移植到传统工业产品，从而促进传统工业产品的更新换代。因此，电力电子技术是实现智能电网、能源互联网等能源系统变革的关键支撑技术。

（2）在电力电子装置中，电力半导体器件一般都工作在开关状态，可以减少自身损耗，以实现对电能的高效变换。但器件在短暂的开关过程中，仍然会产生一定损耗，因此一般需要散热器。

（3）作为一种应用技术，电力电子技术综合性强、涉及面广、与工程实践联系密切。目前，几乎所有从兆瓦（MW）到吉瓦（GW）的功率变换，都会用到电力电子技术。

2. 电力电子技术的发展

（1）电力电子器件的发展。电力电子器件是电力电子技术的基础，也是电力电子技术发展的"龙头"，其不断发展的历程（见图0-3）引导着各种电力电子拓扑电路的迭代更新与性能完善。第一代电力电子器件（20世纪80年代以前）是以晶闸管（thyristor）及其派生器件为代表的半控型器件，该阶段的主要应用是基于相控整流电路的电解电源、电热冶金用电源、直流传动电源及发电机励磁等；第二代电力电子器件（20世纪80年代至今）是不断发展进步的多种全控型器件，该阶段的主要应用是大功率交流传动及开关电源等；第三代电力电子器件（未来发展趋势）将是基于宽禁带半导体材料的器件，其将进一步推动电力电子装置朝着大功率、高效率和智能化的方向发展。

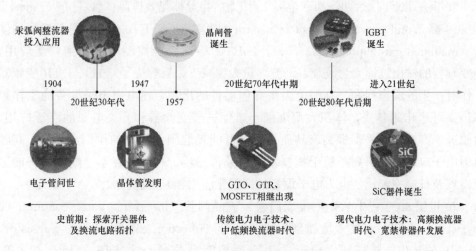

图0-3　电力电子技术发展历程

20世纪30—50年代，水银整流器（汞弧阀）出现，它可实现大功率电能的控制，用于电气铁路、直流输电等。1947年12月，美国贝尔实验室（Bell Labs）的肖克莱（W. Shockley）、巴丁（J. Bardeen）和布拉顿（W. Brattain）组成的研究小组研制出一种点接触型的锗晶体管。1955年，用硅代替锗制成了电力二极管（power diode）。1956年，美国贝尔实验室研制出晶闸管雏形。这些技术的发展在器件工艺和电路拓扑方面为电力电子技术的诞生奠定了基础。1957年，第一支大功率半导体器件——晶闸管的商品元件在美国通用电气（General Electric，GE）公司问世，并于1958年获得工业应用，这标志着电力电子技术的诞生。1973年6月，美国IEEE下属的三个学会宇航及电子系统学会、工业应用学会、电子器件学会联合发起召开电力电子专家会议（Power Electronics Specialists Conference，PESC），W. Newell博士首次给出电力电子技术的经典定义。由于半导体器件用于电能变换具有损耗少、体积小、噪声及污染小等显著优点，因此很快取代了水银整流器和旋转换流机组。

20世纪70年代，晶闸管开始形成由低压小电流到高压大电流的系列产品。由于自身容量的不断增大和性能的不断完善，晶闸管在交流调压、调功、电解、电镀、冶金、直流调速、交流调速等电力电子设备中得到了广泛应用；同时，由于非对称晶闸管、逆导晶闸管、双向晶闸管、光控晶闸管等晶闸管派生器件相继问世，其派生的半控型器件几乎渗透到电力电子技术应用的所有领域。

1969 年，美国 GE 公司率先研制成功 200A/600V 的门极关断晶闸管（gate turn - off thyristor，GTO），从此可自关断的全控型器件受到广泛重视并迅速发展。20 世纪 70 年代后期，电力晶体管（giant transistor，GTR）出现，它将双极晶体管（bipolar junction transistor，BJT）的应用从弱电领域扩展到强电领域。GTO 和 GTR 的出现，使电力电子技术的应用范围扩展到交流调速、机车牵引、开关电源、中小功率不间断电源（uninterrupted power supply，UPS）等领域。

20 世纪 80 年代后期，功率金属 - 氧化物 - 半导体场效应晶体管（power metal - oxide - semiconductor field effect transistor，功率 MOSFET）、绝缘栅双极型晶体管（insulated gate bipolar transistor，IGBT）等高频全控型器件得到广泛应用，使变频器的输出波形大为改观，谐波含量大为减少，且解决了 GTO、GTR 变频器工作时产生的噪声问题。高频电力半导体器件的出现，使电力电子设备的工作频率最高可达几兆赫兹，体积大幅度缩小，促进了变频器和开关电源的广泛应用，对改进生产工艺水平、提高产品质量、降低能耗起到了很大的作用。此外，高频电力电子应用技术、高频抗干扰技术及高频传感器、高频电容器等配套设备的迅猛发展及日趋完善，使电力电子设备的高频化应用领域迅速扩大。

20 世纪 90 年代中后期，集成门极换流晶闸管（integrated gate - commutated thyristor，IGCT）和注入增强型栅极晶闸管（injection enhanced gate transistor，IEGT）的诞生，对高压大电流电力变换控制系统是一个突破。目前，IGCT、IEGT 已在大容量电力电子设备中得到应用，国内外均有成套装置应用到轧钢、造纸、水泥、煤炭等工业领域和电动汽车、城市轻轨、机车牵引、船舶推进等交通工具中。集高频、高压和大电流于一身的功率半导体复合器件的出现，表明电力电子技术进入现代电力电子技术时代。

在电力电子器件发展的同时，其驱动和保护技术也在日趋完善，这为电力电子设备的广泛应用奠定了坚实的基础。自关断器件基极（或门极、栅极）的驱动和快速保护在应用中是一个关键问题。为此，许多公司生产可关断器件的同时，开发生产了配套的驱动和保护电路，如日本富士电机公司生产的 IGBT 驱动电路（EXB 系列）、美国国际整流器（International Rectifier，IR）公司生产的功率 MOSFET 和 IGBT 集成驱动电路（IR21 系列）等。

为了使电力电子装置的结构紧凑、体积减小，常常把若干个电力电子器件及必要的辅助元件做成模块，这给应用带来了很大的方便。后来，又把驱动、控制、保护电路和功率器件集成在一起，构成功率集成电路（power integrated circuit，PIC）。目前，PIC 的功率都还较小，但这代表了电力电子技术发展的一个重要方向。

随着硅材料和硅工艺的日趋完善，各种硅器件的性能逐步趋于其理论极限。而现代电力电子技术的发展却不断对电力电子器件的性能提出更高的要求，尤其是希望器件的功率和频率得到更高程度的兼顾。实际上，比硅材料更为理想的半导体材料是临界雪崩击穿电场强度、载流子饱和漂移速度和热导率都比较高的宽禁带半导体材料，如砷化镓（GaAs）、碳化硅（SiC）等。目前，随着这些材料的制造技术和加工工艺日渐成熟，使用宽禁带半导体材料制造性能更加优越的电力电子新器件已成为可能。

21世纪初，SiC肖特基势垒二极管（Schottky barrier diode，SBD）首先揭开了SiC器件在电力电子领域替代硅器件的序幕。随后，高耐温、高耐压的SiC场效应器件、SiC IGBT、SiC双极型器件纷纷出现，这预示着集高电压、大电流、高工作频率等优点于一身的新型器件即将推广应用，成为未来功率半导体器件发展的必然趋势。

（2）电力变换电路的发展。电力电子电路可以完成交直流之间的各种电力变换，而每种电力变换形式都有多种电路拓扑结构，以适应不同的应用场合。整流电路、逆变电路、周波变换电路的理论在功率半导体器件出现之前的水银整流器时代就已经发展成熟。20世纪70年代以前，整流电路占主导地位；20世纪80年代以后，逆变电路的应用日益广泛，但是整流电路仍占重要地位。这除了因为整流器的应用仍然很广泛之外，还因为在逆变器和斩波器中都需要直流电源，这些直流电源绝大多数都是通过交流电源整流得到的。在整流电源中，目前常用的几乎都是晶闸管相控整流电路或二极管整流电路。晶闸管相控整流电路需要电网提供大量的无功功率，这给电网带来了严重的谐波污染。而对于二极管整流电路，虽然输入电流的基波没有滞后，位移因数近似为1，但其谐波电流却很大，这也给电网造成了严重的污染。

治理电力电子装置污染的方法有两种：一种是设法补偿无功功率和抑制谐波，另一种是使电力电子装置本身不消耗无功功率、不产生谐波。补偿无功功率和抑制谐波的装置主要有静止无功补偿装置（static var compensator，SVC）和有源滤波器（active power filter，APF），这两种装置也属于电力电子技术的范畴。

与先产生谐波并消耗无功功率、再去进行抑制和补偿的方法相比，更为积极的方法是让电力电子装置既具有所需要的功能，又不产生谐波、不消耗无功功率。为此，最基本的方法就是在整流电路中采用自关断器件，即采用高功率因数整流装置，并对其进行脉冲宽度调制（pulse width modulation，PWM）。这样既可使输入电流无谐波，又可使其功率因数为1。在电力电子装置中，随着开关频率的提高，开关损耗也将成比例地增加。开关损耗成为制约开关频率提高的重要原因，同时成为器件能量损耗的主要部分，使得换流器效率降低。另外，随着换流器的高频化，电磁干扰（electromagnetic interference，EMI）问题也日益突出。

20世纪80年代后期，软开关（soft switching）电路出现，其利用谐振原理，可使开关器件在零电压或零电流条件下动作，因而在理论上可以把开关损耗降为零。零电压开关（zero voltage switching，ZVS）电路直流侧电压较高，需要采用耐压高的器件；而零电流开关（zero current switching，ZCS）电路的负载电流和谐振电流重叠流过器件，使器件需要的电流容量较大。使用这种软开关电路可以使开关损耗降到很低，因而可以使电路的工作频率大大提高，同时有效解决电磁干扰问题。

20 世纪 90 年代以来，电力电子技术向高频化和高功率的方向发展，对电力电子电路拓扑的研究也活跃了起来。近年来，一些新的电路拓扑形式如谐振型逆变电路、矩阵式变频电路、多电平逆变电路等不断涌现。人们也期待着通过对电力电子电路拓扑的不断研究，发现一些更新的拓扑形式，使电力电子装置的性能更为优良。

（3）控制技术的发展。电力电子的控制技术包括电力电子电路的驱动控制技术（如相位控制和 PWM）与电力电子装置应用领域的控制技术（如电机的矢量控制和直接转矩控制技术）。在早期的晶闸管整流器时期，主要采用的是相位控制和经典的比例积分（proportional plus integral，PI）控制。20 世纪 80 年代以来，在电力电子技术的高频化发展过程中，一些新的控制方式逐渐占据重要地位。例如，采用 PWM；应用静止/旋转坐标变换的矢量控制及瞬时无功功率控制；基于现代控制理论的控制方式，如自适应控制、采用状态观测器的控制及无差拍控制、无传感器控制；各种非线性控制，如模糊控制、神经元网络控制等。

晶闸管电路的控制主要采用相位控制方式，这使其在可控整流和有源逆变电路中有比较低的功率因数，同时有比较大的高次谐波电流，从而对电网产生"污染"，造成了负面影响。与晶闸管电路的相位控制方式相对应，采用全控型器件的电路的主要控制方式为 PWM。PWM 对推动电力电子技术的发展起到了历史性的作用，其应用范围遍及斩波、逆变、整流、变频及交流调压等各种电路。目前，各种新的控制方式仍不断出现，矢量控制使得交流调速的控制性能可以与直流调速相媲美，使电气传动技术面目一新。由于电力电子电路良好的控制特性及现代微电子技术的不断进步，使得几乎所有新的控制理论、控制方式都得以在电力电子装置上应用或尝试。因此，近年来电力电子装置控制技术的研究十分活跃，各种现代控制理论、专家系统、模糊控制及神经元控制都是研究热点，这使得电力电子系统的控制技术发展到一个崭新的阶段。

电力电子系统控制技术的进步在很大程度上依赖于微处理器。微处理器性能的迅速提高使许多原来无法实现的控制方式得以实现。特别是 20 世纪 80 年代后期出现的具有浮点小数运算能力的 32 位数字信号处理（digital signal processing，DSP）芯片，由于其运算速度快、功能强，已广泛应用于各种电力电子装置。目前，基于微处理器的数字控制技术应用范围越来越广，已基本取代了原有的模拟控制技术。

数字化技术的变革使得被控系统具有更高的可控性和可观测性，从而优化了控制决策和控制性能。边缘和云计算技术有助于加强电力电子与电网的互动，增强现实、机器学习和数字孪生等技术将在确保系统稳定运行的前提下为用户带来新的体验。电力电子技术正在蓬勃发展，其与数字化技术的融合对能源系统的变革将产生深远影响，成为未来实现能源系统碳中和的重要支撑技术。

3. 电力电子技术的主要应用领域

进入 21 世纪后，随着新理论、新器件、新技术的不断涌现，特别是与计算机控制和信息技术的日益融合，电力电子技术的应用领域也不断地得以拓展。目前，电力电子技术的应用已从机械、石化、纺织、冶金、电力、铁路、航空、航海等领域，进一步扩展到汽车、现代通信、家用电器、医疗设备、灯光照明等领域。近年来我国的电力电子行业发展迅猛，已成为全球最大的大功率电力电子器件需求市场。以下分几个应用领域进行简要介绍。

（1）一般工业。工业领域大量应用各种交直流电动机。直流电动机有良好的调速性能，为其供电的可控整流电源或直流斩波电源都是电力电子装置。近年来，由于电力电子变频技术的迅速发展，使得交流电动机的调速性能可与直流电动机相媲美，交流调速技术大量应用并占据主导地位。大到数千千瓦的各种轧钢机，小到几百瓦的数控机床的伺服电动机，以及矿山牵引等场合都广泛采用交直流调速技术。一些对调速性能要求不太高的大型鼓风机等近年来也采用了变频装置，以达到节能的目的。还有些不用调速的电动机为了避免启动时的电流冲击而采用了软启动装置，这种软启动装置也是电力电子装置。电化学工业大量使用直流电源，电解铝、电解食盐水等都需要大容量整流电源，电镀装置也需要整流电源。电力电子技术还大量应用于冶金工业中的高频或中频感应加热电源、淬火电源及直流电弧炉电源等。

（2）交通运输。电气化铁道中广泛采用电力电子技术。电气机车中的直流机车采用整流装置，交流机车采用变频装置。直流斩波器也广泛应用于铁道车辆。在磁悬浮列车中，电力电子技术更是一项关键技术，其中最重要的是磁浮低压直流输电系统和磁浮牵引逆变器。除牵引电动机传动外，车辆中的各种辅助电源也都离不开电力电子技术。电动汽车的电动机依靠电力电子装置进行电力变换和驱动控制，其蓄电池充电也离不开电力电子装置。一台高级汽车中需要许多控制电动机，它们也要靠变频器和斩波器驱动控制，而 IGBT 被称为新能源汽车驱动器中的中央处理器（central processing unit，CPU）。飞机、船舶需要各种特殊电源和特种电力驱动，电力电子技术在航空航海领域的全电力化中发挥着重要作用。

（3）计算机与家用电器。计算机和各种电子装置都需要不同电压等级的直流电源供电。过去都是采用线性稳压电源或整流电源，现在已改为采用全控型器件的高频开关电源。由于其体积小、质量轻、效率高，高频开关电源逐渐取代了线性电源。发光二极管（light emitting diode，LED）效率高、寿命长、节能显著，正逐步取代传统的节能灯、白炽灯和日光灯，其驱动电源为随发光二极管正向压降值变化而改变电压的恒定电流源。电视机、变频空调、洗衣机、微波炉等也都采用了电力电子技术。

　　（4）电力系统。电力电子技术在电力系统中有着非常广泛的应用。据统计，在发达国家用户最终使用的电能中，有 80％以上的电能经过一次以上电力电子换流装置的处理。电力系统在通向现代化的进程中，电力电子技术是关键技术之一。新型电力系统是以承载实现碳达峰碳中和，贯彻新发展理念、构建新发展格局、推动高质量发展的内在要求为前提，确保能源电力安全为基本前提，以满足经济社会发展电力需求为首要目标，以最大化消纳新能源为主要任务，以坚强智能电网为枢纽平台，以源网荷储互动与多能互补为支撑，具有清洁低碳、安全可控、灵活高效、智能友好、开放互动基本特征的电力系统，而用于电能高效变换与控制的电力电子技术将越来越多地渗透其中，形成图 0-4 所示的电力电子化的电力系统。

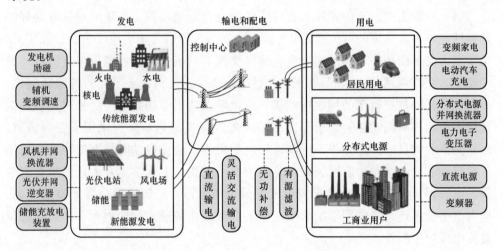

图 0-4　电力电子技术在电力系统中的应用

　　传统的发电方式有火力发电、水力发电以及核能发电。进入 21 世纪后风力发电、光伏发电已进入大规模发展阶段，在电网中的渗透率不断增加，但由于可再生能源的能量密度低、稳定性差，这些新型的发电方式都需要电力电子技术参与调节与控制，当通过这些发电方式发出来的电能参与储能和联网时也离不开电力电子技术。

　　以高压直流输电技术、灵活交流输电（flexible AC transmission system，FACTS）技术、用户电力技术和分布式发电技术为代表的先进电力电子技术广泛应用于我国电网中，它是建设统一智能电网的重要基础和手段。智能电网是以先进的计算机、电子设备和电力开关器件为基础，通过引入通信、自动控制和其他信息技术，从而实现对现有电力网络的改造，达到使电力系统更加经济、安全、高效和环保这一根本目标。在智能电网的几大关键性支撑技术中，蓬勃发展的现代电力电子技术的重要性正在逐渐凸显。

　　高压直流输电在长距离、大容量的输电中有很大的优势，其送电端和受电端的换流站均采用晶闸管换流装置。近年来，直流输电技术又有新的进展，柔性直流输电技术是一种以电压源换流器（voltage source converter，VSC）和 PWM 为基础的新型直流输电技术，它解决了用直流输电向无交流电源的负荷点送电的问题，可用于孤岛供电、城市配电网增容改造、交流系统间互联和大规模风力发电厂并网等。

　　智能电网对电能质量和电网工作状况的稳定性有较高要求，这些要求的实现需要电力系统无功补偿和谐波抑制技术的密切配合。智能电网概念出现之前就已经发展起来的灵活交流输电技术也是依靠电力电子装置得以实现的，它可提高电网的输送容量和可靠性。这些电力电子装置包括基于半控器件的静止无功补偿装置（static var compensator，SVC）及基于可关断器件的静止同步补偿装置（static synchronous compensator，STATCOM）、统一潮流控制器（unified power flow controller，UPFC）、有源滤波器等，具有更为优越的无功补偿和谐波抑制的性能。在配电网系统，目前广泛采用的用户电力技术装置主要有有源滤波器、动态电压调节器（dynamic voltage regula，DVR）以及静止同步补偿装置等，可用于防止电网瞬间停电、瞬时电压跌落、电压闪变等，以改善供电效果，控制电能质量。这些也是智能电网中配电网自动化的重要组成部分。

　　能源互联网是综合运用先进的电力电子技术、信息技术和智能管理技术，将大量由分布式能量采集装置、分布式能量存储装置和各类负载构成的新型电力网络、石油网络、天然气网络等能源节点互联起来，以实现能量双向流动的能量对等交换与共享网络。基于先进传感器和通信技术的信息技术是能源互联网的“物联基础”，大数据分析、机器学习等人工智能技术是能源互联网优化调控的重要技术支撑，而电力电子技术则是通过信息技术与能源互联系统进行深度融合控制的执行手段。

　　总之，电力电子技术的应用范围十分广泛，是人们高效、方便地使用电能的方法和手段。电力电子技术研究的是各种电能的变换方式，因此电力电子技术也可称为电源技术；同时它十分重视变换过程中的节能与效率，因此电力电子技术又是一种重要的节能技术。

　　4. 电力电子技术的基础知识

　　在电力电子电路的波形分析和计算中，需要用到基本的电路理论和数学分析方法，这里归纳了几点电力电子技术的基础知识。

　　（1）平均值和有效值。对于周期为 T 的电流 $i(t)$，其平均值（average value，AVE）的定义为

$$I_{AVE} = \frac{1}{T}\int_0^T i(t)\,\mathrm{d}t \qquad\qquad (0-1)$$

　　电流的有效值是根据电流热效应来规定的，而发热由电流 i 在电阻 R 上产生的功率决定，则该功率 P 的定义为

$$P = \frac{1}{T}\int_0^T ui\,\mathrm{d}t = \frac{1}{T}\int_0^T i^2 R\,\mathrm{d}t = \left(\sqrt{\frac{1}{T}\int_0^T i^2\,\mathrm{d}t}\right)^2 R = I_{RMS}^2 R \qquad (0-2)$$

因此，电流的有效值可由均方根（root mean square，RMS）电流 I_{RMS} 来计算。若交流电流 $i(t) = I_{\mathrm{m}}\sin\omega t$，其有效值 I 的定义为

$$I = I_{\mathrm{RMS}} = \sqrt{\frac{1}{T}\int_0^T i^2(t)\,\mathrm{d}t} = \sqrt{\frac{I_{\mathrm{m}}^2}{T}\int_0^T \sin^2\omega t\,\mathrm{d}t} = \frac{I_{\mathrm{m}}}{\sqrt{2}} \tag{0-3}$$

对于幅值恒定的直流电流，其有效值与平均值相同。而对于瞬时值变化的交流电流，其平均值为 0，因此其大小应以有效值来描述。故交流电流又可表示为 $i(t) = \sqrt{2}I\sin\omega t$，其中 I 为其有效值。电压有效值与电流有效值的计算方法相同。对于波动的直流量，其有效值与平均值一般是不相等的，定义其波形系数 k_{f} 为有效值与平均值之比，即

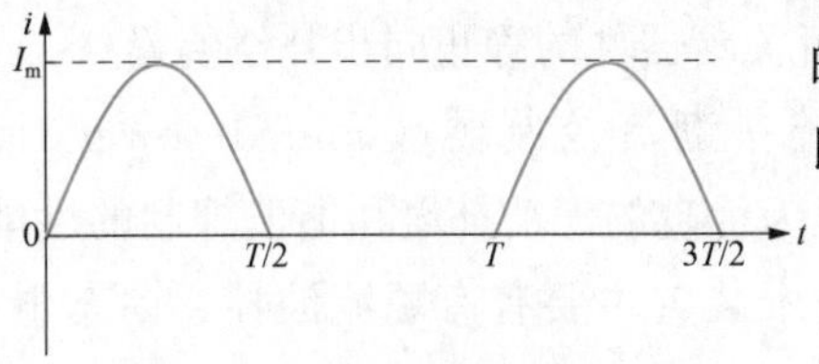

$$k_{\mathrm{f}} = \frac{I_{\mathrm{RMS}}}{I_{\mathrm{AVE}}} \tag{0-4}$$

对于如图 0-5 所示的正弦半波电流波形，其有效值和平均值分别为

图 0-5　正弦半波电流波形

$$\begin{cases} I_{\mathrm{RMS}} = \sqrt{\frac{1}{T}\int_0^{\frac{T}{2}} i^2(t)\,\mathrm{d}t} = \sqrt{\frac{I_{\mathrm{m}}^2}{T}\int_0^{\frac{T}{2}} \sin^2\omega t\,\mathrm{d}t} = \frac{I_{\mathrm{m}}}{2} \\[2mm] I_{\mathrm{AVE}} = \frac{1}{T}\int_0^{\frac{T}{2}} i(t)\,\mathrm{d}t = \frac{1}{T}\int_0^{\frac{T}{2}} I_{\mathrm{m}}\sin\omega t\,\mathrm{d}t = \frac{I_{\mathrm{m}}}{\pi} \end{cases} \tag{0-5}$$

由式（0-5）可得正弦半波的波形系数

$$k_{\mathrm{f}} = \frac{I_{\mathrm{RMS}}}{I_{\mathrm{AVE}}} = \frac{\pi}{2} \tag{0-6}$$

在选择电力电子器件容量时，常根据不同工况下发热相同（即有效值相等）来计算电流定额。例如，生产厂商提供的晶闸管额定电流参数是在正弦半波电流工况下测得的平均值电流，因此需要乘以波形系数 k_{f} 换算为有效值，再根据有效值相等的原则去计算器件在其他工况下能够承受的最大电流。

（2）有功和无功。对于应用于电力系统中的电力电子装置，经常将有功和无功作为控制量，下面介绍正弦交流系统中有功和无功的定义。

在正弦交流电路中，由瞬时电压 u 和瞬时电流 i 的乘积得到的功率瞬时值 $p = ui$ 也是随时间变化的交流量，不能用来描述实际发出或消耗的交流电能的大小。有功功率 P 应由一个周期内发出或消耗的瞬时功率的平均值来计算，故也称平均功率；无功功率 Q 是指在具有电感或电容的交流电路中用来建立磁场或电场的功率，该功率为电源与电磁元件之间所交换的电磁功率，其平均值为 0，因此以其最大值描述无功功率的大小。

设正弦交流电路中电压与电流分别为 $u(t) = \sqrt{2}U\sin\omega t$，$i(t) = \sqrt{2}I\sin(\omega t - \varphi)$，则其功率瞬时值

$$\begin{aligned} p(t) &= u(t)i(t) = \sqrt{2}U\sin\omega t \times \sqrt{2}I\sin(\omega t - \varphi) \\ &= UI[\cos\varphi - \cos(2\omega t - \varphi)] \end{aligned}$$

$$= UI(\cos\varphi - \cos2\omega t\cos\varphi - \sin2\omega t\sin\varphi)$$
$$= UI\cos\varphi(1 - \cos2\omega t) - UI\sin\varphi\sin2\omega t \tag{0-7}$$

由式（0-7）可知，瞬时功率由两部分组成，其中 $UI\cos\varphi(1-\cos2\omega t)\geqslant0$ 是有功分量，其平均值 $UI\cos\varphi$ 即为有功功率 P；而 2 倍频分量 $UI\sin\varphi\sin2\omega t$ 为无功分量，其平均值为 0，不产生有功功率，将其幅值 $UI\sin\varphi$ 定义为无功功率 Q，即

$$\begin{cases} P = UI\cos\varphi \\ Q = UI\sin\varphi \end{cases} \tag{0-8}$$

在正弦交流电路中，以视在功率 S 表示设备容量，它为电压有效值和电流有效值的乘积，即

$$S = UI \tag{0-9}$$

将功率因数定义为有功功率与视在功率的比值，因此在正弦交流电路中功率因数

$$\lambda = \frac{P}{S} = \cos\varphi \tag{0-10}$$

由式（0-10）可知，正弦交流电路中功率因数由阻抗角 φ 决定。纯电阻负载（即 $\varphi=0$）时，无功功率 $Q=0$，即仅存在有功功率，功率因数 $\lambda=1$；纯电感负载（即 $\varphi=\pi/2$）时，有功功率 $P=0$，即仅存在感性无功功率，功率因数 $\lambda=0$。电力系统中多为阻感负载（即 $0<\varphi<\pi/2$），即同时存在有功功率与无功功率，因此需要进行无功补偿，以减小设备容量和降低线路损耗。

（3）电感和电容。在电力电子电路的直流侧，通常需要采用大电感或大电容来滤波，下面介绍电感和电容在直流电路中的基本特性。

1）在直流电路的稳态分析中，常用到以下两个基本原理：

第一，稳态条件下电感电压在一个开关周期内的平均值为零。电路处于稳态时，电路中的电压、电流等变量都是按开关周期严格重复的，因此每一个开关周期开始时的电感电流值必然都相等，而电感电流通常是不会突变的，故一个开关周期开始时的电感电流值一定等于上一个开关周期结束时的电感电流值。即电感电压的平均值

$$U_{\mathrm{L}} = \frac{1}{T}\int_0^T u_{\mathrm{L}}\mathrm{d}t = \frac{1}{T}\int_0^T L\frac{\mathrm{d}i}{\mathrm{d}t}\mathrm{d}t = \frac{L}{T}\int_0^T \mathrm{d}i = 0 \tag{0-11}$$

第二，稳态条件下电容电流在一个开关周期内的平均值为零。这一原理与前一个原理互为对偶，也可以采用类似的方法证明。

2）电感或电容在开关变化的动态过程中，其电压或电流瞬时值可根据相应的等效电路分别予以计算。

电力电子器件可等效为开关元件，如图 0-6 所示，并以开关的闭合与打开来模拟电力电子器件的导通和关断，讨论这两个过程中电感能量与电感电流的变化情况。

如图 0-6（a）所示，当开关闭合后，电路中的电流可以通过微分方程式（0-12）

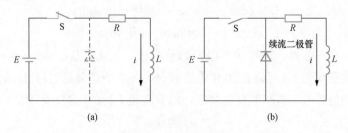

图 0 - 6　电感的开关动态切换电路结构
(a) 开关闭合；(b) 开关打开

来求解，即

$$Ri + L\frac{\mathrm{d}i}{\mathrm{d}t} = E \qquad (0\text{-}12)$$

以 $i(0)=0$ 为初始条件可以求得

$$i = \frac{E}{R}\left(1 - \mathrm{e}^{-\frac{t}{\tau}}\right) \qquad (0\text{-}13)$$

其中，$\tau = L/R$ 为时间常数。

由此可知，在含有电感和电阻的直流电路中，开关器件闭合后电流将以 τ 为时间常数、按照指数形式进行增长，最终达到稳态值 $I=E/R$，此时电感存储的能量

$$W_{\mathrm{L}} = \int_0^t u_{\mathrm{L}} i_{\mathrm{L}} \mathrm{d}t = \int_0^t L\frac{\mathrm{d}i}{\mathrm{d}t} i\,\mathrm{d}t = \int_0^t Li\,\mathrm{d}i = \frac{1}{2}LI^2 \qquad (0\text{-}14)$$

特别地，当电路中 $R=0$ 时，电感电流增长率为 $\mathrm{d}i/\mathrm{d}t = E/L$，即按照固定斜率进行线性增长。

如图 0 - 6（b）所示，由于电感中存储的能量无法突变，当开关打开后电感将会以电弧形式来进行续流，当电感 L 上存储的能量通过电弧放电与电阻 R 发热耗散后，开关变为彻底关断状态。

该过程中电流变化率很大，根据电感特性可知，电感两端会产生很大的尖峰电压，在由电力电子器件所构成的回路中，尖峰电压有可能损坏器件。因此，一般会在负载两端并联二极管，在电力电子器件关断时起到续流作用。加入续流二极管后，开关打开后的电路可以用微分方程式（0 - 15）来描述，即

$$Ri + L\frac{\mathrm{d}i}{\mathrm{d}t} = 0 \qquad (0\text{-}15)$$

初始条件为 $i(0)=I$，从而可得到电流的变化规律，即

$$i = I\mathrm{e}^{-\frac{t}{\tau}} \qquad (0\text{-}16)$$

由式（0 - 16）可知，电流将按照指数规律进行衰减，从而避免尖峰电压的产生，进而起到续流及保护器件的作用。

类似地，可以得到电容电压的变化情况，如图 0 - 7 所示，当开关 S 打到位置 1 后，电容电压可由微分方程（0 - 17）求得，即

$$RC\frac{\mathrm{d}u_{\mathrm{C}}}{\mathrm{d}t} + u_{\mathrm{C}} = E \qquad (0\text{-}17)$$

以 $u(0) = 0$ 为初始条件可以求得

$$u_C = E(1 - e^{-\frac{t}{\tau}}) \tag{0-18}$$

其中，$\tau = RC$。

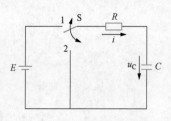

图 0-7　电容的开关动态切换电路结构

由式（0-18）可知，电压 u_C 从 0 开始按照指数规律上升，稳态值为 E，稳态时电容存储的能量

$$W_C = \int_0^t u_C i_C \mathrm{d}t = \int_0^t u_C C \frac{\mathrm{d}u_C}{\mathrm{d}t} \mathrm{d}t = \int_0^t C u_C \mathrm{d}u_C = \frac{1}{2} C E^2 \tag{0-19}$$

当开关 S 打到位置 2 后，此时该回路的电压微分方程变为

$$RC \frac{\mathrm{d}u_C}{\mathrm{d}t} + u_C = 0 \tag{0-20}$$

初始值为 $u(0) = E$，可求得电压

$$u_C = E e^{-\frac{t}{\tau}} \tag{0-21}$$

由式（0-21）可知，在开关切换至位置 2 后，电容电压将会按照指数规律进行衰减。

第1章 电力电子器件

　　仅由电阻、电感、电容等线性元件组成的电路无法完成交直流电能之间的变换，需引入可控开关元件。半导体器件最早用于信息及信号处理，相对于电子管、汞弧阀等开关器件，它具有驱动控制容易、开关速度快且损耗小等特点，因此将其作为可控开关拓展到电能变换电路中，以实现电能的高效变换。在功率变换电路中，这些器件必须承受相当大的电流与电压，通常被称为功率半导体器件或电力电子器件。电力电子器件是构成电力变换电路的核心元件，其种类较多，特性也不尽相同，其相关知识是学习电力变换电路的基础。本章首先简述电力电子器件的概念及特点、基本类型、发展趋势以及最新发展与应用范围，其次重点介绍几种广泛应用的电力电子器件的工作原理、基本特性、主要参数及应用情况，最后简单介绍一些电力电子器件的辅助电路及仿真模型。

1.1　电力电子器件概述

1.1.1　概念及特点

　　电力电子装置一般是由控制、驱动、保护、检测电路和以电力电子器件为核心的主电路组成的一个系统，用以实现对电能的变换与控制功能，如图1-1所示。其中，主电路是在电气设备中直接承担电能变换任务的电路。以开关方式应用于主电路之中，对电能进行变换和控制的半导体器件称为电力电子器件。其主要特点有：

　　（1）电力电子器件具有体积小、质量轻、寿命长、耗电省、耐振动性好等优点。

　　（2）与用于电子电路的半导体器件相比，由于电力电子器件直接用于电力电路，承受电压、电流的能力是它的重要参数，所以提高它所能处理电功率的能力是电力电子器件制造和应用的首要问题。

微课讲解

电力电子
器件概述

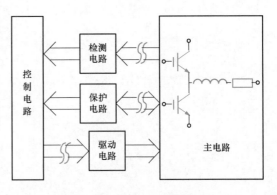

图1-1　电力电子装置构成

（3）电力电子器件一般都工作在开关状态，其目的是减小本身的损耗，高效地完成对电能的变换与控制。

（4）在实际应用中，电力电子器件还需要控制电路、驱动保护电路以及必要的散热措施等，才能构成一个完整的电力电子系统。

1.1.2 基本类型

电力电子器件与普通半导体器件一样，目前它所采用的主要材料仍然是单晶硅，但由于电压等级和功率要求不一样，因此制造工艺也有所不同。近70年来，电力电子器件经历了非常迅猛的发展，从大功率电力二极管、半控型器件晶闸管到开通关断都可控的全控型器件，从驱动功率较大的电流控制器件到驱动功率很小的电压控制器件，从低频开关到高频开关，从低压小功率到高压大功率，先后出现了多种电力电子器件。各种电力电子器件见表1-1，可对其从以下三个角度进行分类。

（1）根据电力电子器件的可控程度可分为不可控器件、半控型器件和全控型器件。

1）不可控器件：具有整流的作用而无可控的功能，主要是电力二极管，包括普通整流二极管和肖特基势垒二极管等。

2）半控型器件：通过控制信号只能控制其开通而不能控制其关断，主要是晶闸管及其派生器件（如逆导晶闸管、不对称晶闸管和双向晶闸管等）。

3）全控型器件：通过控制信号，既可以控制其开通，又可以控制其关断，目前主要有 GTO、GTR、功率 MOSFET、IGBT、IGCT 等。

表1-1 电力电子器件所属类型表

类型			名称	
			中文名称	英文名称
分立器件	不可控器件		电力二极管	power diode
	半控型器件		晶闸管/可控硅	thyristor/silicon controlled rectifier（SCR）
	全控型器件	电流控制器件	电力晶体管/双极晶体管	giant transistor（GTR）/ bipolar junction transistor（BJT）
			门极关断晶闸管	gate turn - off thyristor（GTO）
		电压控制器件	功率金属 - 氧化物 - 半导体场效应晶体管	power metal - oxide - semiconductor field effect transistor（功率 MOSFET）
			绝缘栅双极型晶体管	insulated gate bipolar transistor（IGBT）
			集成门极换流晶闸管	integrated gate - commutated thyristor（IGCT）
			静电感应晶体管	static induction transistor（SIT）
			静电感应晶闸管	static induction thyristor（SITH）
集成模块			功率模块	power module
			单片集成模块	system on a chip（SOC）
			智能功率模块	intelligent power module（IPM）

（2）根据器件参与导电的载流子情况可分为单极型器件、双极型器件和复合型器件。

1）单极型器件：由一种载流子参与导电的器件，又称多子型器件，如功率MOSFET、SIT 等。

对于单极型器件，因为只有一种载流子导电，没有少数载流子的注入和存储，开关过程中不存在双极型器件中的两种载流子的复合问题，因而工作频率很高，可达几百千赫兹，甚至更高。

2）双极型器件：由电子和空穴两种载流子参与导电的器件，又称少子型器件，如电力二极管、达林顿管、GTR、晶闸管、GTO、SITH 等。

对于双极型器件，由于其具有电导调制效应，从而使得导通压降很低，导通损耗较少，这一点优于单极型器件。

3）复合型器件：由单极型器件和双极型器件组成的器件，如 IGBT 等。

对于复合型器件，其工作频率也远高于双极型器件的工作频率，如 IGBT 的工作频率可达 20kHz。

（3）根据驱动信号的不同可分为电流驱动型器件和电压驱动型器件。

1）电流驱动型器件：使用电流控制其开关的器件，它们都是双极型器件，如GTR、晶闸管及其派生器件。

对于电流驱动型器件，其控制极输入阻抗低，驱动电流和驱动功率较大，驱动电路也比较复杂。

2）电压驱动型器件：通过控制端施加一定的电压信号来实现开通和关断的器件。由于它是用场控原理进行控制的电力电子器件，因此也称场控电力电子器件，如功率 MOSFET、IGBT、IGCT 等。

对于电压驱动型器件，因为输入信号是加在门极的反向偏置结或者绝缘介质上的电压，输入阻抗很高，所以驱动功率小，驱动电路简单；另外，电压驱动型器件的工作温度高，抗辐射能力强。

1.1.3　发展趋势

随着电力电子装置不断向大容量、高频率、易驱动、低损耗等方向发展，可以预测现代电力电子器件的发展趋势是：①高频化；②高效率；③高电压、大功率；④高功率密度；⑤多功能集成化；⑥绿色化（污染小），包括减小生产和原材料应用中的污染，尤其是减小器件使用中的电磁干扰和射频干扰；⑦小型、轻量、廉价化。电力半导体器件结构的模块化是电力电子的发展方向，功率集成模块（power integrated circuit，PIC）和智能功率模块（intelligent power module，IPM）将会在电力电子装置中广泛应用；同时，随着 SiC 材料成本的降低及工艺技术的进步，SiC 器件有望成为电力电子器件发展的主流。

1. 电力电子器件的模块化与集成化

最初的电力电子器件都是单管结构，电力电子设备由分立器件组成。功率器件安装在散热器上,附近安装驱动、检测、保护等印制电路板。采用分立元器件来制造电力电子产品,其设计周期长、可靠性差、成本高。因此,电力电子产品逐步向模块化与集成化方向发展,其目的是使设备尺寸紧凑以及实现电力电子装置的小型化。集成化还可缩短设计周期,并减小互连导线的寄生参数等。

电力电子器件的模块化与集成化,先后经历了功率模块、SOC、IPM 等发展阶段。其中,SOC 和 IPM 中的功率器件与驱动、保护、控制等功能集成为一体,又被称为 PIC。

将若干功率开关器件和快速二极管组合成标准的功率模块,是集成电力电子技术发展进程中最初步的集成化与模块化。这种功率模块没有驱动、控制、保护、检测、通信等功能。由二极管、晶闸管、功率 MOSFET、IGBT 等器件构成的单相和三相桥,以及用于变频器、功率因数校正电路的主电路功率模块已得到广泛应用。

随着半导体集成电路技术的进步和发展,使功率器件与驱动、控制、保护等电路集成在一个硅片上成为可能,形成所谓的 SOC。SOC 结构简单、应用方便,但由于传热、隔离等问题还没有得到很好解决,因而用单片集成技术将高电压、大电流功率器件和控制电路集成在一起的难度较大。目前,这种集成方法只适用于小功率电力电子电路中。

IPM 是一种混合集成方法,它将具有驱动、控制、自保护、自诊断功能的集成电路与电力电子器件集成,封装在一个绝缘外壳中,形成相对独立、有一定功能的模块。功率半导体器件和集成电路安装在同一基片上,用引线键合技术互连,并应用了表面贴装技术。目前,IPM 在逆变器控制的电动机驱动系统已获得了广泛应用,并正在向高性能、多功能、高集成化、大功率方向发展。

2. SiC 电力电子器件

更高电压、更高效率、更高功率密度代表了电力电子器件技术的发展主题。自晶闸管诞生以来,经过近 70 年的持续开发与迭代,传统硅基功率器件性能已经逐渐逼近硅材料的极限,难以继续支撑技术和产业快速发展的要求。进入 21 世纪以后,以 SiC 为代表的宽禁带材料凭借耐高压、开关频率高、散热性能好及耐高温等一系列优越特性为电力电子器件的蓬勃发展带来新的动力。SiC 材料具有比硅材料更大的带隙、更高的临界击穿电场强度、更快的饱和电子迁移率、更好的电热传导性和更高的熔点。SiC 禁带宽度几乎为硅的 3 倍,其本征载流子浓度远低于硅,热导率也达到硅的 3 倍,因而 SiC 更适合在高温、高电压下工作;SiC 的绝缘击穿电场强度是硅材料的 10 倍,因而更适合用来制作高压器件,它能够突破硅器件击穿电压的极限,达到 10kV 甚至 20kV 以上;而高击穿电场强度的能力使得器件具有厚度更薄、掺杂浓度更高的漂移层,从而能够实现更低的导通电阻和更高的导通电流密度。

在众多的 SiC 电力电子器件中,SiC 肖特基势垒二极管是商业化程度最高的。SiC 肖特基势垒二极管在 600～3300V 电压范围内具备优越的性能和可靠性,已形成成熟的产品技术，并广泛应用于开关电源、光伏发电、新能源汽车等领域。在更高电压的应用方面，SiC 肖特基势垒二极管也颇具吸引力，15kV SiC 肖特基势垒二极管已研制成功，但其在高温、高阻断条件下的可靠性有待验证。SiC 功率MOSFET 是最为成熟、应用最为广泛的 SiC 功率开关器件，其具有高开关速度、低损耗和耐高压等优点，被认为是替代硅材料 IGBT 的最佳选择。SiC 功率 MOS-FET 在 650～3300V 电压范围内已形成成熟的产品技术，其作为单极型器件，在导通状态下通过多数载流子导电；当击穿电压达到 10kV 甚至更高时，高导通电阻成为限制其应用的重要问题。SiC IGBT 背面多了一个 PN 结，当器件处于导通状态时，会产生电导调制效应，从而实现更低的导通电阻、更适合现代电网中高压大功率设备的应用。

1.1.4　最新发展与应用范围

电力电子器件在电压、电流和开关频率方面的飞速发展大大拓宽了电力电子技术的应用范围，现已深入工业生产和社会生活的各个方面，而科技的不断进步又进一步推动着电力电子器件制造技术的发展与创新。图 1-2 列出了常用电力电子器件的容量、频率及应用场合。国内大功率半导体器件的开发始于 20 世纪 60 年代初，从硅整流二极管和晶闸管起步，经过 60 多年的发展，已经具备大功率晶闸管、IGCT、IGBT 和宽禁带器件的设计、开发与制造能力，可以满足工业、能源和交通等各个领域的应用需求。功率半导体器件伴随我国铁道电气化事业的发展而成长壮大，见证了我国高压直流输电技术的发展，可支撑"双碳"愿景下交通与能源领域的应用需求。

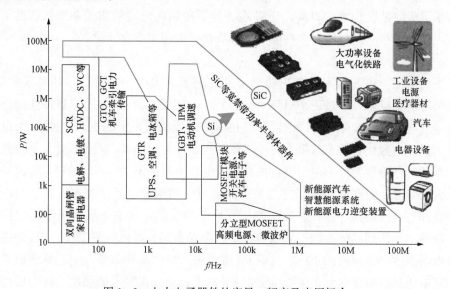

图 1-2　电力电子器件的容量、频率及应用场合

1. 轨道交通牵引

中国铁道电气化 50 多年来，从交直传动到交流传动，从普速轻载到高速重载，国产功率半导体器件起到了巨大的推动作用；高压 IGBT 在中国高铁的应用正逐步

展开，并将快速扩大应用；基于 200mm 圆晶工艺技术平台，开发了 1500A/3300V、750A/6500V 高性能 IGBT 模块。为适应轨道交通绿色、环保和智能化的发展要求，配合新一代高性能牵引换流器研究，基于 6 英寸 SiC 芯片生产线工艺能力，设计开发了 32A/3300V、47A/3300V SiC 功率 MOSFET 和配套的肖特基势垒二极管，开展了 SiC 芯片低感封装技术研究与工艺探索，研制了 450A/3300V 半桥型混合 SiC 模块和 750A/3300V 半桥型全 SiC 模块。

2. 高压直流输电

面对国家特高压直流输电重大战略需求，我国高压大功率晶闸管设计与制造领域实现了行业领跑，于 2006 年初研制出全球第一只 6 英寸 4000A/8000V 高压直流输电晶闸管；基于灵宝背靠背直流工程需要，设计开发了 6 英寸 4500A/7200V 晶闸管；经过多轮技术迭代和工程验证，我国自主开发了 ±1100kV 特高压直流输电用 6 英寸 5000A/8500V 晶闸管，支撑了特高压直流输电技术与产业的可持续发展。

随着新能源的大规模开发利用及并网，以及柔性直流输电技术的发展，行业对具有自主关断能力的大功率半导体器件提出了迫切需求，焊接性高功率密度 1500A/3300V IGBT 模块在厦门柔性直流和渝鄂背靠背直流等工程中获得成功应用。由于焊接型 IGBT 模块在容量、效率、电路拓扑和可靠性等方面都难以满足应用需求，压接型 IGBT 作为一种容量更大、更易串联应用的新型封装形式，通过"机-电-热"强耦合条件下的器件均流原理，解决了压接封装均压与均流等技术难题。据此研制出的具有低损耗、高关断能力的 3600A/4500V 大容量 IGBT 成功应用于张北 ±500kV 直流电网和乌东德 ±800kV 特高压直流输电工程中。

此外，我国通过优化 P 基区掺杂分布、使用质子辐照和配套新型门驱等关键技术增强了 IGCT 门极载流子抽取效率，研制出直径为 91mm 的 5kA/4.5kV IGCT，其可作为高压柔性直流输电技术的另一种解决方案。在 2018 年 12 月投入运行的珠海"互联网＋"智慧能源示范工程中，鸡山换流站的 10kV/10MW 模块化多电平换流器（modular multilevel converter，MMC）采用了国产 IGCT，这是国产器件在柔性直流输电换流阀上的首次应用；东莞交直流混合配电网，也应用了基于 IGCT-Plus 技术研发的 ±375V 固态式直流断路器，实现了国产 IGCT-Plus 器件在固态式直流断路器中的首次应用。

3. 汽车电动化

电动汽车性能的不断提升对功率器件提出了更高的要求，主要体现在芯片损耗、模块电流输出能力和温度循环寿命 3 个方面。其中，低损耗与整车电耗、续驶里程强相关，电流输出能力关系到电动机输出功率，而温度循环寿命则代表功率器件适应不同环境的可靠性与使用寿命。为了降低芯片损耗，薄片技术与精细沟槽成为研究的主流，我国也开发了具有独特结构、技术和工艺的汽车用 IGBT 芯片，其中嵌入式发射极沟槽 IGBT 芯片通态损耗同比降低 15％ 以上。与国外同类产品相比，栅极电阻对开关损耗具有更好的调控效果。

目前，750V 功率器件是乘用车应用的主流，1200V 功率器件是电动大巴车应用的主流。随着快充技术的发展，功率器件阻断电压会逐步提高到 1200V，SiC 功率 MOSFET 开关频率将从硅基 IGBT 的 10kHz 提高到 15kHz 或更高，电流密度与开关损耗的折中方案将更有优势，但必须解决好沟槽栅设计、栅氧可靠性、薄片工艺等关键技术和材料成本高、制造效率低等劣势。

1.2　不可控电力电子器件

由一个 PN 结构成的电力二极管（power diode）是唯一的不可控电力电子器件，其没有受控端，开关状态仅取决于电路中的承受电压和电流。电力二极管通常也称半导体整流管（semiconductor rectifier）或电力整流管（power rectifier），它于 20 世纪 50 年代初期获得应用，是出现最早、结构最简单的电力电子器件，至今仍广泛应用于各种电力电子设备中。1947 年，PN 结理论被提出，成为电力电子技术发展的一个重要里程碑。电力二极管实际上是由 PN 结加上电极引线和管壳封装构成的，而其他种类繁多的半导体器件也由最基本的结构——PN 结组成，所以本节首先回顾 PN 结的工作原理，然后介绍电力二极管的结构与基本特性、主要参数及类型。

1.2.1　PN 结的工作原理

1.PN 结的形成

制作电力电子器件的半导体材料主要有硅和锗，还有碳单晶。现在锗和碳的应用较少，主要的电力电子器件都是由单晶硅制成的。单晶硅是由排列非常整齐的硅原子构成的，每个硅原子最外层有 4 个电子，它和四周相邻的硅原子共用电子形成电子对，从而构成化学上稳定的 8 电子结构（每个原子最外层都有 8 个电子），这样硅原子就以共价键形成晶体结构。硅原子对最外层电子的约束较强，所以单晶硅的导电能力不强。但在一定的温度下，由于热能转化为电子的动能，少数单晶硅外层共有的电子就可能挣脱束缚而成为自由电子，从而在原来的共价键位置上留下空位，即空穴。由于含有空穴的原子带正电，它将吸引相邻原子的价电子，使它挣脱原来共价键的束缚去填补前者的空穴，进而在自己的位置上留下新的空穴。这样当电子按某一方向填补空穴时，就像带正电的空穴按相反的方向移动。所以说空穴也是一种载流子，并且在半导体里是与电子成对出现的。挣脱束缚的电子可以碰撞另一个电子，占据它的位置，使被碰离的电子成为新的自由电子，从而形成电子的传递运动，这就是另一种载流子。在常温条件下，单晶硅材料的两种载流子都不多，即导电能力较差，所以叫半导体。

半导体的基本类型有以下三种：

（1）本征半导体。本征半导体就是纯净不掺杂的半导体。在本征半导体中，电子 - 空穴对的数量不大，导电能力很差。但是，如果在本征半导体中掺入少量其他元素，它的导电特性就会发生很大的变化，因而获得重要的用途。

（2）P型半导体。如果在硅单晶体中掺入少量的硼元素（或铟、镓等三价元素），硼元素与硅元素形成共价键时，由于硼元素外层只有3个电子，所以自然形成了一个空穴。这样掺入硼杂质后，空穴的浓度要比电子的浓度大得多，这种半导体称为P型半导体。在这种半导体中，空穴占多数，称为多数载流子；而电子相对较少，称为少数载流子。

（3）N型半导体。如果在硅单晶体中掺入少量的磷元素（或其他五价元素），磷元素外层的5个电子和相邻的4个硅原子形成共价键时，还多出1个电子，这个电子不受束缚，很容易变成自由电子。这样掺入磷杂质后，电子的浓度要比空穴的浓度大得多，这种半导体称为N型半导体。在这种半导体中，自由电子占多数，称为多数载流子；而空穴相对较少，称为少数载流子。

P型半导体和N型半导体中虽然两种载流子浓度不等，但整个晶体仍是电中性的，并不带电。

如果把一块单晶硅一半制成N型半导体，另一半制成P型半导体，在P型半导体和N型半导体的交界处，载流子因受浓度差作用会产生由高浓度区向低浓度区的扩散运动。一些电子会从N区向P区扩散，留下不能移动的带正电荷的离子（带正电的原子）；同理，一些空穴从P区向N区扩散，留下不能移动的带负电荷的离子。这些不能移动的正负电荷叫作空间电荷，由其形成了由N区指向P区的内电场。载流子因受内电场作用而产生漂移运动，即N区会有空穴载流子受内电场吸引沿内电场方向漂移回P区，P区也有电子逆内电场方向漂移回N区。随着扩散运动的进行，空间电荷区不断加宽，内电场逐渐增强，从而使得漂移运动也增强。直到漂移运动增强到与扩散运动处于动态平衡时，空间电荷区即达到相对稳定，PN结也就形成了，如图1-3所示。

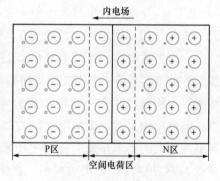

图1-3　PN结的形成

2. PN结的单向导电性

若给PN结外加正向电压（P区接外加电压的正端、N区接负端），则外加电压建立的外部电场与PN结内部电场方向相反，从而大大削减了内部电场。这时扩散运动占优，P区和N区的多数载流子又将通过交界面进行扩散运动，在外电路中形成较大的正向电流（电流大小主要由电源电压和外电路的电阻决定），PN结表现为正向低阻态，这种状态称为PN结的导通。

若给PN结外加反向电压（P区接外加电压的负端、N区接正端），则外加电压加强了内电场，使得空间电荷区变宽，强烈阻止多数载流子向对方扩散。这虽有利于少数载流子的漂移，但因少数载流子数目很少，漂移电流（称为反向漏电流）很小，PN结表现为反向高阻态。

PN结的反向耐压能力是有限制的，当施加的反向电压过大时，会造成PN结的反向击穿。按照机理的不同，PN 结的反向击穿有雪崩击穿和齐纳击穿两种形式。如果反向电流未被限制住而继续增加，就可能会导致热击穿，造成永久性损坏。

以上说明了 PN 结的单向导电性，即正向导通，反向截止。但为什么当 PN 结正向导通时，电流很大，压降却很低（只有 1V 左右）呢？这是因为通过正向大电流时注入基区（通常是 N 型材料）的空穴浓度大幅度增加，这些载流子来不及与电子中和就到达了二极管的负极。为了维持半导体的电中性，多数载流子的浓度也要大幅度增加。这就意味着，在大注入的条件下原始基片的电阻率实际上大大降低了，也就是电导率大大增大了。这种现象被称为基区的电导调制效应。

3. PN 结的电容效应

PN 结中的电荷随外加电压的变化而变化，呈现出电容效应，称为结电容。PN 结在高频工作时需考虑结电容的影响。不同工作情况下的电容效应，分别用势垒电容和扩散电容予以描述。

（1）势垒电容。势垒电容 C_B 描述了 PN 结势垒区空间电荷随电压变化而产生的电容效应。PN 结的空间电荷随外加电压的变化而变化，当外加正向电压升高时，N 区的电子和 P 区的空穴进入耗尽区，相当于电子和空穴分别向 C_B "充电"。当外加正向电压降低时，又有电子和空穴离开势垒区，相当于电子和空穴从 C_B "放电"。C_B 是非线性电容，电路上它与结电阻并联。在 PN 结反向偏置时结电阻很大，C_B 的作用不能忽视，特别是在高频工作时，它对电路有较大的影响。

（2）扩散电容。扩散电容 C_D 描述了积累在 P 区的电子或 N 区的空穴随外加电压变化的电容效应。当 PN 结正向导电时，多数载流子扩散到对方区域后，在 PN 结边界上积累，并有一定的浓度分布。积累的电荷量随外加电压的变化而变化，当正向电压加大时，正向电流随之加大，这就要求有更多的载流子积累起来以满足电流加大的要求；而当正向电压减小时，正向电流随之减小，积累在 P 区的电子或 N 区的空穴就要相对减小。这样当外加电压变化时，有载流子向 PN 结 "充入"和"放出"。C_D 是非线性电容。当 PN 结正向偏置时，C_D 较大；当 PN 结反向偏置时，载流子数目很小，因此反向偏置时的扩散电容数值很小，一般可以忽略。

结电容的大小除了与本身结构和工艺有关外，还与外加电压有关。当 PN 结处于正向偏置状态时，结电容主要决定于扩散电容 C_D；当 PN 结处于反向偏置状态时，结电容主要决定于势垒电容 C_B。

1.2.2　电力二极管的结构与基本特性

电力二极管的基本结构和工作原理与信息电子电路中的二极管一样。在结构上，电力二极管以半导体 PN 结为基础，由一个面积较大的 PN 结、两端引线以及封装外壳组成，主要有螺栓型、平板型和模块型三种封装形式，其结构、电气符号与外形如图 1-4 所示。电力二极管的工作特性分为静态特性和动态特性，下面分别予以介绍。

微课讲解
电力二极管

1. 静态特性

电力二极管的静态伏安特性是指流过二极管的电流 I_{VD} 与加于二极管两端的电压 U_{VD} 之间的关系，如图 1-5 所示。

当所加的正向电压为零时，电流为零。当正向电压较小时，由于外电场远不足以克服 PN 结内电场对多数载流子扩散运动所造成的阻力，故正向电流很小（几乎为零），电力二极管呈现出较大的电阻。当

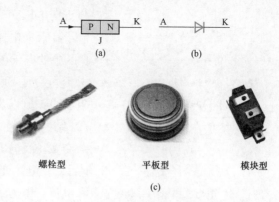

图 1-4 电力二极管的结构、电气符号和外形
(a) 结构；(b) 电气符号；(c) 外形

正向电压升高到一定值 U_{TO} 以后，内电场被显著减弱，正向电流才有明显增加。U_{TO} 被称为门槛电压或阈值电压。当正向电压大于 U_{TO} 以后，正向电流随正向电压几乎线性增长。把正向电流随正向电压线性增长时所对应的正向电压，称为电力二极管的正向管压降 U_F。

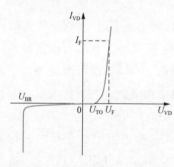

图 1-5 电力二极管的伏安特性

当在电力二极管两端外加反向电压时，PN 结内电场进一步增强，使扩散运动更难进行。这时只有少数载流子在反向电压作用下进行漂移运动，形成微弱的反向电流 I_R。反向电流很小，且在一定的范围内几乎不随反向电压的增大而增大。但反向电流是关于温度的函数，将随温度的变化而变化。当反向电压增大到一定数值 U_{BR} 时，反向电流剧增，这种现象称为电力二极管的击穿，此时的 U_{BR} 叫作击穿电压。

电力二极管的静态特性是非线性的，在正向偏置时呈现低阻态，正向管压降很低，近似于短路；在反向偏置时呈现高阻态，反向电流很小，近似于开路。在实际电路分析及计算中，需根据精度要求对其静态特性进行适当简化，以得到合适的数学模型，如二值电阻或者理想开关。

2. 动态特性

电力二极管的动态特性是指电力二极管在导通与截止两种状态转换过程中的特性，它表现在完成两种状态的转换需要一定的时间。电力二极管从高阻态的反向阻断转变为低阻态的正向导通称为正向恢复，即开通过程；从正向导通转变为反向阻断称为反向恢复，即关断过程。电力二极管关断过程中电流和电压的变化波形如图 1-6 所示。这两种恢复过程限制了电力二极管的工作频率。

由于电力二极管外加正向电压 U_F 时，PN 结两边的多数载流子不断向对方区域扩散，这不仅使空间电荷区变窄，而且有相当数量的载流子存储在 PN 结的两侧。正向电流越大，P 区存储的电子和 N 区存储的空穴就越多。当输入电压突然

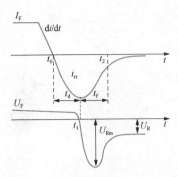

图 1-6　电力二极管的关断过程

由正向电压变为反向电压时，PN 结两边存储的载流子在反向电压作用下向各自原来的区域运动，即 P 区中的电子被拉回 N 区，形成反向漂移电流 I_R，由于开始时空间电荷区依然很窄，电力二极管的电阻很小，所以反向电流很大。经过延迟时间 t_d 后，PN 结两侧存储的载流子显著减少，空间电荷区逐渐变宽，反向电流慢慢减小，直至又经过下降时间 t_f 后，在电流变化率接近于零时，I_R 减小至反向饱和电流，电力二极管两端承受的反向电压降低至外加电压，电力二极管完全恢复对反向电压的阻断能力。这实际上是由电荷存储效应引起的，反向恢复时间就是存储电荷耗尽所需要的时间。该过程如图 1-6 所示，二极管的反向恢复时间 t_{rr} 为延迟时间 t_d 与下降时间 t_f 之和，即 $t_{rr}=t_d+t_f$。反向恢复电荷量 Q_R 的定义为

$$Q_R = \int_0^{t_d+t_f} i_{rr}\,\mathrm{d}t \tag{1-1}$$

式中：i_{rr} 为二极管在 $t_0 \sim t_2$ 时间内的反向电流。

减小反向恢复时间 t_{rr} 主要是减小延迟时间 t_d（清除过剩的少数载流子的时间即少数载流子的存储时间）。下降时间与延迟时间的比值 $S_r=t_f/t_d$ 称为恢复特性的软度，S_r 越大则恢复特性越软，反向电流下降时间越长，在同样的外电路条件下造成的反向电压过冲 U_{Rm} 越小。为避免器件的关断过电压和降低电磁干扰强度，在使用时应选择具有软恢复特性的电力二极管。

当突然加入正向电压后，电力二极管须先将充入势垒电容中的电荷放掉，并且当电力二极管正向电压上升到门槛电压 U_{TO} 后，才会有正向电流流过，这一过程所需时间为正向恢复时间。相对反向恢复时间而言，电力二极管的开通时间很短，所以影响电力二极管开关速度的主要因素是其关断时间。

1.2.3　电力二极管的主要参数

正确选择和使用电力电子器件，除需掌握其工作特性外，还应熟悉其主要参数。

电力二极管的主要参数包括正向平均电流 I_F、反向重复峰值电压 U_{RRM}、正向通态管压降、反向漏电流、反向恢复时间、反向恢复电荷量、浪涌电流、最高允许结温等。其中，正向平均电流、反向重复峰值电压和最高允许结温是电力二极管的功能参数，是选管时首先要考虑的参数；正向通态管压降和反向漏电流则标志着大功率整流管工作性能的优劣；反向恢复时间是电力二极管的动态参数，应用于高频电路时必须予以考虑。下面给出电力二极管的电压和电流定额的定义：

（1）正向平均电流 I_F。在规定的管壳温度和散热条件下，管子长期运行允许通过的最大工频正弦半波电流的平均值。这是标称其额定电流的参数。正向平均电流是按照电流的发热效应来定义的，因此使用时应按有效值相等的原则来选取

电流定额，并应留有一定的裕量。

（2）反向重复峰值电压 U_{RRM}。对电力二极管所能重复施加的反向最高峰值电压，通常是其雪崩击穿电压 U_{BR} 的 2/3。这是标称其额定电压的参数。选管时，往往要按电路中电力二极管可能承受的反向最高峰值电压的 2~3 倍来选定。

1.2.4 电力二极管的主要类型

目前，电力二极管主要有普通二极管、快恢复二极管和肖特基势垒二极管三类。电力二极管在电力电子电路中有整流、续流、钳位等不同用途。在实际应用中，应根据不同场合的不同要求选择不同类型的电力二极管，这就需要了解它们各自的特点。

1. 普通二极管

普通二极管又称整流二极管，其特点是：漏电流小，通态压降较高（1.0~1.8V），反向恢复时间较长（一般在 5μs 以上），正向电流定额和反向电压定额很高（分别可达数千安和数千伏以上）。普通二极管多用于对开关频率要求不高（主要是工频 50Hz）的场合，如牵引、充电、电镀等装置的整流电路中。

2. 快恢复二极管

快恢复二极管的显著特点是：恢复过程很短（特别是反向恢复过程，只有几百纳秒至 5μs，甚至可达 20~30ns 或几纳秒），但它的通态压降很高（1.6~4.0V）。快恢复二极管主要用于斩波、逆变等电路中充当旁路二极管和阻塞二极管。

3. 肖特基势垒二极管

肖特基势垒二极管是以金属和半导体接触形成的势垒为基础的二极管。20 世纪 80 年代以来，由于工艺的发展，肖特基势垒二极管在电力电子电路中得以广泛应用。肖特基势垒二极管兼有反向恢复时间很短（10~40ns）和正向通态压降较低（0.3~0.6V）的优点，但其漏电流较大，耐压能力低，通常用于高频低压仪表和开关电源。

1.3 半控型电力电子器件

晶闸管（thyristor）最初被称为可控硅（SCR）。1956 年，美国贝尔实验室发明了晶闸管；1957 年，美国 GE 公司开发出第一只晶闸管产品，并于 1958 年将其商业化。由于晶闸管具有正向导电可控性，性能又明显胜过水银整流器、机械整流器，它的出现开辟了电力电子技术这一崭新学科。晶闸管在 20 世纪 60—70 年代获得迅速发展，并形成晶闸管系列，派生出快速晶闸管、逆导晶闸管、双向晶闸管、光控晶闸管、可关断晶闸管等。1980 年以后，尽管晶闸管的地位开始被各种性能更优的全控型器件所取代，但是由于其电压和电流定额仍然是目前电力电子器件中最高的，而且工作可靠、价格低廉，因此在大功率、低频的应用场合仍占主导地位。本节着重介绍普通晶闸管的工作原理、特性及参数，并简要介绍晶闸

微课讲解
晶闸管

管的几种派生器件。

1.3.1 晶闸管的结构及工作原理

1. 结构

晶闸管的结构、电气符号和外形如图 1-7 所示。晶闸管是一个四层半导体材料（P1N1P2N2）构成的器件，在每两层不同的材料分界面上都形成 PN 结，即共形成三个 PN 结（J1、J2、J3）。晶闸管有三个引出端，其中 A（anode，阳极）和 K（cathode，阴极）是功率引出端，G（gate，门极）是控制引出端。N1 层和 P1 层是轻微掺杂的，PN 结 J1 有很大的宽度来承受高电压。当器件加上反向电压时，PN 结 J1 将承受大部分电压。如果门极不触发，当器件加上正向电压时，PN 结 J2 将承受大部分电压。晶闸管有螺栓型、平板型、模块型等不同的封装形式。对于螺栓型封装，通常用于 200A 以下的小容量领域。螺栓是其阳极，能与散热器紧密连接且安装方便。平板型封装一般用于大功率场合，晶闸管作为管芯，由两个散热器将其夹在中间。

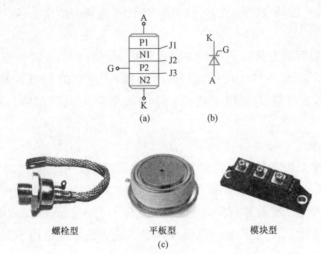

图 1-7 晶闸管的结构、电气符号和外形
(a) 结构；(b) 电气符号；(c) 外形

2. 工作原理

晶闸管正向具有可控闸流特性，反向具有高阻特性，称为逆阻型器件。属于电流驱动型、双极型、半控型器件，可等效为可控的单向导电开关。正向有两个稳定的工作状态：高阻抗的阻断工作状态和低阻抗的导通工作状态。反向能承受一定电压，处于阻断（截止）状态。晶闸管的等效双晶体管模型及工作原理如图 1-8 所示。下面讨论晶闸管各种工作状态成立及相互转换的条件。

（1）阻断工作状态。当晶闸管门极不加控制信号时，晶闸管的四层结构中有 3 个 PN 结。无论对晶闸管加正向电压还是反向电压，总有 PN 结处于反向电压作用下，器件中只有因少数载流子的漂移作用而形成的很小的漏电流，晶闸管呈现阻断工作状态。

（2）导通工作状态。晶闸管导通工作原理通常采用双晶体管模型来解释，即将晶闸管视为由一只 PNP 型晶体三极管和一只 NPN 型晶体三极管互连构成的双晶体管。主回路电路（由外电路 R、E 组成）加在阳极 A 和阴极 K 之间，门极触发电流加在 G 和阴极 K 之间。当晶闸管处于正向偏置状态（阳极 A 和阴极 K 之间电压为正值）时，J1 结和 J3 结向邻近的基区注入少数载流子，起着发射极的

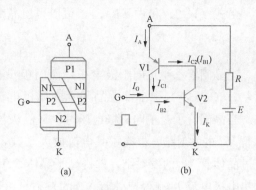

图 1-8　晶闸管的等效双晶体管模型及工作原理
(a) 等效双晶体管模型；(b) 工作原理

作用，而处于反向偏置状态的 J2 结则起着集电极的作用。所以在等效模型中，一个晶体管的集电极总是和另一个晶体管的基区连在一起。对于这两个互相复合的晶体管电路，内部具有正反馈的条件，但是由于结构的原因（基区较厚），这两个晶体管在小电流情况下的放大倍数都很小，因此只有当主回路处于正向偏置状态，而对门极不加电流触发时，晶闸管达不到正反馈的条件。但当主回路处于正向偏置状态，而门极有足够的门极电流 I_G 流入时就会形成强烈的正反馈过程，即

$$I_G \longrightarrow I_{B2} \uparrow \longrightarrow I_{C2}(I_{B1}) \uparrow \longrightarrow I_{C1}$$

从而导致两晶体管很快进入饱和状态，晶闸管即由阻断状态转为导通状态。此时即使撤掉外电路注入的门极电流 I_G，只要主电路保持足够的电流，由于其内部已经形成了强烈的正反馈，晶闸管仍然能维持导通状态。

下面从数量关系上进一步进行解释。设 PNP 晶体管 V1 和 NPN 晶体管 V2 的共基极电流放大系数分别为 α_1 和 α_2，流过 J2 结的反向漏电流为 I_{CBO}，电流放大系数随射极电流（I_A 或 I_K）呈非线性变化，如图 1-9

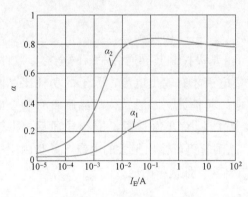

图 1-9　晶体管的电流放大系数与发射极电流的关系

所示。

晶体管饱和之前，$I_{C1} = \alpha_1 I_A$，$I_{C2} = \alpha_2 I_K$。晶闸管的阳极电流等于两只晶体管的集电极电流和漏电流的总和，则有

$$I_A = I_{C1} + I_{C2} + I_{CBO} = \alpha_1 I_A + \alpha_2 I_K + I_{CBO} \tag{1-2}$$

式中：I_{CBO} 为两管的漏电流之和，$I_{CBO} = I_{CBO1} + I_{CBO2}$。

晶闸管的阴极电流

$$I_K = I_A + I_G \tag{1-3}$$

由式（1-2）和式（1-3），可以得出晶闸管的阳极电流

$$I_A = \frac{I_{CBO} + \alpha_2 I_G}{1 - (\alpha_1 + \alpha_2)} \tag{1-4}$$

当晶闸管承受正向阳极电压，而门极没有驱动电流的情况下，式（1-4）中 $I_G = 0$，$(\alpha_1 + \alpha_2)$ 很小，故晶闸管的阳极电流 $I_A \approx I_{CBO}$，晶闸管处于正向阻断状态。当晶闸管承受正向阳极电压时，从门极注入电流 I_G，由于足够大的 I_G 流经晶体管 V2 的发射结，提高了其电流放大系数 α_2，从而产生足够大的集电极电流 I_{C2} 流过晶体管 V1 的发射结，并提高了晶体管 V1 的电流放大系数 α_1，进而产生更大的集电极电流 I_{C1} 流经晶体管 V2 的发射结。这样强烈的正反馈过程迅速进行。从图 1-9 可见，当 α_1 和 α_2 随发射极电流增加而使 $(\alpha_1 + \alpha_2) \approx 1$ 时，式（1-4）的分母 $1 - (\alpha_1 + \alpha_2) \approx 0$，因此大大地提高了晶闸管的阳极电流 I_A。这时流过晶闸管的电流完全由主回路的电源电压和回路电阻所决定，晶闸管已处于正向导通状态。

在晶闸管导通后，$1 - (\alpha_1 + \alpha_2) \approx 0$，即使此时门极电流 $I_G = 0$，晶闸管仍能保持原来的阳极电流 I_A 而继续导通。晶闸管在导通后，其门极已失去作用。因而晶闸管正常导通需要的外部条件为：使晶闸管承受正向电压，并在门极施加正向触发信号。而晶闸管导通后，使其关断所需的外部条件为：不断地减小电源电压、增大回路电阻或加反向偏置电压。使阳极电流 I_A 减小到维持电流 I_H 以下时，由于 α_1、α_2 迅速下降，由式（1-4）可知，当 $1 - (\alpha_1 + \alpha_2) \approx 1$ 时，晶闸管恢复阻断状态，这就是晶闸管的开关过程。总之，$(\alpha_1 + \alpha_2) \approx 1$ 是器件临界导通的条件。当 $(\alpha_1 + \alpha_2) > 1$ 时，两个等效晶体管过饱和而使器件导通；当 $(\alpha_1 + \alpha_2) < 1$ 时，两个等效晶体管不能维持饱和而关断。

从以上分析可以看出，晶闸管是一种只能由门极控制其导通、不能由门极控制其关断的半控型器件。而晶体管却是可由基极控制其导通和关断的全控型器件。晶体管必须在基极一直维持注入电流，集电极才有输出电流，管子的功耗比晶闸管大。如果基极电流消失，集电极电流也一起消失。四层结构的晶闸管有两个电流放大系数，只要用较小的触发电流，就能触发开通管子，饱和导通后，由于 $(\alpha_1 + \alpha_2) \geqslant 1$，此时即使撤除触发电流，晶闸管仍可输出很大的电流，并且内阻很小，功耗较低，这是四层结构器件比三层结构器件优越的地方。

1.3.2　晶闸管的伏安特性及主要参数

1. 阳极伏安特性及静态参数

晶闸管的阳极伏安特性是指稳态时阳极与阴极间电压与阳极电流的关系，如图 1-10 所示。其中，第一象限为正向特性，第三象限为反向特性。晶闸管的反向伏安特性与电力二极管相同，下面主要讨论晶闸管的正向伏安特性。

晶闸管的正向伏安特性与门极电流 I_G 的大小有关。当门极没有触发信号（即 $I_G = 0$）时，晶闸管处于正向阻断状态，阳极电流 I_A 为漏电流。晶闸管的正向阻断能力也是有极限的，当正向电压增至正向转折电压 U_B 时，正向伏安特性表现为从高阻区（阻断状态）经负阻区进入低阻区（导通状态），器件非正常导通。当门极

有触发信号（即 $I_G > 0$）时，正向转折
电压随 I_G 的增大而下降。当门极电流足
够大时，阳极和阴极之间的电阻立即变
得很小，阳极电流增加至擎住电流 I_L
（由关断状态进入导通状态的临界电流
值）之后，晶闸管即进入导通状态。此
时即使去掉门极信号，晶闸管仍然维持
导通状态不变。这是晶闸管所特有的性
质，称为自锁或擎住特性。因此，晶闸
管的触发信号常采用具有一定宽度的脉

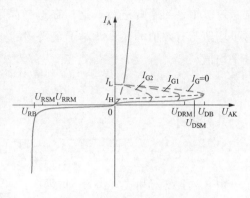

图 1-10 晶闸管的阳极伏安特性

冲电流，而无须采用直流电流，但触发脉冲宽度必须足以使阳极电流在这段时间
内增加到擎住电流 I_L 之上。与晶闸管的静态伏安特性有关的参数主要有：

（1）额定电压。在图 1-10 中，U_{DB}、U_{RB} 为正向转折电压和反向击穿电压；
U_{DSM}、U_{DRM} 为正向断态不重复峰值电压和正向重复峰值电压；U_{RSM}、U_{RRM} 为反向
不重复峰值电压和反向重复峰值电压。不重复峰值电压是指不造成正向转折和反
向击穿的最大电压，一般不允许多次施加，否则容易造成晶闸管损坏。重复电压
是指晶闸管在开通和关断的过渡过程中，能重复经受的最大瞬时电压。一般取正、
反向不重复峰值电压的 90% 作为正、反向重复峰值电压，取正、反向重复峰值电
压中的较小者作为晶闸管的额定电压。

由于晶闸管的电压过载能力较差，电源波动、异常电压和瞬时电流变化等原
因引起的瞬时过电压可能会造成晶闸管损坏。在实际应用时，通常按照电路中晶
闸管的正常工作峰值电压的 2～3 倍来选择晶闸管的额定电压，以确保有足够的安
全裕量。

（2）正向通态电压。正向通态电压指晶闸管通过额定电流时阳极与阴极间的
电压降，也称管压降。该参数直接反映了器件的通态损耗特性。若通过晶闸管的
电流为通态平均电流，则电压降为通态平均管压降。

（3）额定电流（通态平均电流）。这是标称晶闸管额定电流的参数，测试条件
为：在环境温度为 +40℃ 和规定的冷却条件下，晶闸管的结温已达额定结温时，
允许流过晶闸管的最大工频正弦半波电流的平均值。在实际应用中，环境温度、
散热器以及工作波形显然是不尽相同的，需要根据实际的工况来选择晶闸管的额
定电流。当环境温度越低、冷却条件越好时，晶闸管稳定工作时的结温就越低，
则器件允许通过的电流就越大。通常生产厂商会给出晶闸管允许的通态电流与外
壳温度的关系曲线。同一晶闸管面对的波形和导通角不同，允许通过的最大电流
也不同。这个参数是按照正向电流造成器件本身通态损耗的发热效应来定义的，
使用时实际波形的电流与通态平均电流所造成的发热效应相等，因此可根据有效
值相等的原则来选取晶闸管的电流定额。

由于晶闸管的额定电流以最大工频正弦半波波形的平均值定义，而选管时根

据有效值相等的原则进行，这样在选择晶闸管电流定额时，通常需要进行电流波形平均值与有效值的换算。对于定义中的正弦半波电流波形，设其峰值为 I_m，则其平均值

$$I_{VT} = \frac{1}{2\pi} \int_0^{2\pi} i(\omega t) \mathrm{d}(\omega t) = \frac{1}{2\pi} \int_0^{\pi} I_m \sin(\omega t) \mathrm{d}(\omega t) = \frac{I_m}{\pi} \qquad (1\text{-}5)$$

其有效值

$$I = \sqrt{\frac{1}{2\pi} \int_0^{2\pi} i^2 \mathrm{d}(\omega t)} = \sqrt{\frac{1}{2\pi} \int_0^{\pi} [I_m \sin(\omega t)]^2 \mathrm{d}(\omega t)} = \frac{I_m}{2} \qquad (1\text{-}6)$$

由式（1-5）和式（1-6）可得

$$I = \frac{1}{2} \pi I_{VT} = 1.57 I_{VT} \qquad (1\text{-}7)$$

即额定电流为 $I_{VT} = 100\text{A}$ 的晶闸管可以通过有效值不超过 157A 的电流。因此，按照实际电流波形计算其有效值后，再除以 1.57 作为选择晶闸管额定电流的依据，并且考虑到实际装置的散热条件和可能的过载现象，一般取 1.5～2.0 倍的安全裕量。

（4）**维持电流与擎住电流**。维持电流 I_H 是指晶闸管稳定导通后，逐渐减小阳极电流，能够维持晶闸管导通状态所需的最小阳极电流，一般为几十到几百毫安。当阳极电流低于维持电流后，认为晶闸管已进入阻断状态。擎住电流 I_L 是指晶闸管刚由断态转入通态并且去掉门极信号，仍能维持晶闸管导通状态所需的最小阳极电流。I_L 是晶闸管的临界开通电流，若阳极电流 I_A 未达到 I_L 时就去掉门极信号，晶闸管将自动返回阻断状态。在感性负载电路中，由于阳极电流上升到 I_L 需要一定时间，若不施加幅值较宽的门极信号，晶闸管则不能维持住导通状态。

维持电流与擎住电流是描述晶闸管阻断与导通状态的两个参数，通常 $I_L = (2～4)I_H$，而且都随着结温的下降而增大。

2. 动态特性及其参数

动态特性是指晶闸管处在阻断状态和导通状态变换过程中的特性，包括开通特性和关断特性。开通特性描述晶闸管在正向偏置状态并受到理想电流触发时的导通情况，而关断特性描述已导通的晶闸管在施加反向电压时的关断情况。晶闸管的主要动态参数有开通时间 t_{on}、关断时间 t_{off}、断态电压临界上升率 $\mathrm{d}u/\mathrm{d}t$、通态电流临界上升率 $\mathrm{d}i/\mathrm{d}t$，这四个动态参数都与使用条件有关。

（1）开通时间 t_{on}。晶闸管的开通过程波形如图 1-11 所示，可将其分为 OA、AB 和 BC 三段。第一段 OA 所对应的时间称为延迟时间 t_d，在这段时间内电子、空穴分别穿过短、长基区到达 J2 结两侧积累起来，J2 结仍处于反向偏置状态，晶闸管中的电流不大。规定触发电流 i_G 上升到 90% 起至阳极电流 i_A 上升到额定值的 10% 止的时间间隔为 t_d，普通晶闸管的 t_d 为 0.5～1.5μs。第二段 AB 所对应的时间为上升时间 t_r，对应阳极电流从 10% 上升到额定值的 90% 所需的时间。在这段时间内，J2 结两侧积累的载流子使其由反向偏置转向正向偏置，电流迅速上升，靠

近门极的局部区域已导通,普通晶闸管的 t_r 为 0.5~3.0μs。第三段 BC 对应的时间为扩展时间 t_s,它反映导通区扩展的快慢程度。在该段时间内,阳极电流由额定值的 90% 上升到额定值,晶闸管由局部导通扩展到全面积导通。一般定义器件的开通时间 t_{on} 为延迟时间 t_d 与上升时间 t_r 之和,即

$$t_{on} = t_d + t_r \tag{1-8}$$

一般认为延迟时间是由载流子注入基区造成的,它随门极电流的增大而减小,还受触发脉冲前沿陡度及其幅值的影响,采用强触发可缩短开通时间;上升时间反映了基区载流子浓度达到新稳态的分布过程,它受主回路阻抗的影响,不同性质的负载在开通过程中表现出不同的电流、电压变化。延迟时间和上升时间随阳极电压的上升而下降。

(2)关断时间 t_{off}。对处于导通状态的晶闸管施加反向电压强迫其关断,关断过程中的电流、电压波形如图 1-12 所示。在 t_1 时刻给晶闸管施加反向电压,由于外电路电感的存在,在 t_1~t_2 阶段,阳极电流逐步衰减到零。由于导通时的电荷存储效应,在 t_2~t_3 阶段,晶闸管硅片内大量未被复合的载流子会形成反向恢复电流,其经过最大值后迅速衰减接近于零,晶闸管恢复对反向电压的阻断能力,完成反向恢复过程所需的时间为反向恢复时间 t_{rr}。由于外电路的电感作用,衰减时会在晶闸管两端引起尖峰电压,为抑制尖峰电压幅值以防损坏晶闸管,通常采用浪涌电压吸收电路。在 t_3~t_4 阶段,由于 J1 结和 J3 结已成为反向偏置,J2 结两侧的载流子通过复合方式消失,当 J2 结两侧的载流子复合完毕并建立新的阻挡层,晶闸管完全关断而恢复了阻断能力,这段时间即为门极恢复时间 t_{gr}。之后重新施加正向电压,晶闸管只流过正向漏电流。从通态电流降至零的时刻起,到晶闸管开始能够承受规定的断态电压时刻止的时间间隔,称为晶闸管的关断时间 t_{off},普通晶闸管的 t_{off} 为几十到几百微秒。加在晶闸管上的反向阳极电压时间必须大于 t_{off},否则无法可靠关断。关断时间 t_{off} 包括反向恢复时间 t_{rr} 和门极恢复时间 t_{gr},即

$$t_{off} = t_{rr} + t_{gr} \tag{1-9}$$

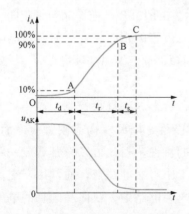

图 1-11 晶闸管的开通过程波形

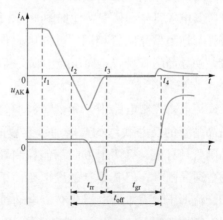

图 1-12 晶闸管的关断过程波形

（3）断态电压临界上升率 du/dt。在规定结温及门极开路条件下，不导致晶闸管从断态转入通态的最大电压上升率。需要说明的是，晶闸管的 du/dt 随温度变化有两种情况：一种是晶闸管的 du/dt 随温度升高而下降，另一种是晶闸管的 du/dt 随温度升高而上升。如果晶闸管承受过大的断态电压上升率会使其误导通。

（4）通态电流临界上升率 di/dt。在规定条件下，由门极触发导通时，晶闸管能够承受而不致损坏的最大通态平均电流上升率。如果电流上升速度过快，则晶闸管刚一开通，便会有很大的电流集中在门极附近的小区域内，容易造成局部过热而损坏晶闸管。

1.3.3　晶闸管的派生器件

随着生产的发展，对晶闸管的使用提出了一些特殊要求，进而采用不同工艺在普通晶闸管的基础上研制出不同性能的晶闸管，由于都是四层半导体（PNPN）结构，可将其统称为晶闸管家族的派生器件。下面简要介绍几种派生器件及其特性。

1. 快速晶闸管

普通晶闸管的开通和关断时间较长，允许的电流上升率较小，其工作频率受到限制，主要用于工频电路中。为了提高晶闸管的工作频率，采用特殊工艺缩短开关时间、提高通态电流临界上升率 di/dt 和断态电压临界上升率 du/dt，同时降低通态压降和开关损耗，制造出了快速晶闸管。快速晶闸管可应用于斩波器、中频逆变电源等电力电子装置中。通常快速晶闸管的关断时间 $t_{off} \leqslant 50\mu s$，工作频率高于 $400Hz$；而高频晶闸管的关断时间 t_{off} 为 $10\mu s$ 左右，工作频率在 $10kHz$ 以上。

2. 逆导晶闸管

在逆变电路和斩波电路中，经常用到晶闸管与大功率二极管并联的电路，其反向不需要承受阻断电压但需要二极管续流。为了简化电路结构和快速换流，提高换流装置的工作频率，人们发明了逆导晶闸管。逆导晶闸管是一个反向导通的晶闸管，它是将一个逆阻型晶闸管与一个二极管反并联集成在同一硅片上构成的新器件，其电气符号和伏安特性如图 1-13 所示。由图可知，逆导晶闸管正向可控闸流特性与逆阻型晶闸管相同，反向则表现为二极管的正向特性。与普通晶闸管相比较，逆导晶闸管具有正向压降小、关断时间短、额定结温高等优点。

3. 双向晶闸管

在交流电力控制电路中，为了对波形的正、负半周都进行控制，需要采用两只普通晶闸管的反并联结构，增加了装置的复杂性，因此双向晶闸管应运而生。双向晶闸管具有正、反两个方向都能控制导通的特性，因此可以将其看成一对反并联的普通晶闸管，但其具有触发电路简单、工作可靠的优点，通常用于交流电路，如交流调压、固体继电器、交流电动机调速等电路中。双向晶闸管的电气符号和伏安特性如图 1-14 所示，它有两个主电极 T1、T2 和一个门极 G，在第Ⅰ象限和第Ⅲ象限有对称的伏安特性。

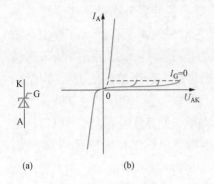

图 1-13 逆导晶闸管的
电气符号和伏安特性
（a）电气符号；（b）伏安特性

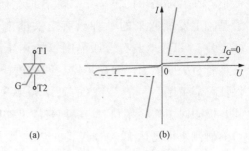

图 1-14 双向晶闸管的
电气符号和伏安特性
（a）电气符号；（b）伏安特性

由于双向晶闸管工作在交流回路
中，因此不是用平均值而是用有效值
来表征其额定电流。

4. 光控晶闸管

光控晶闸管是利用一定波长的光
照信号触发导通的晶闸管。小功率光控
晶闸管只有两个电极（A、K），大功率
光控晶闸管还带有光缆，光缆上装有作
为触发光源的发光二极管或半导体激光
器。光控晶闸管的电气符号和伏安特性
如图1-15所示。光控晶闸管一旦导通，

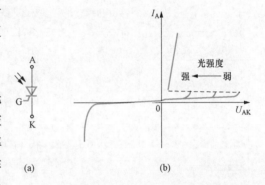

图 1-15 光控晶闸管的电气符号和伏安特性
（a）电气符号；（b）伏安特性

即使无光照，也不会自行关断。从伏安特性可以看出，转折电压随光照强度的增大而
降低。由于采用光触发保证了主电路与控制电路之间的绝缘，而且避免了电磁干扰的
影响，因此光控晶闸管主要应用于高压大功率场合，如高压直流输电装置。

1.4　全控型电力电子器件

虽然晶闸管开启了以功率半导体器件变换电能的新时代，但随着变换电路类
型的增加和对电能变换要求的提高，不同类型的全控型器件开始出现，并在很多
应用领域逐渐取代了开关速度慢且无法控制关断的晶闸管。本节将介绍几种典型
的全控型电力电子器件的结构及工作原理。

1.4.1　门极关断晶闸管（GTO）

普通晶闸管具有阻断电压高、通态电流大和损耗低等优点，在高压大功率领
域将继续广泛应用。但由于普通晶闸管是半控型器件，不具有自关断能力，当用
于斩波、无源逆变等直流输入电压的换流器中时，就存在器件如何关断（即换流）

微课讲解

门极关断晶闸管
和电力晶体管

这一突出问题。为此，必须附加强迫换流电路，这会使装置复杂化，还会使效率低下。在实际需求的推动下，随着理论研究和工艺水平的不断提高，在普通晶闸管基础上发展起来的一种具有自关断能力的电力电子器件——门极关断晶闸管（GTO）。GTO既具有普通晶闸管的耐压高、电流容量大和耐浪涌能力强等优点，又具有自关断能力。只需提供足够幅度、宽度的门极关断脉冲信号，GTO就可以保证可靠关断。一般GTO的工作频率（1kHz以内）介于普通晶闸管和GTR之间，极限时工作频率可达100kHz，工作电流达到6000A，工作电压达到6000V，目前研制水平已达8kA/8kV。GTO主要应用于大功率领域（高电压、大容量的交流拖动系统），如将GTO斩波器用于电力机车主传动系统。

1. 结构

GTO的结构和静态特性与普通晶闸管的类似，也为四层半导体（PNPN）结构的三端器件。GTO的结构和电气符号如图1-16所示。GTO与SCR不同，它是一种多元的功率集成器件，内部包含着数百个小GTO元。这些小GTO元的阳极共有，阴极和门极分别由数百个细长小条并联在一起。为便于实现门极控制关断，阴极周围被门极所包围，以减小门极和阴极之间的距离，即阴极呈岛状结构。阴极宽度越窄，门极与阴极的距离越短（横向电阻越小），越有利于关断。

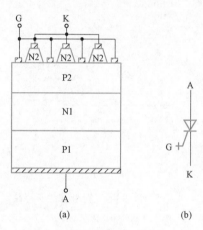

图1-16　GTO的结构和电气符号
(a) 结构；(b) 电气符号

大容量GTO是由若干GTO元并联而成，其要求各个GTO元在导通和关断时动作一致，否则容易发生某些阴极单元由于电流过大而损坏的情况，称为GTO失效。失效现象产生的原因是：由于各个GTO元的特性不一致，使得它们的关断时间有长有短，较先关断的GTO元把自己负担的电流转移到滞后关断的GTO元上，致使后者电流密度增大；同理，各个GTO元的特性不一致，使得它们的开通时间有长有短，则较先开通的GTO元通过的电流密度增大。大容量GTO制造的关键之一就是改善大面积扩散工艺的均匀性。

2. 工作原理

GTO属于电流驱动、双极型、全控型器件，可以将其看作晶闸管的派生器件，工作原理上仍然可以采用图1-8所示的等效双晶体管模型来分析。

（1）GTO导通过程。与普通晶闸管非常相似，有同样的正反馈过程，但略有不同，导通时饱和程度较浅，体现在设计上存在以下三个特点：

1）GTO中晶体管V2的α_2取值较大，使V2控制灵敏，GTO易于关断。

2）GTO导通时$(\alpha_1+\alpha_2)\approx1$，晶闸管常设计为$(\alpha_1+\alpha_2)\geqslant1.15$，而GTO则设计为$(\alpha_1+\alpha_2)\approx1.05$，因此，GTO导通时处于临界饱和状态，这为通过门

极控制关断 GTO 提供了有利条件。

3）多元集成结构使每个 GTO 元的阴极面积很小，门极与阴极间的距离大为缩小，使得 P2 基区的横向电阻很小，从而使从门极抽出更大的晶体管 V1 集电极电流 I_{C1} 成为可能。GTO 的多元集成结构除了对关断有利外，还使其比普通晶闸管开通过程更快，承受 $\mathrm{d}i/\mathrm{d}t$ 的能力更强。其中，$(\alpha_1+\alpha_2)\approx 1$ 时的阳极电流为临界导通电流，将其定义为 GTO 的擎住电流。只有当阳极电流大于擎住电流，GTO 才能维持大面积导通。

（2）GTO 关断过程。GTO 处于导通状态时，对门极施加负的关断脉冲，形成 I_G，相当于将 I_{C1} 的电流抽出，使 NPN 型 V2 晶体管的基极电流减小，I_{C2} 随之减小，PNP 型 V1 晶体管的基极电流的减小，又使 I_A 和 I_{C2} 减小，这也形成强烈的正反馈过程。当 I_{C1} 和 I_{C2} 减小至使得 $(\alpha_1+\alpha_2)<1$ 时，晶体管退出饱和，此时 GTO 的阳极电流已经小于其擎住电流，GTO 不满足维持导通的条件而关断。GTO 关断时，随着阳极电流的下降，阳极电压逐步上升，因而关断时的瞬时功耗较大。

3. 动态特性

GTO 在开通和关断过程中的电流（门极电流 i_G 和阳极电流 i_A）波形如图 1-17 所示。

与普通晶闸管类似，开通时间 t_{on} 由延迟时间 t_d 和上升时间 t_r 组成。其中，延迟时间一般在 $1\sim 2\mu s$，上升时间则随通态阳极电流的增大而增大。开通时间 t_{on} 的大小取决于元件特性、门极电流上升率以及门极脉冲幅值。

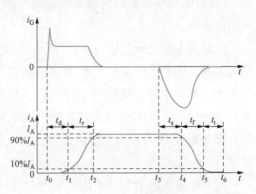

图 1-17　GTO 开通和关断过程中的电流波形

开通损耗集中在 t_r 区间，当阳极电压一定时，开通损耗将随着峰值阳极电流 I_A 的增大而增大。

与普通晶闸管有所不同，GTO 关断过程可用 3 个不同的时间来表示，即存储时间 t_s、下降时间 t_f 及尾部时间 t_t。

（1）存储时间 t_s。存储时间指抽取饱和导通时存储大量载流子的时间，对应从关断过程开始到阳极电流下降至 $90\%I_A$ 止的时间间隔，它随阳极电流的增大而增大。在这段时间内，依靠门极负脉冲电压从门极抽出存储电荷，使等效晶体管饱和深度变浅，退出饱和状态。由于此时三个 PN 结还都处于正向偏置状态，所以阳极电流 i_A 变化很小，门极电流 i_G 达到负的最大值。

（2）下降时间 t_f。下降时间指等效晶体管从饱和区退至放大区、阳极电流逐渐减小的时间，对应阳极电流从 $90\%I_A$ 起至下降到 $10\%I_A$ 止的时间间隔，一般小于 $2\mu s$。在这段时间内，继续从门极抽出载流子，阳极电流逐渐减小，当 $(\alpha_1+\alpha_2)\leqslant 1$ 后，内部正反馈作用停止，GTO 退出饱和状态。该段时间内瞬时损耗比较集中，过大的瞬时损耗会导致出现类似晶体管的二次击穿现象，造成 GTO 损坏。

（3）尾部时间 t_t。尾部时间指残余载流子复合所需时间，对应阳极电流从 $10\%I_A$ 起减小至维持电流止的时间间隔。在这段时间内，仍有残存载流子被抽出，但阳极电压已经建立，因此过高的 du/dt 会使 GTO 关断失效，因此必须设计适当的缓冲电路。

关断时间 t_{off} 为存储时间 t_s 和下降时间 t_f 之和，即

$$t_{off}=t_s+t_f \tag{1-10}$$

通常 t_f 比 t_s 要小得多，而 t_t 比 t_s 要长。门极负脉冲电流幅值越大，前沿越陡，抽走存储载流子的速度越快，t_s 就越短；若使门极负脉冲的后沿缓慢衰减，在 t_t 阶段仍能保持适当的负电压，则可缩短尾部时间。由于在尾部时间内阳极电流呈缓慢减小趋势，而此时阳极电压可能已经很高，因而这段时间内关断损耗大。为减小尾部时间功耗，应尽量缩短尾部时间 t_t。

4. 主要参数

GTO 的许多参数与普通晶闸管的相同，这里只给出几个与普通晶闸管的意义不同的参数。

（1）最大可关断阳极电流。GTO 的阳极电流受限制的原因有两个：一个是受发热限制，即管子的额定工作结温决定的平均电流额定值，这一点与普通晶闸管的相同；另一个是由临界饱和导通条件所决定的最大阳极电流。因为阳极电流过大，管子处于深度饱和状态，导致门极关断失败。由门极可靠关断为决定条件的最大阳极电流称为最大可关断阳极电流 I_{ATO}，这是标称 GTO 额定电流容量的参数。

（2）电流关断增益。电流关断增益 β_{off} 是指最大可关断阳极电流 I_{ATO} 与门极关断峰值电流 I_{GM} 之比，即

$$\beta_{off} = \frac{I_{ATO}}{I_{GM}} \tag{1-11}$$

β_{off} 低是 GTO 的一个主要缺点，一般 β_{off} 为 4~5。一个 1000A 的 GTO，关断时门极负脉冲的电流峰值为 200A，这是一个电压不高、电流数值很大的控制电流，而且对该电流的波形要求很高。

（3）阳极尖峰电压。阳极尖峰电压 U_P 是在下降时间末尾出现的极值电压，它几乎随阳极可关断电流线性增加，U_P 过高可能导致 GTO 失效。阳极尖峰电压的产生是由缓冲电路中的引线电感、二极管正向恢复电压和电容器中的电感造成的，为减小 U_P，必须减小引线电感，并采用反向恢复快的二极管和无感电容器构成缓冲电路。

虽然 GTO 电压、电流容量比其他全控型器件大，但它的缺点是：关断时间相对较长（几十微秒），而且关断过程是非均匀的，容易产生局部过热现象，造成器件失效；电荷存储时间差异过大，使 GTO 在串联和并联应用时需要复杂的缓冲电路；驱动电路技术难度大，使其推广受到限制。

1.4.2 电力晶体管（GTR）

随着电力电子技术的发展，对全控型自关断器件的需求量日益增加，**电力晶体管（GTR）**，又称**双极晶体管（BJT）**，应运而生。GTR的开关时间在几微秒以内，比普通晶闸管和GTO都短很多；开关频率比普通晶闸管的高，具备良好的自关断能力，但容量比普通晶闸管的小很多。因此，GTR主要适用于数百千瓦以下功率的电力电子设备，如高频开关电源、中小功率变频调速器、高频电子镇流器等。

1. 结构

GTR是由三层半导体材料（两个PN结）组成，有PNP和NPN两种结构。对于高压大电流场合，NPN型易于制造而被广泛应用，所以这里仅介绍NPN型GTR的结构，如图1-18（a）所示。一个GTR芯片包含大量的并联晶体管单元，这些晶体管单元共用一个大面积集电极，而发射极和基极则被分散布置，从而可以有效解决发射极电流边缘效应问题。GTR的电气符号与普通晶体管的相同，如图1-18（b）所示。

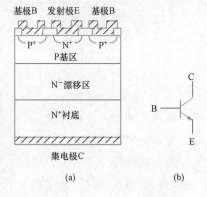

图1-18 NPN型GTR的结构和电气符号

(a) 结构；(b) 电气符号

2. 工作原理

GTR的工作原理和基本特性与普通晶体管的没有本质上的差别，但两者工作特性的侧重面有所不同：普通晶体管注重单管电流放大系数、线性度、频率响应以及噪声和温度漂移等；而GTR最主要的特性是耐压高、电流大、开关特性好。GTR通常采用至少由两个晶体管按达林顿接法组成的单元结构，同GTO一样采用集成电路工艺将这些单元并联起来。GTR在应用中采用共发射极接法，其电流放大系数 β 为集电极电流 i_C 与基极电流 i_B 之比，即 $\beta = i_C / i_B$，它反映了基极电流对集电极电流的控制能力。由于GTR工作电流和功耗大，工作时会出现与使用小信号晶体管时不同的新问题，如基区大注入效应、基区扩展效应和发射极电流集边效应等，使得电流增益下降、特征频率减小，导致局部过热等。为了削弱这种影响，必须在结构和工艺上采取适当的措施，以满足大功率应用的要求。GTR在重掺杂的 N^+ 硅衬底上设置轻掺杂的 N^- 区，以提高器件的耐压能力。基极与发射极在一个平面上做成叉指型以减少电流集中并提高器件电流处理能力。

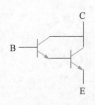

图1-19 NPN型达林顿GTR

目前，常用的GTR器件有单管、达林顿管和模块三类。电流增益低将给驱动电路造成负担，而达林顿结构是提高电流增益的一种有效方式。达林顿结构由两个或多个晶体管复合而成，图1-19所示为由两个NPN管组成的达林顿GTR。达林顿GTR虽然提高了电流增益，但会导致饱和压降增大、开关速度变慢。大功率开关中用得最多的是GTR模块，它将许多达林顿单元电路集成制作在同一硅片上，不仅提高了器件的集成度和可靠性，而且提高了器件的性价比。

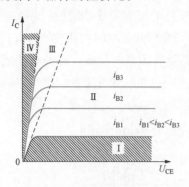

图1-20　共射极电路的
集电极输出特性

3. 静态特性

在电力电子电路中，GTR一般采用共射极接法，共射极电路的集电极输出特性如图1-20所示。输出特性可分为截止区Ⅰ、放大区Ⅱ、临界饱和区Ⅲ和深度饱和区Ⅳ 4个区。

（1）截止区。截止区又称阻断区，该区域对应基极电流 i_B 为零的条件。工作在该区域时，发射结和集电结均处于反向偏置状态，GTR承受高压而仅有小的漏电流存在。

（2）放大区。放大区又称线性区，晶体管工作在该区域时，集电结处于反向偏置状态而发射结改为正向偏置状态，集电极电流与基极电流成线性关系。在电力电子电路中，要尽量避免GTR工作在放大区，否则功耗将会很大。

（3）临界饱和区。临界饱和区是指放大区与深度饱和区之间的一段区域。在该区域中，随着基极电流的增加开始出现基区宽度调制效应，电流增益开始下降，基极电流与集电极电流不再成线性关系，但仍保持着集电结反向偏置、发射结正向偏置的特点。

（4）深度饱和区。在深度饱和区中，基极电流变化时，集电极电流不再随之变化，电流增益与导通电压均很小。集射极电压称为饱和压降 U_{CES}，它决定着器件开关损耗的大小。工作在该区域的GTR，其发射结和集电结均处于正向偏置状态。

器件作为开关应用时，它只稳定工作在截止区和饱和区两个状态，但在开关过程中要经过放大区的过渡。

4. 动态特性

GTR主要工作在开关状态，其动态特性即开关特性如图1-21所示。当在晶体管的基极输入脉冲电流 i_B 时，便会从集电极输出脉冲电流 i_C，但两者并不同步。由于结电容和过剩载流子的存在，其集电极电流的变化总是滞后于基极电流的变化。从 t_0 时刻基极加上脉冲信号到 t_1 时刻集电极电流上升到 $0.1I_{CS}$ 的时间为延迟时间 t_d，这是为使发射结由反向偏置转向正向偏置所需的时间，实质就是发射结势垒电容充电所需的时间；

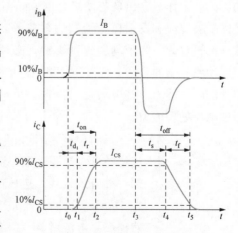

图1-21　GTR的开关特性

从 t_1 时刻至 t_2 时刻集电极电流上升到 $0.9I_{CS}$ 的时间为上升时间 t_r，这是为了在基区建立起对应于 i_C 值的电荷密度分布所需要的时间；从 t_3 时刻输入的脉冲开始反极性至 t_4 时刻集电极电流减小到 $0.9I_{CS}$ 的时间为存储时间 t_s，这是为存储在集电结两侧的电荷消散所需要的时间；从 t_4 时刻至 t_5 时刻集电极电流减小到 $0.1I_{CS}$ 的时间为下降时间 t_f，这是发射结和集电结势垒放电所需要的时间。

晶体管由关断状态过渡到导通状态所需的时间称为开通时间 t_{on}（为纳秒数量级），它为延迟时间 t_d 和上升时间 t_r 之和，即

$$t_{on}=t_d+t_r \tag{1-12}$$

晶体管由导通状态过渡到关断状态所需的时间称为关断时间 t_{off}，它为存储时间 t_s（$3\sim8\mu s$）和下降时间 t_f（约为 $1\mu s$）之和，即

$$t_{off}=t_s+t_f \tag{1-13}$$

在饱和状态下，GTR 的通态损耗最小，但这种状态并不利于迅速关断 GTR。通过控制基极电流的大小，可使 GTR 工作在临界饱和状态；一旦施加反向基极电流，器件可迅速退出饱和状态进入截止状态，使 t_s 和 t_f 都减小，但此时的通态损耗比在深度饱和状态时要高。

5. 极限参数

GTR 的极限参数是指允许施加于 GTR 上的电压、电流、耗散功率以及结温等的最大值，在使用中绝不能超过这些参数值。

（1）最高电压额定值。集电极最高电压额定值是指集电极的击穿电压。击穿电压的大小不仅与器件本身的特性有关，还取决于基极回路的接线方式。图 1-22（a）～（e）所示的各种接线方式下的击穿电压分别为 BU_{CBO}、BU_{CEO}、BU_{CES}、BU_{CER} 和 BU_{CEX}，这些击穿电压的关系为

$$BU_{CBO}>BU_{CEX}>BU_{CES}>BU_{CER}>BU_{CEO}$$

在 GTR 生产手册中，BU_{CEO} 作为额定电压给出，实际应用时的最高工作电压应低于 BU_{CEO}，并且需设置过电压保护措施，以确保工作安全。

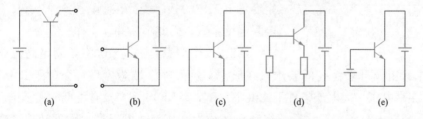

图 1-22 GTR 的不同基极回路接线方式

(a) 发射极开路；(b) 基极开路；(c) 基极与发射极短路；(d) 基极与发射极用电阻联结；(e) 基极反向偏置

（2）最大电流额定值。规定集电极最大工作电流 I_{CM} 作为 GTR 的电流定额。在实际应用时，一般用如下方法来确定 I_{CM} 值：

1）在大电流条件下使用 GTR 时，大电流效应会使 GTR 的性能变差，甚至使管子损坏。因此，I_{CM} 的标定应当不引起大电流效应，通常规定 β 值下降到额定值

的 $1/2 \sim 1/3$ 时 I_C 值为 I_{CM} 值。实际应用时要留有裕量，只能用到 I_{CM} 的一半左右。

2）在低压范围内使用 GTR 时，必须考虑饱和压降对功率损耗的影响。这种情况下，以允许的耗散功率的大小来确定 I_{CM} 值。

（3）最大耗散功率。最大耗散功率额定值 P_{CM} 是指 GTR 在最高允许结温时所对应的耗散功率。电流通过集电极产生功耗使结温上升，集电结产生的热量通过硅片、管壳、散热片等散发到周围空间去。结温达到允许最大值时，相应的功耗即为最大功耗 P_{CM}。

在应用上述参数选择器件时，要特别注意测试条件与实际应用条件的差别，以保证器件的正确使用。

6. 二次击穿与安全工作区

GTR 在使用中，实际允许的功耗不仅由 P_{CM} 决定，还要受到二次击穿功率 P_{SB} 的限制。实践表明，二次击穿是大功率晶体管受到损害的主要原因，是影响晶体管换流装置可靠性的一个重要因素。

当集电极电压 U_{CE} 逐渐增至某一数值时，集电极电流 I_C 急剧增加，出现雪崩击穿现象，即一次击穿现象。其特点是在 I_C 急剧增加的过程中，集电极电压基本保持不变，一般不会使 GTR 特性变坏。但如果不加限制地让 I_C 继续增加，则晶体管上的电压会突然下降，出现负阻效应，导致出现破坏性的二次击穿。虽然二次击穿问题并非 GTR 所特有，但 GTR 的二次击穿问题比较突出，它使 GTR 的安全工作范围大为缩小。

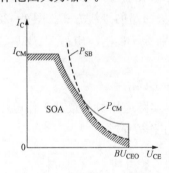

图 1-23　GTR 的安全工作区

为确保 GTR 可靠工作，避免二次击穿现象的发生，生产厂商用安全工作区来限制 GTR 的工作范围。安全工作区（safe operation area，SOA）是指 GTR 能够安全运行的范围，一般由晶体管的电流、电压、耗散功率和二次击穿的极限参数 I_{CM}、BU_{CEO}、P_{CM} 和 P_{SB} 确定，如图 1-23 所示。这使得 GTR 在额定容量下工作的频率受到限制。此外，GTR 有负的电阻温度系数，因此不易并联工作。

GTR 工作结温可高达 200℃，满足高温条件下对功率管工作可靠性高的要求，在航空、航天等极端恶劣环境条件下具有优势；GTR 在高电压、大电流条件下比 IGBT 和功率 MOSFET 具有更低的通态饱和压降（200A 负载电流条件下，通态饱和压降约为 0.8V），可以最大限度地提高变换器效率。

自 20 世纪 80 年代以来，在中、小功率范围内取代普通晶闸管的，主要是 GTR。但它是电流控制型器件，开通增益仅为 $5 \sim 10$，这对大功率器件控制电路的制作工艺和电能消耗都是沉重的负担；而且，为降低噪声，现代电源要求器件以超音频工作，但由于 GTR 是双极型电流驱动的全控型器件，存在少数载流子存储效应，所以关断时存储时间长，在硬开关（hard switching）环境中，GTR 的典型开关频率仅为 5kHz，这显然无法满足要求。此外，GTR 过载能力差，有二次击穿功率的限制。由于存在这些弱点，所以在很多场合 GTR 正在被 IGBT 和功率 MOSFET 所取代。

1.4.3　功率金属 - 氧化物 - 半导体场效应晶体管（功率 MOSFET）

功率金属 - 氧化物 - 半导体场效应晶体管（功率 MOSFET）是由多数载流子参与导电的半导体器件，它没有少数载流子存储现象，属于单极型电压控制器件，可通过栅极电压来控制漏极电流。功率 MOSFET 的显著优点是驱动电路简单，输入阻抗高，驱动电流小，驱动功率小，开关速度快（低压器件的开关时间为 10ns 数量级，高压器件的开关时间为 100ns 数量级），工作频率可达 1MHz，是所有全控型电力电子器件中工作频带最宽的一种，相对于 GTR 不存在二次击穿问题，耐压水平高，安全工作区较大；其缺点是导通电阻大，电流容量小，耐压低，通态压降大，导通损耗大。因此，功率 MOSFET 适用于开关电源、高频感应加热等高频场合，但不适用于大功率装置。

1. 结构

顾名思义，MOSFET 中 MOS 指金属 - 氧化物 - 半导体（metal - oxide - semi-conductor），FET 指场效应晶体管（field effect transistor），即 MOSFET 是指以金属层（M）的栅极隔着氧化层（O）利用电场的效应来控制半导体（S）的场效应晶体管。功率 MOSFET 也分为结型和绝缘栅型两种，但通常主要指绝缘栅型，栅极由多晶硅制成，它同基片之间隔着 SiO_2 薄层，因此它同其他两个极之间是绝缘的。这样一来，只要 SiO_2 薄层不被击穿，栅极对源极的阻抗是非常高的。结型功率 MOSFET 一般称作静电感应晶体管（SIT）。

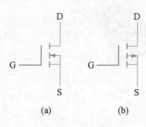

图 1 - 24　功率 MOSFET 的电气符号
(a) N 沟道型；(b) P 沟道型

根据载流子的性质，功率 MOSFET 可分为 P 沟道和 N 沟道两种类型，其电气符号如图 1 - 24 所示，它有栅极 G、源极 S 和漏极 D 三个电极。N 沟道中的载流子是电子，P 沟道中的载流子是空穴。其中，每一种类型又可以分为增强型和耗尽型。增强型 MOSFET 在 $U_{GS}=0$ 时，无导电沟道，漏极电流 $I_D=0$；耗尽型 MOSFET 在 $U_{GS}=0$ 时，导电沟道已存在。功率 MOSFET 主要是 N 沟道增强型。

早期的功率 MOSFET 结构采用平面导电结构，即平面 MOSFET（plane MOSFET，PMOS）。器件的三个电极（源极 S、栅极 G、漏极 D）均置于硅片一侧，因而 MOSFET 中的电流是横向流动的。虽然其漏源极电流可达数安培，漏源极电压可达 100V 以上，但该结构存在通态电阻大、频率特性差、硅片利用率低等弱点，从而限制了它的电流容量，所以 PMOS 属于小功率 MOSFET。为提高耐压和耐电流能力，功率 MOSFET 大都采用垂直导电结构，即垂直 MOSFET（verti-cal MOSFET，VMOS）。20 世纪 70 年代中期，应用于大规模集成电路的垂直导电结构被移植到功率 MOSFET 中，出现了 VMOS。这种结构不仅保持了原来平面导电结构的优点，而且具有短沟道、高电阻漏极漂移区和垂直导电等特点，因此大幅度提高了器件的耐压能力、载流能力和开关速度。目前，VMOS 的耐压水平已超过 1000V 以上，电流处理能力达到数百安培，使功率 MOSFET 真正进入大功率电力电子器件的领域。

  垂直双扩散 MOSFET（vertical double‑diffused MOSFET，VDMOSFET）的结构与外形如图 1‑25 所示。在高掺杂、低电阻率的 N^+ 型单晶硅片的衬底上衍生 N^- 型高阻层（最终成为漂移区，该层电阻率及外延厚度决定着器件的耐压水平），N^+ 区和 N^- 区共同组成 VDMOSFET 的漏区；在 N^- 区经过 P 型和 N 型的两次扩散，首先形成 P 型体区，其次形成 N^+ 型源区，最后形成 $N^+N^-PN^+$ 结构，由两次扩散的深度差形成沟道体区，因而沟道的长度可以精确控制。当栅极为零偏压时，i_D 被 P 型体区阻隔，漏源之间的电压 U_{DS} 加在反型 PN^- 结上，整个器件处于阻断状态。当栅极正向偏置电压超过阈值电压 U_T 时，沟道由 P 型变为 N^+ 型，这个反型的沟道成为 i_D 电流的通道，整个器件又处于导通状态。它靠 N^+ 型沟道来导电，故称为 N 沟道 VDMOSFET，在 MOSFET 中只有一种载流子（N 沟道时是电子，P 沟道时是空穴）。由于电子的迁移率 μ_N（电子在电场作用下的运动情况，μ_N 越大，同等电场强度时电子的平均漂移速度越大）比空穴高 3 倍左右，因此从减小导通电阻、增大导通电流方面考虑，一般用 N 沟道器件。

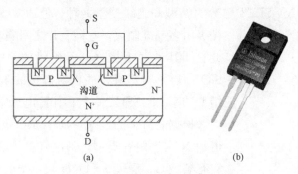

图 1‑25 VDMOSFET 的结构与外形

（a）结构；（b）外形

  由于 N^+ 型源区与 P 型体区被源极 S 短路，所以源区 PN 结常处于零偏置状态，漏区的 PN 结形成源极和漏极之间的寄生二极管，与功率 MOSFET 组成了一个整体。因此，它无反向阻断能力，可视为一个逆导器件。从图 1‑25 可以看出，VDMOSFET 还寄生了一个晶体管（双极 NPN 型），因此有产生二次击穿的潜在危险。可以通过把基极和发射极用金属膜短路的方法使晶体管失效，这样就会使 PN^+ 的二极管与 MOSFET 反并联，也就消除了二次击穿的隐患，提高了器件的耐压水平；同时，这样也提供了一个反并联二极管，有些场合该二极管速度不够快，还需在外部反并联一个快恢复二极管。

  通常一个 VDMOSFET 是由许多元胞并联组成的，一个高压芯片的元胞密集度可达每立方英寸 140 000 个元胞，可见它也是一种功率集成器件。

2. 工作原理

当栅源极间的电压 $U_{GS}=0$ 时，即使在漏源极间加正向电压 U_{GS}，也不会导致 P 区内载流子的移动，漏源极之间无电流流过。因为此时 P 基区与 N 漂移区之间形成的 PN 结 J1 反向偏置，漏极下的 P 区表面呈现空穴的堆积状态，无法沟通漏源极。

当栅源极间加正向电压 U_{GS} 时，栅极是绝缘的，所以不会有栅极电流流过，但栅极的正向电压会将其下面 P 区中的空穴推开，而将 P 区中的少数载流子——电子吸引到栅极下的 P 区表面。当 $U_{GS}>U_T$（U_T 为开启电压或阈值电压）时，栅极下 P 区表面的电子浓度将超过空穴浓度，使 P 型半导体反型成 N 型半导体而成为反型层（原来反向偏置的 PN 结 J1 消失），该反型层形成 N 型表面层（称为导电沟道）把漏源极沟通。此时，在漏极和源极之间施加电压，电子从源极通过导电沟道移动到漏极，形成漏极电流 I_D。

3. 静态特性

功率 MOSFET 的静态特性主要包括输出特性与转移特性。

（1）输出特性。功率 MOSFET 的输出特性即漏极伏安特性是以栅源极电压 U_{GS} 为参变量，反映漏极电流 I_D 与漏源极电压 U_{DS} 间关系的曲线族，如图 1-26 所示，它可以分为截止区 I、线性导电区（恒定电阻区）II、饱和恒流区（可调电阻区）III 和雪崩击穿区 IV。当 $U_{GS}<U_T$ 时，功率 MOSFET 处于截止状态，$I_D=0$。在线性导电区，由于 U_{DS} 较小，它对导电沟道的影响可以忽略，一定的 U_{GS} 对应导电

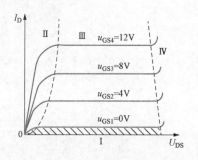

图 1-26 功率 MOSFET 的输出特性

沟道的宽度和一定的漏源电阻 R_{DS}，$I_D \approx U_{DS}/R_{DS}$，因而 I_D 随 U_{DS} 线性增大。在饱和恒流区，对于一定的 U_{GS}，当 U_{DS} 较大时，I_D 达到饱和值，不会随 U_{DS} 的增大而再增大，这相当于漏极电阻 R_{DS} 随 U_{DS} 的增大而增大。当电压 U_{DS} 超过击穿转折电压时，器件将被击穿，使 I_D 急剧增大。功率 MOSFET 的漏源极之间有寄生二极管，在漏源极间加反向电压时器件导通。

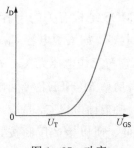

图 1-27 功率 MOSFET 的转移特性

功率 MOSFET 工作在开关状态，即在截止区 I 与线性导电区 II 之间来回转换。功率 MOSFET 的典型开启电压 U_T 为 2~4V，但为保证通态时漏源极之间等效电阻、管压降尽可能小，栅极电压 U_{GS} 通常设计为大于 10V。功率 MOSFET 的通态电阻具有正温度系数，对器件并联时的均流有利。

（2）转移特性。漏源极电压 U_{DS} 为常数时，漏极电流 I_D 和栅源极电压 U_{GS} 的关系称为功率 MOSFET 的转移特性，如图 1-27 所示，它表征 U_{GS} 对 I_D 的控制能力。当

I_D较大时，I_D与U_{GS}的关系近似线性，曲线的斜率定义为跨导 g_m，即

$$g_m = \mathrm{d}I_D / \mathrm{d}U_{GS} \tag{1-14}$$

功率 MOSFET 是场控器件，因其绝缘栅极的输入电阻很高而可等效为一个电容器，故仅突加 U_{GS} 时需要不大的输入电流，形成电场后栅极电流基本为 0，因此功率 MOSFET 的驱动功率很小。

4. 动态特性

对于功率 MOSFET 的动态特性，主要分析其开关过程，其输入电压（u_{GS}）和输出电压（u_{DS}）的波形如图 1-28 所示。功率 MOSFET 的动态特性与 GTR 的相似，但由于功率 MOSFET 是单极型器件，依靠多数载流子导电，没有少数载流子的存储效应，因此其开关速度高，开关时间很短，通常为 10～100ns，而双极型器件的开关时间为几微秒至几百微秒。

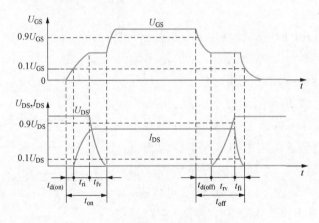

图 1-28　功率 MOSFET 的开关过程

定义开通时间 t_{on} 为开通延迟 $t_{d(on)}$、电流上升时间 t_{ri} 和电压下降时间 t_{fv} 之和；关断时间 t_{off} 为关断延迟时间 $t_{d(off)}$、电压上升时间 t_{rv} 和电流下降时间 t_{fi} 之和。开通时间与功率 MOSFET 的开启电压 U_T、栅源间电容 C_{GS} 和栅漏间电容 C_{GD} 有关，也受信号上升时间和内阻的影响；关断时间则由功率 MOSFET 的漏源间电容 C_{DS} 和负载电阻 R_D 决定。

功率 MOSFET 内寄生着两种类型的电容：一种是与 MOS 结构有关的电容，如栅源电容 C_{GS} 和栅漏电容 C_{GD}；另一种是与 PN 结有关的电容，如漏源电容 C_{DS}。C_{GS} 由两部分组成：一部分是栅极与源极金属层间的电容，它与工作电压无关；另一部分是栅极与沟道间的电容，其数值随 U_{DS} 有很大变化。功率 MOSFET 极间电容的等效电路如图 1-29 所示。输入电容 C_{iss}、输出电容 C_{oss} 和反馈电容 C_{rss} 是应用中常用的参数，这些参数从电路分析角度出发使用并不方便，所以生产厂商按共源接法提供数据，而且各电容值随 U_{DS} 升高而降低，这是因为 U_{DS} 升高，会使 PN 结厚度增加、极间电容量减小。它们与极间电容的关系为

$$C_{iss} = C_{GS} + C_{GD}（\text{DS 间短接}） \tag{1-15}$$

$$C_{oss} = C_{DS} + C_{GD} \text{（GS 间短接）} \qquad (1-16)$$

$$C_{rss} = C_{GD} \qquad (1-17)$$

5. 主要参数

除上述已介绍的开启电压 U_T、跨导 g_m、开关时间和极间电容外，功率 MOSFET 的其他主要参数如下：

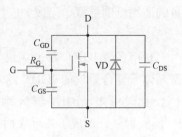

图 1-29　功率 MOSFET
极间电容的等效电路

（1）漏源击穿电压。漏源击穿电压 U_{BDS} 决定了功率 MOSFET 的最高工作电压，这是为了避免器件进入雪崩击穿区而设定的极限参数。U_{BDS} 随温度的升高而增大。

（2）栅源击穿电压。由于栅极氧化层极薄，栅源击穿电压 U_{BGS} 是为了防止绝缘层因电压过高发生介质击穿而设定的参数，其极限值一般为 ±20V。

（3）正向通态电阻。通常规定：在确定的栅极电压 U_{GS} 下，功率 MOSFET 由可调电阻区进入饱和恒流区时的直流电阻为其正向通态电阻 R_{on}。它的 R_{on} 比结型功率二极管和 GTR 的都大。通态电阻决定了器件的通态损耗，是影响最大输出功率的重要参数。在相同的条件下，耐压等级越高的器件通态电阻越大，且器件的通态压降越大，这是功率 MOSFET 的弱点。与 GTR 不同，功率 MOSFET 的通态电阻具有正的温度系数，当电流增大时，附加发热会使 R_{on} 增大，这对电流的正向增量有抑制作用，有利于器件并联时的均流。

（4）漏极连续电流和漏极峰值电流。漏极连续电流 I_D 和漏极峰值电流 I_{DM} 表征功率 MOSFET 的电流容量，它们主要受结温的限制。由于功率 MOSFET 工作在开关状态，漏极连续电流 I_D 通常没有直接的用处，仅作为一个基准，其最大漏极电流由额定峰值电流 I_{DM} 定义。只要不超过额定结温，漏极峰值电流 I_{DM} 就可以超过漏极连续电流，大约是连续电流额定值的 2～4 倍。

（5）最大功耗。最大功耗 P_{DM} 与管壳温度有关，随管壳温度的增高而下降，因此散热是否良好对于器件来说非常重要。

1.4.4　绝缘栅双极晶体管（IGBT）

全控型电力半导体器件 GTR、GTO、功率 MOSFET 各具特色又各有所限。例如，功率 MOSFET 的优点是开关速度快、驱动功率小、热稳定性好、输入阻抗高，缺点是耐压低、导通压降高、载流密度小；GTR、GTO 的优点是耐压高、导通压降小、载流密度大，缺点是开关速度低、驱动功率大。综合单极型器件和多极型器件的特点，取长补短，便形成了具有双导电机制的新型器件——复合型电力电子器件，其中最具代表性的就是绝缘栅双极晶体管（IGBT）。

IGBT 是一种复合型电力半导体器件。它将功率 MOSFET 和 GTR 的优点集于一身，具有耐压高、电流大、工作频率高、通态压降低、驱动功率小、无二次击穿、安全工作区宽、热稳定性好等优点。自 20 世纪 80 年代投入市场起，复合型电力电子器件发展迅速，现已成为电动机驱动、中频电源等中小功率电力电子设备的主导器件，随着其电压和电流容量的不断升高，在机车牵引、电力系统等大功率领域也已经逐步取代了 GTO 和 GTR。目前，IGBT 的工作频率和电压、电流容量的适用范围最宽，已成为应用最广泛的电力电子器件。

1. 结构

目前多数 IGBT 为 N 沟道型，图 1-30 给出了一种由 N 沟道 MOSFET 与双极型晶体管复合而成的 IGBT 的基本结构、简化等效电路、电气符号和外形。和图 1-25 比较可知，IGBT 与 N 沟道 MOSFET 结构类似，不同之处是 IGBT 多一个 P$^+$ 层发射极，形成了一个大面积的 P$^+$N$^+$ 结 J1，这样整个单胞成为四层结构并存在 3 个 PN 结 J1、J2、J3；两者上半部分基本相同（命名和 MOSFET 一样，凡电子从发射极流出的称为 N 沟道型，而空穴从发射极流出的称为 P 沟道型，IGBT 的外部电极端子名称沿用 GTR 中的，内部结构名称沿用 MOSFET 中的），并由此引出集电极 C、发射极 E、栅极 G。

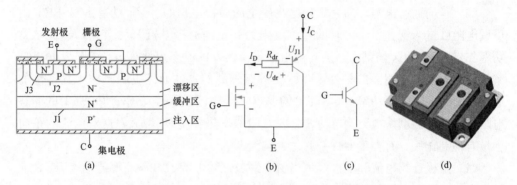

图 1-30　IGBT 的基本结构、简化等效电路、电气符号和外形
(a) 基本结构；(b) 简化等效电路；(c) 电气符号；(d) 外形

当采用外延工艺在注入区与漂移区之间加入 N$^+$ 高掺杂缓冲层时，对器件性能会产生多方面的影响，其中之一是反向阻断电压降低，器件正反向耐压不同，故称为非对称型器件，其特点是反向阻断能力弱，但正向压降低，关断时间短，关断尾部电流小；相反，对于无缓冲层或采用其他工艺形成缓冲层的器件，由于正反向耐压相同，故称为对称型器件，其特点是具有正、反向阻断能力，但特性不及非对称型 IGBT。

从图 1-30 (a) 中可以看出，IGBT 相当于一个由 N 沟道 MOSFET 驱动的厚基区 GTR（PNP 型），其简化等效电路如图 1-30 (b) 所示，其中 R_{dr} 是 GTR 厚基区内的扩展电阻。IGBT 是以 GTR 为主导元件、N 沟道 MOSFET 为驱动元件的达林顿结构。图 1-30 (c) 所示为以 GTR 形式表示的 IGBT 的电气符号，若以 MOSFET 形式表示，也可将 IGBT 的集电极称为漏极，将发射极称为源极。

以上所述 PNP 晶体管与 N 沟道 MOSFET 组合而成的 IGBT 称为 N 沟道 IGBT。相应地，改变半导体的类型可制成 P 沟道 IGBT，即 MOSFET 为 P 沟道型，GTR 为 NPN 型，其电气符号和 N 沟道 IGBT 的箭头方向相反。

2. 工作原理

当 IGBT 端压 $U_{CE}<0$ 时，由于 J1 结处于反向偏置状态，因此不管 MOSFET 的沟道体区是否形成沟道，电流均不能在集电极至发射极间流过，这是因为 IGBT 存在 J1 结而具有反向阻断能力，阻断能力的高低取决于 J1 结的雪崩击穿电压。IGBT 的正向阻断电压主要由 J2 结的雪崩击穿电压决定。

当 IGBT 端压 $U_{CE}>0$、$U_{GE}=0$ 时，由于 J2 结处于反向偏置状态，MOSFET 的沟道体区未能形成导电沟道，所以集电极电流 $I_C=0$。当 $U_{CE}>0$，$U_{GE}>U_T$（栅阀电压）时，栅极下面的 P^+ 沟道体区表面反型并形成导电沟道，IGBT 进入正向导通状态，电子由 N^+ 源区（发射区）经沟道进入漂移区，同时由于 J1 结处于正向偏置状态，P^+ 衬底向漂移区注入空穴；当栅压升高时，空穴密度也相应升高，因此在有源区（放大区）中，I_C 的值由栅压 U_{GE} 值决定，而与 U_{CE} 无关。

由于来自 P^+ 区的部分空穴与来自沟道的电子复合，其余部分被处于反向偏置状态的 J2 结收集到沟道体区，这些载流子将显著调制 N^- 漂移区的电导率，降低器件的导通电阻，从而提高器件的电流密度。反之，如果栅压重新下降到低于 U_T（栅阀电压），则栅极下面 P^+ 区表面的反型层消失，其导电沟道也不复存在，从而切断 N^- 源区（发射区）对漂移区的电子供给，器件由导通状态转为阻断状态。

3. 静态特性

IGBT 的静态特性包括输出特性、转移特性等。

（1）输出特性。对称的 N 沟道 IGBT 的正向输出特性如图 1-31（a）所示，可分为饱和区、放大区、截止区和击穿区。当 $U_{GE}<U_T$（开启电压）时，IGBT 处于截止区，仅有极小的漏电流存在。当 $U_{GE}>U_T$ 且为一定值时，IGBT 处于放大区，在该区中集电极电流 I_C 大小几乎不变，其大小取决于 U_{GE}，正常情况下不会进入击穿区。当 $U_{GE}>U_T$ 且集电极电流 I_C 不随 U_{GE} 变化时，IGBT 处于饱和区，导通压降较小，此时集电极电流 I_C 与 U_{GE} 不再成线性关系。

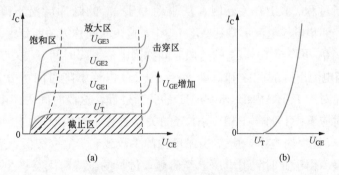

图 1-31 IGBT 的静态特性

（a）正向输出特性；（b）转移特性

（2）转移特性。IGBT 的转移特性表示为集电极电流 I_C 与栅射电压 U_{GE} 的关系，如图 1-31（b）所示，它与功率 MOSFET 的转移特性类似。开启电压 U_T 是

IGBT 能实现电导调制而导通的最低栅射极电压。当 $U_{GE} < U_T$ 时，IGBT 处于关断状态；当 $U_{GE} > U_T$ 时，IGBT 开通。IGBT 导通后，在大部分集电极电流范围内，I_C 与 U_{GE} 成线性关系。开启电压随温度的升高而略有下降，在 $+25℃$ 时，开启电压一般为 $2\sim6V$。一般栅射电压 U_{GE} 的最佳值可取 15V 左右。

4. 动态特性

IGBT 的动态特性包括开通过程和关断过程两个方面，如图 1-32 所示。

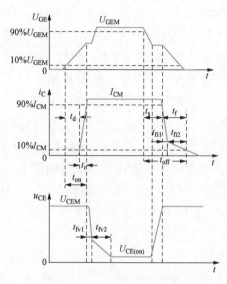

图 1-32　IGBT 的动态特性

（1）开通过程。IGBT 的开通过程与功率 MOSFET 的开通过程相似，这是因为 IGBT 在开通过程中大部分时间是作为 MOSFET 来运行的。如图 1-32 所示，从驱动电压 u_{GE} 的前沿上升至其幅值的 10% 时刻，到集电极电流 i_C 上升至其幅值的 10% 时刻止，这段时间称为开通延迟时间 t_d。i_C 从 $10\% I_{CM}$ 上升至 $90\% I_{CM}$ 所需时间为电流上升时间 t_r。开通时间 t_{on} 为开通延迟时间与电流上升时间之和，即 $t_{on} = t_d + t_r$。集射电压 u_{CE} 的下降过程分为 t_{fv1} 和 t_{fv2} 两段。其中，t_{fv1} 段为 IGBT 中 MOSFET 单独工作时的电压下降时间；t_{fv2} 段为 MOSFET 和 PNP 晶体管同时工作时的电压下降时间。t_{fv2} 时间的长短受两个因素的影响：一是在集射电压降低时，IGBT 中 MOSFET 的栅极电容增加，致使电压下降时间变长，这与 MOSFET 相似；二是 IGBT 的 PNP 晶体管从放大状态转为饱和状态需要一个过程，这段时间也使下降时间变长。由此可知，只有在 t_{fv2} 段结束时，IGBT 才完全进入饱和状态。

（2）关断过程。IGBT 关断时，从驱动电压 u_{GE} 的脉冲后沿下降到其幅值的 90% 时刻起，到集电极电流下降到 $90\% I_{CM}$ 止，这段时间称为关断延迟时间 t_s。集电极电流从 $90\% I_{CM}$ 下降至 $10\% I_{CM}$ 的这段时间称为电流下降时间 t_f。关断时间 t_{off} 为关断延迟时间与电流下降时间之和，即 $t_{off} = t_s + t_f$。电流下降时间可分为 t_{fi1} 和 t_{fi2} 两段。其中，t_{fi1} 对应 IGBT 内部 MOSFET 的关断过程，这段时间内集电极电流 i_C 下降较快；t_{fi2} 对应 IGBT 内部 PNP 晶体管的关断过程，这段时间内 MOSFET 已经关断，IGBT 又无反向电压，所以 N 基区内的少数载流子复合缓慢，造成集电极电流 i_C 下降较慢。由于此时集射电压已经建立，过长的下降时间会产生较大的功耗，使结温升高，所以希望下降时间越短越好。为了解决这个问题，可以通过减轻饱和程度来缩短电流下降时间，但是这样需要与通态压降折中。对称型 IGBT 下降时间较短，非对称型 IGBT 下降时间较长。

IGBT 的开关时间与集电极电流、门极电阻等参数有关，集电极电流越大、门极电阻越大，则开通时间、上升时间、关断时间、下降时间都趋向增加。从与功率 MOSFET 的比较可以看出，PNP 晶体管的存在虽然带来了电导调制效应的好处，但是也引入了少数载流子存储现象，因此 IGBT 的开关速度低于功率 MOS-FET 的开关速度。

5. 主要参数

除了上述的一些参数外，IGBT 的主要参数还包括：

（1）集射极击穿电压。集射极击穿电压 U_{CES} 决定了器件的最高工作电压，它是栅极发射极短路时，由器件内部的 PNP 晶体管所能承受的雪崩击穿电压所确定的，具有正温度系数。

（2）最大栅射极电压。栅射极电压 U_{GES} 是由栅氧化层的厚度和特性所决定的。为了限制故障下的电流和确保长期使用的可靠性，应将栅极电压限制在 20V 之内，其最佳值一般取 15V 左右。

（3）集电极连续电流和峰值电流。集电极连续电流 I_C 为 IGBT 的额定电流，表征其电流容量，I_C 主要受结温限制；峰值电流 I_{CM} 是为了避免擎住效应的发生而设定的。只要不超过额定结温，IGBT 可以工作在比连续电流额定值大的峰值电流范围内，通常 $I_{CM} \approx 2I_C$。

（4）最大集电极功率。最大集电极功率 P_{CM} 为正常工作温度下允许的最大耗散功率。

6. 擎住效应与安全工作区

从图 1-30（a）可以看出，在 IGBT 内部寄生着一个由 N^-PN^+ 晶体管和作为主开关器件的 P^+N^-P 晶体管组成的寄生晶闸管。其中，NPN 晶体管的基极与发射极之间存在体区短路电阻，P 型体区的横向空穴电流会在该电阻上产生压降。对 J3 结来说，相当于加上一个正向偏置电压，在额定集电极电流范围内，这个正向偏置电压比较小，不足以使 J3 结开通，即 NPN 晶体管不起作用；但当集电极电流大到一定程度，这个正向偏置电压足够大时，J3 结便会开通，进而使 NPN 和 PNP 晶体管处于饱和导通状态，于是寄生晶体管开通，IGBT 栅极就会失去对集电极电流的控制作用，导致集电极电流增大，造成器件功率过高而损坏。这种电流失控现象被称为擎住效应或自锁效应。引发擎住效应的原因可能是静态的（集电极电流过大），也可能是动态的（du_{CE}/dt 过大），由于动态擎住效应比静态擎住效应所允许的集电极电流还要小，因此 IGBT 所允许的最大集电极电流实际上是根据动态擎住效应而确定的。当然，为了避免动态擎住效应的发生，还应适当加大栅极电阻以延长 IGBT 关断时间，这就是 IGBT 要求设计慢速关断电路的原因。此外，温度升高也会增加发生擎住效应的危险，因此必须设置过热保护电路。

由此可以看出，擎住效应是限制 IGBT 电流容量的主要原因之一。20 世纪 90 年代中后期，IGBT 的研究和制造水平迅速提高，该问题有了很大的改善。

IGBT 有规范其开通过程和通态工作点额定值的正向偏置安全工作区（forward biased safe operating area，FBSOA），规范其关断过程和断态工作点的反向偏置安全工作区（reverse biased safe operating area，RBSOA）等。正向偏置安全工作区由最大

集电极电流 I_{CM}、最大集射极电压 U_{CEM} 和最大集电极功耗 P_{CM} 确定。正向偏置安全工作区与 IGBT 的导通时间密切相关，随着导通时间的增加，IGBT 发热越严重，正向偏置安全工作区逐步减小。反向偏置安全工作区由最大集电极电流 I_{CM}、最大集射极电压 U_{CEM} 和最大允许电压上升率 du_{CE}/dt 确定。因为过高的 du_{CE}/dt 会使 IGBT 发生动态擎住效应，所以 du_{CE}/dt 越高，反向偏置安全工作区越小。

1.4.5　集成门极换流晶闸管（IGCT）

目前，在中电压大功率应用领域占主导地位的电力电子器件主要有晶闸管、GTO 和 IGBT 等，这些器件在实用方面还存在一些缺陷。GTO 关断不均匀，需要笨重而昂贵的缓冲电路；其门极驱动电路复杂，所需驱动功率较大。IGBT 虽然缓冲电路简单，但它的通态损耗大，在高电压应用场合需多个串联使用，增加了系统的损耗。

为了适应高电压大功率的需要，20 世纪 90 年代中后期，国内外开展了新型功率开关器件——集成门极换流晶闸管（IGCT）的研究工作。IGCT 是在 IGBT 和 GTO 成熟技术的基础上，专门为高电压大功率场合而设计的功率开关器件，它将 GTO 芯片与反并联二极管和门极驱动电路集成在一起，再与其门极驱动器在外围以低电感方式连接，结合了晶体管和晶闸管两种器件的优点，即晶体管的稳定关断能力和晶闸管的低通态损耗性能。

IGCT 具有电流容量大、阻断电压高、开关频率较高（比 GTO 高 10 倍）、可靠性高、通态压降低、结构紧凑、损耗低、制造成本低以及成品率高等特点，有极好的应用前景。IGCT 的典型应用有：

（1）串联应用。与 GTO 相比，IGCT 的一个突出优点是存储时间短，因而在串联应用时，各个 IGCT 关断时间的偏差极小，其分担的电压会比较均衡，所以适合大功率应用。在铁路用 100MVA（已商业化）转换控制网络的输出级中，采用了 12 个 IGCT，每组 6 个串联，直流中间电路电压额定值为 10kV，输出电流为 1430A。

（2）牵引逆变器。由于牵引领域的广泛需要，逆导 IGCT 发展很快，IGCT 可无吸收关断，比 GTO 逆变器更加紧凑。在目前已成功应用的 IGCT 三相逆变器中，只需要 di/dt 限制电路，门极驱动电源在中心放置，进一步减小了逆变器的体积。

IGCT 的生产工艺与 GTO 完全兼容，是极具发展潜力的新一代功率器件，目前研制水平已达 6.5kV/8kA。商用 IGCT 目前已广泛应用于输电网、风电及冶金等大功率场景。

1. 结构

IGCT 是集成门极驱动电路与门极换流晶闸管（gate commutated thyristor, GCT）的总称，目前在实际应用中将其看作一个器件。而更准确地说，IGCT 是一个具有控制、驱动、检测和反馈的"独立系统"，但其核心部分 GCT 如果脱离这些外围的系统，就无法完全展示其基本特性，所以仍将其看作一个整体器件。

GCT 与集成门极驱动电路相互作用，作用的结果是 IGCT 在两个双极型器件，即4层3结的晶闸管和3层2结的晶闸管之间进行转换。当GCT工作在导通状态时，是一个类似于晶闸管的正反馈开关；当GCT在关断状态时，GCT门极-阴极之间的PN结提前进入反向偏置状态，能有效地退出工作，整个器件呈晶体管方式工作。

IGCT的大功率核心部分GCT本质上就是GTO，GTO关断时需要将1/5～1/3的阴极电流从门极抽出，使GTO解脱擎住效应而关断。在关断过程中，GTO的阴极电流存在重新分配的状态，也称作载流子的收缩效应，一般称作GTO状态。这使GTO存在如下缺点：

（1）GTO的半导体芯片面积没有得到充分利用，最大关断电流不与芯片面积成正比。

（2）需要很强的du/dt吸收电路，避免器件关断过程中再次发生擎住效应而误触发。

（3）在关断过程中，GTO的阴极电流重新分配使器件的发热不均匀，导致器件芯片的温度分布不均匀，这严重限制了GTO的开关频率。

由于GCT和MOSFET的相互作用，上述大部分缺点得到有效抑制。IGCT可以看成关断增益为1的GTO，又是把MOSFET从器件（半导体）内部拿到外面来的MOS栅控制晶闸管。准确地说，IGCT是在硬驱动GTO技术的基础上发展起来的（在IGCT发明初期，就是将其看成硬驱动的GTO）。当采用硬驱动技术对GTO实行驱动时，GTO的性能得到了很大提高。"硬驱动"是指采用电路板代替传统的同轴门极驱动连线并采用新的GTO芯片安装技术，从而使传统的门极连线和GTO内部门极连线电感从约230nH减小到约3.5nH。IGCT的基本结构、简化结构、电气符号和外形，如图1-33所示。

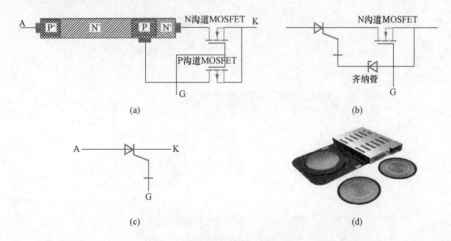

图1-33 IGCT的基本结构、简化结构、电气符号和外形
（a）基本结构；（b）简化结构；（c）电气符号；（d）外形

其中，在GCT阴极串联的是低压大电流N沟道MOSFET，具有很好的通态特性；在GCT门极串联的P沟道MOSFET充当稳压二极管（具有齐纳击穿特性

的二极管）。

　　按照器件功能的不同，IGCT 可分为非对称 IGCT（AS‐IGCT）、逆阻 IGCT（RB‐IGCT）和逆导 IGCT（RC‐IGCT）3 种。非对称 IGCT 不具备反向阻断能力，应用过程中通常需匹配相同电压等级的反并联快速恢复二极管。与其他类型 IGCT 相比，非对称 IGCT 具备更高的功率等级与更高的电流关断能力。逆导 IGCT 是将非对称 IGCT 与反并联快速恢复二极管集成于同一芯片上，使其具备反向通流能力。逆阻 IGCT 由于特殊的芯片结构设计，具备双向阻断和单向通流能力。逆阻 IGCT 在直流断路器和电流源换流器等需要双向耐压的应用场合，能够提升系统整体效率，同时具有成本和体积优势。

2. 工作原理

　　IGCT 的导通机理与 GTO 完全一样，而关断机理则完全不一样。

　　当器件需要导通时，N 沟道 MOSFET 与 GTO 同步驱动导通，导通机理与 GTO 完全一样。N 沟道 MOSFET 中形成电流沟道导通，GTO 形成强烈正反馈导通，整个 IGCT 的通态压降为两个器件的压降之和。

　　当器件需要关断时，GCT 门极串联的 P 沟道 MOSFET 先导通，部分主电流从 GCT 的阴极向门极换流，然后 GCT 阴极串联的 N 沟道 MOSFET 关断，使主电流全部都通过门极流出，该过程转换时间约为 $1\mu s$。此时，GCT 门极‐阴极之间的 PN 结相对于其他 PN 结都提前进入反向偏置状态，有效地退出工作，使整个 GCT 器件成为一个无接触基区的晶体管，然后如晶体管一样均匀关断，没有普通 GTO 中的载流子收缩效应。IGCT 的通态和阻态如图 1‐34 所示。

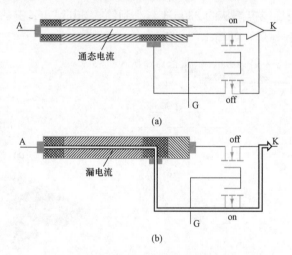

图 1‐34　IGCT 的通态和阻态
（a）通态；（b）阻态

　　在上述的 IGCT 关断原理中，GCT 阴极串联的 N 沟道 MOSFET 关断后，迫使其阴极电流换到门极提供的通路上，这种门极换流方式在实验室中可以得到很好的运行，但在实际应用中，这样的 MOSFET 成本比较高，整个 IGCT 的结构布局也比较复杂。可采用另外的方式来迫使阴极电流完全换到门极去，这就是负电源方式。即在 GCT 需要关断时，在 GCT 的 J3 结上（GCT 的门极和阴极之间）加上合适的负偏置电压，抑制 J3 结之间正向偏置的少数载流子的注入效应，减少 N^+ 层注入 P 层的电子，从而使阴极电流完全换到门极去，J3 结退出电流导通状态，使 GCT 变成无接触基区的晶体管而关断。实用结构 IGCT 的开通和关断如图 1 - 35 所示。

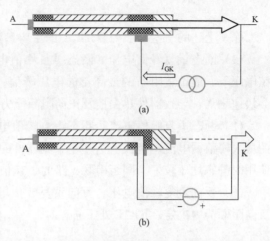

图 1 - 35　实用结构 IGCT 的开通与关断
（a）开通；（b）关断

GCT 关断时的电压和电流波形如图 1 - 36 所示。可以看出，GCT 关断时晶闸管工作状态与晶体管工作状态的转换时间只有 $1\mu s$ 左右，这跟 GTO 关断有本质的区别。

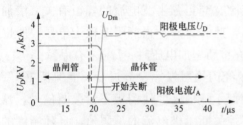

图 1 - 36　IGCT 关断时的电压和电流波形

IGCT 通过外面的 MOSFET（或者其他电路方式）在关断时完成了 4 层 3 结的晶闸管到 3 层 2 结的晶体管的转换。相比 GTO，IGCT 具有更均匀的关断过程，将阴极电流换到门极的时间极短，几乎没有 GTO 中阴极电流再分配造成的缺陷，可以不使用 $\mathrm{d}u/\mathrm{d}t$ 吸收电路且关断时的温度分布非常均匀，可以承受更高的开关频率。

以上只是从 GCT 的角度来看 IGCT 的基本工作原理，在实际应用中用户不用直接去触发 GCT 的门极。IGCT 作为一个整体器件，其触发一般采用光纤，光纤输入亮即可让 IGCT 导通，光纤输入暗即可让 IGCT 关断。

这种门极电路与 GCT 的集成不但带来使用上的方便性，还可以使部分控制功能直接在门极电路中实现，IGCT 的再触发功能就是其中之一，这是独立的 GTO 器件所不具备的。GCT 和 GTO 是晶闸管器件，而 IGBT 是电压型控制晶体管器件，其开通时脉冲电流输入 GCT 部分的门极，使器件内部形成强烈的正反馈而导通，但是如果外部电路的状态使该 GCT 的阳极在开通时刻没有电流流过，或者在导通过程中阳极电流为零，则 GCT 的导通状态无法维持。此时，虽然 IGCT 的驱动光纤信号显示为导通状态，但可以认为 GCT 不在导通状态。若此时发生负载电流过零反向等变化，电流需要从该 GCT 阳极流过，则需要再给 GCT 一次触发开通过程。IGCT 的集成门极电路在一定条件下自动完成该触发，这就是 IGCT 的再触发功能，或者称内部再触发功能。

3. 主要参数

除了上述的一些参数外，IGCT 的主要参数还包括：

（1）断态重复峰值电压。断态重复峰值电压 V_{DRM} 表示器件在 $50\sim60Hz$ 的正弦电压下，能重复阻断的最高正向电压峰值。如果超过该额定值，漏电流和功耗会快速增加，导致器件热失控及正向阻断能力失效或降级。

（2）断态重复峰值电流。断态重复峰值电流 I_{DRM} 表示器件加载 V_{DRM} 时所允许的最大峰值漏电流。特征值 I_{DRM} 小，则器件的阻断功耗低；I_{DRM} 一致性好，则串联应用时静态均压较好。同组串联支路的 I_{DRM} 值宜按相对偏差不超过 20% 进行选配。

（3）反向重复峰值电压。反向重复峰值电压 V_{RRM} 由门极 - 阴极结（V_{GRM}）的反向阻断能力决定。IGCT 处于通态时，V_{RRM} 的下降由门极单元的状态反馈机制所决定。

（4）中间直流电压。中间直流电压 V_{DClink} 表示器件在某个特定宇宙辐射条件下的最大持续中间直流电压（对应 100FIT 失效率，如在海平面处）。超过该电压值，器件并不会马上失效，但其失效率可能随着中间直流电压的升高而显著增加。中间直流电压的取值应使各 IGCT 上的分压不超过 V_{DClink}。

（5）最大不重复浪涌电流。最大不重复浪涌电流 I_{TSM} 指 IGCT 工作在最大结温时所允许施加的最大瞬时电流值，其对应脉宽与正弦半波电流的峰值有关。浪涌期间，结温升高且远远超过最大额定结温，此时器件不再能阻断额定电压，所以浪涌之后必须使 $V_D=V_R=0V$，也就是没有重新施加电压时，I_{TSM} 才有保障。

（6）维持电流。维持电流 I_H 指 IGCT 经门极触发完全导通后，能保持 IGCT 导通所需的最低阳极电流值。若阳极电流低于该值，即使门极不给关断信号，器件也将自然关断。维持电流决定了器件可控关断阳极电流的下限值，且随温度的升高而显著降低。

（7）擎住电流。擎住电流 I_L 指经门极触发后，保证 IGCT 器件能完全、均匀导通的最小阳极电流。擎住电流决定了器件可控开通阳极电流的下限值，并随温度升高而显著降低。相比传统的晶闸管，IGCT 器件的 I_L 及 I_H 要高很多，通常 I_L 为 I_H 的 $3\sim5$ 倍。

4. 失效分析

IGCT 的部分失效原因：

（1）阳极过电压，由母线电压上升、关断峰值电压过大、浪涌等因素引起。

（2）系统接地不当，造成器件承受过高的共模电压。

（3）开通 di/dt 过大。

（4）过温，由散热设计不当、过电流、开关频率不当等因素引起。

（5）通态和阻态持续时间短，最小通态/阻态脉宽限制不足。

（6）驱动电源过电压或者欠电压。

（7）驱动电源绝缘不够。

（8）安装压力不足、过大或者不均衡。

（9）由瓷破裂等因素造成的器件绝缘不良。

（10）IGCT特有的换流故障。

在这些器件失效原因中，部分是电力半导体器件失效的通用原因，如过温失效、过电压失效等；而部分则在4层3结器件中体现得比较明显，如开通$\mathrm{d}i/\mathrm{d}t$过大造成器件失效。安装压力不当是压装器件中比较常见的失效原因，而IGCT特有的换流故障几乎是IGCT这种器件所特有的失效原因。

在IGCT器件结构中，为了优化器件的控制性能和导通能力，门极-阴极之间的PN结的反向阻断能力很弱。一般地，在GCT器件上反并联二极管形成逆导IGCT。基于IGCT的电压型变换器桥臂如图1-37所示，其中$\mathrm{VT_P}$和$\mathrm{VD_P}$为桥臂上端的GCT和反并联二极管，$\mathrm{VT_N}$和$\mathrm{VD_N}$为桥臂下端的GCT和反并联二极管。

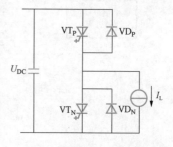

图1-37 基于IGCT的
电压型变换器桥臂

为了避免上述的IGCT特有的换流故障，应采取如下一些措施：

第一，增加器件$\mathrm{VT_P}$和$\mathrm{VT_N}$控制上的死区时间，保证器件$\mathrm{VT_N}$中的环流完成了恢复并消失后，再开通$\mathrm{VT_P}$，则可以避免桥臂直通现象。

第二，增加器件$\mathrm{VT_N}$的通态最小宽度限制，只有当$\mathrm{VT_N}$开通过程中的门极电流稳定后，才能对器件$\mathrm{VT_N}$做关断动作。

第三，增加桥臂中的$\mathrm{d}i/\mathrm{d}t$吸收电路作用，降低桥臂换流时的$\mathrm{d}i/\mathrm{d}t$和$\mathrm{d}u/\mathrm{d}t$，因为在换流过程中二极管的反向恢复特性跟换流的$\mathrm{d}i/\mathrm{d}t$和$\mathrm{d}u/\mathrm{d}t$相关，降低桥臂换流时的$\mathrm{d}i/\mathrm{d}t$和$\mathrm{d}u/\mathrm{d}t$可以避免因二极管的反向恢复特性较差而造成的器件失效。

1.5 电力电子器件的驱动与保护电路

1.5.1 驱动电路

驱动电路是控制电路与主电路中电力电子器件之间的接口，它将信息电子电路传来的信号按控制目标的要求，转换为加在电力电子器件控制端和公共端之间，可以使其开通或关断的信号。对半控型器件只需提供开通控制信号；对全控型器件则既需要提供开通控制信号，又需要提供关断控制信号。对器件或整个装置的一些保护措施也往往设在驱动电路中，通过驱动电路实现。驱动电路的合理设计对缩短器件开关时间，提高装置的运行效率、可靠性和安全性都有重要的意义。

为了保护控制电路以及防止驱动信号被干扰，在驱动电路中需要提供控制电路与主电路之间的电气隔离环节。隔离方法分为采用脉冲变压器的电磁隔离和采用光耦或光纤的光电隔离，如图1-38所示。电磁隔离主要用于晶闸管等电流型低频开关器件，而性能更好的光电隔离则用于电压型高频开关器件以及高压大功率场合。电磁隔离的应用主要考虑脉冲变压器的体积、质量、成本以及运行性能等因素的影响。光电隔离中采用光耦隔离时，发光二极管与光电晶体管间电容应尽可能小，防止器件开通或者关断中误导通，采用光纤可以避免这个问题，并能够提供可靠的电气隔离。

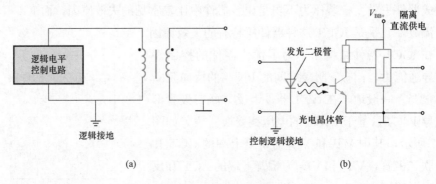

图 1-38 隔离电路类型

（a）电磁隔离；（b）光电隔离

1. 晶闸管的触发电路

晶闸管触发电路需要产生符合要求的门极触发脉冲，以保证晶闸管在需要的时刻由阻断转为导通。为此，晶闸管触发电路应满足下列要求：①触发脉冲的宽度应保证晶闸管可靠导通（$I_A > I_L$，I_L 为擎住电流）；②触发脉冲应有足够的幅度；③不超过门极电压、电流和功率定额，且在可靠触发区域之内；④应有良好的抗干扰性能、温度稳定性及与主电路的电气隔离。晶闸管触发电路包括同步、脉冲移相、脉冲形成与放大等部分，如图 1-39（a）所示。V1、V2 构成脉冲放大环节，脉冲变压器 TM 和附属电路构成脉冲输出环节，VD1 和 R_3 用于释放 V2 由导通变为截止时脉冲变压器存储的能量。理想的触发脉冲电流波形如图 1-39（b）所示。

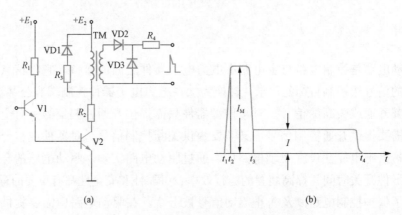

图 1-39 晶闸管触发电路及电流波形

（a）触发电路；（b）理想的触发脉冲电流波形

2. 功率 MOSFET 与 IGBT 的驱动电路

功率 MOSFET 的栅源间、栅射间有数千皮法的电容，为快速建立驱动电压，要求驱动电路输出电阻小。使功率 MOSFET 开通的驱动电压一般 $10\sim15\mathrm{V}$，使 IGBT 开通的驱动电压一般 $15\sim20\mathrm{V}$。关断时施加一定幅值的负驱动电压（一般取 $-15\sim-5\mathrm{V}$）有利于减小关断时间和关断损耗。在栅极串入一只低值电阻（数十欧左右）可以减小寄生振荡，该电阻阻值随被驱动器件电流额定值的增大而减小。

IGBT 多采用专用的混合集成驱动器，如日本三菱公司的 M579 系列（包括 M57962L 和 M57959L）和富士电机公司的 EXB 系列（包括 EXB840、EXB841、EXB850 和 EXB851）。驱动电压的上升率和下降率要充分大，正向驱动电压要保证 IGBT 不退出饱和，栅射极施加负偏压有利于 IGBT 快速关断，一般取 $-10\mathrm{V}$。驱动电路与整个控制电路在电位上严格隔离，不同 IGBT 的驱动信号也要相互隔离，一般采用光电隔离。应有完整的 IGBT 保护功能，有很强的抗干扰能力。栅极配线走向应与主电流尽可能远，同时驱动电路到 IGBT 模块栅射极的引线尽可能短，多采用双绞线或同轴电缆屏蔽线。M57962L 型 IGBT 驱动器的原理和接线图如图 1-40 所示。

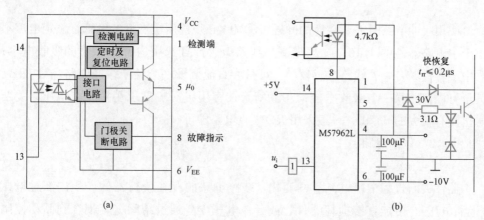

图 1-40　M57962L 型 IGBT 驱动器的原理和接线图

(a) 原理图；(b) 接线图

1.5.2　缓冲电路

载流子存储电荷 Q 在换流时可能在电感器上产生很大的过电压，如不吸收则可能击穿 PN 结而损坏器件。因此，需要缓冲电路作用（吸收电路）抑制器件的内因过电压和 $\mathrm{d}u/\mathrm{d}t$、过电流和 $\mathrm{d}i/\mathrm{d}t$，减小器件的开关损耗。

缓冲电路分为关断缓冲电路（$\mathrm{d}u/\mathrm{d}t$ 抑制电路）、开通缓冲电路（$\mathrm{d}i/\mathrm{d}t$ 抑制电路）和复合缓冲电路。关断缓冲电路吸收器件的关断过电压和换相过电压，抑制 $\mathrm{d}u/\mathrm{d}t$，串联时抑制电压分配不均匀，减小关断损耗，通常将缓冲电路专指关断缓冲电路；开通缓冲电路抑制器件开通时的电流过冲和 $\mathrm{d}i/\mathrm{d}t$，减小器件的开通损耗；复合缓冲电路是将关断缓冲电路和开通缓冲电路结合在一起。

耗能式缓冲电路结构和工作原理如图 1-41 所示，其中 L_i 和 C_S 分别使开通电流和关断电压缓升，R_i 和 R_S 分别释放 L_i 和 C_S 中的储能。V 开通时，C_S 通过 R_S 向 V 放电，使 i_C 先上一个台阶，以后因有 L_i 而使 i_C 上升速度减慢；V 关断时，负载电流通过 VD_S 向 C_S 分流，减轻了 V 的负担，抑制了 du/dt 和过电压。

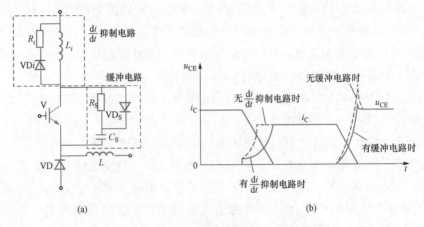

图 1-41　耗能式缓冲电路结构和工作原理

（a）电路结构；（b）工作原理

　　使用缓冲电路时需要注意的问题：①VD_S 必须选用快恢复二极管，额定电流不小于主电路器件的 1/10；②尽量减小线路电感，且选用内部电感小的吸收电容；③中小容量场合，若线路电感较小，可只在直流侧设一个关断缓冲电路，对 IGBT 甚至可以仅并联一个吸收电容；④晶闸管在实用中一般只承受换相过电压，关断时也没有较大的 du/dt，一般采用 RC 吸收电路即可。

1.5.3　保护电路

1. 过电压保护

　　器件关断过程中，电流急剧变化，线路电感的存在使得器件产生内部过电压（浪涌电压），可能直接损坏器件，或者该电压尖峰通过结间电容耦合到驱动控制回路，进而引起器件误动作，甚至损坏器件。

　　器件过电压保护可以采取以下措施：

　　（1）加装缓冲电路来保护器件的过电压。

　　（2）主电路合理布局，器件采用四端子形式，其中两个为驱动端子，两个为主电路端子，以尽量减少杂散电感值。

　　（3）驱动电路布线、连线以减少寄生电容。

　　（4）为保证 IGBT、功率 MOSFET 的驱动电压稳定可靠，在靠近 IGBT 的栅射极之间，功率 MOSFET 的栅源极之间加稳压二极管，以钳位 du/dt 引起的耦合到栅极的电压尖峰。

　　（5）选择适当的栅极驱动电阻，折中考虑开关速度、浪涌电压的影响。

2. 过电流保护

　　电力电子电路运行不正常或者发生故障时，会发生过电流。过电流分过载和短路两种情况。晶闸管和二极管应用在对开关速度要求不高的场合，可以通过在主电路中加装快速熔断器来实现过电流保护；而对于全控型器件，其开关速度很高，需要在微秒级实现保护，熔断器式的被动保护不容易实现，此时可以采用主动式保护方案，通过串联小电阻取电压的方式（见图1-42）或者采用电流传感器（见图1-43）检测电流，对短路可以通过检测饱和压降（见图1-44）的方式，并配合驱动电路来实现过电流保护。

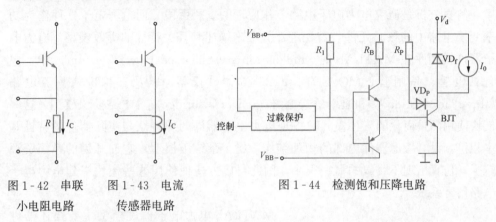

图1-42 串联 图1-43 电流 图1-44 检测饱和压降电路
小电阻电路 传感器电路

（1）串联小电阻取电压。当有过电流情况发生时，即检测出电阻上产生的电压信号超过阈值时，直接调节器件的触发或者控制电路或者关断被保护的器件。该过电流保护检测直接通过电阻检测时，无延迟，输出电路简单，成本低，但检测电路与主电路不隔离（检测电阻 R 串联接至主电路中检测 I_C），且检测电阻上有功耗。

为了降低电阻产生的功耗和发热产生的影响，可将带散热器的取样电阻固定在散热器上，以便测量更大的电流。另外，有些器件将取样电阻直接内置在模块基板上，不仅易于散热，还可节省印制电路板空间，且检测电流精度高，从而实现了电流测量和对过载电流、短路电流保护的功能，可以应用到中小功率场合。

（2）采用电流传感器。对于大功率的器件，过电流保护采用电流传感器与电流检测电路来实现。但所配电流传感器响应速度要满足器件所需，保护电路动作时间须在微秒内完成。该保护检测电路与主电路隔离，适用于大功率场所。

（3）检测饱和压降。当器件被短路时，电流 I_C 迅速增大，通过查器件的技术手册可知，器件的饱和压降 $U_{CE(sat)}$ 随电流 I_C 的增大而增大。图1-45所示为日本三菱公司 CM300DY-24NF 型IGBT（300A/1200V）的 $U_{CE(sat)}$ 与 I_C 关系的典型

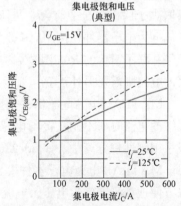

图1-45 IGBT 的 $U_{CE(sat)}$ 与 I_C
关系的典型曲线

曲线。通过快速二极管 VD_P 检测集电极电位，即检测器件的饱和压降 $U_{CE(sat)}$，若 $U_{CE(sat)}$ 两次大于预先设定的阈值，则过电流保护电路迅速动作，在微秒数量级内器件通过触发脉冲的改变而关断，实现器件的短路保护。

1.6　电力电子器件的仿真模型

仿真分析是研究电力电子电路工作原理的重要手段，而电力电子器件作为功率变换电路中的核心元件，首先应建立准确描述其开关特性的等效模型。电力电子器件模型库在 MATLAB 的 Simulink Library/Simscape/Power Electronics 中，包含二极管、晶闸管、MOSFET、IGBT 等器件模型，以及三相桥式整流电路（three-level bridge）和通用桥式电路（universal bridge）等电路模块模型。这些模块使用的是简化的宏模型，只保证电力电子器件的外特性与实际器件的特性基本相符，没有考虑器件内部的物理结构，属于系统级模型。它们开销的系统资源较少，仿真出现不收敛的概率很小，因此可以方便地使用这些模块搭建电力电子电路仿真系统。

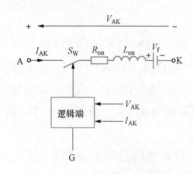

图 1-46　电力电子器件模型

MATLAB 电力电子器件模型主要描述器件的开关特性，这也是电力电子器件的主要特征。不同的电力电子器件模型具有相似的模型结构，如图 1-46 所示，模型主要由可控开关 S_W、电阻 R_{on}、电感 L_{on}、直流电压源 V_f 的串联电路和开关逻辑单元组成。模型中 R_{on} 和 V_f 分别反映电力电子器件的导通电阻和导通时门槛电压；串联电感 L_{on} 限制了器件开关过程中电流的升降速度，模拟器件导通与关断时的变化过程；开关逻辑单元决定了不同电力电子器件的开关条件，但仿真中器件的驱动并不需要驱动电路，只取决于门极信号的有无，也不区别驱动信号的类型。

电力电子器件在使用时一般并联缓冲电路，MATLAB 电力电子器件模型一般已经并联了简单的 RC 串联缓冲电路，RC 数值可以在参数中设置，如需更复杂的缓冲电路则需要另外建立。

MATLAB 电力电子器件模型中含有电感，因此具有电流源的性质，在没有连接缓冲电路时，不能直接与电感或电流源相连接，也不能开路工作。仿真算法一般采用刚性积分算法，如 ode23td、ode15s，这样可以得到较快的仿真速度。

MATLAB 电力电子器件模型中，一般带有一个测量输出端 M，通过 M 端可以方便地观测器件的电压、电流，从而为选取器件的电压、电流容量提供参考。

1.6.1　晶闸管的等效模型及仿真

1. 模型参数

晶闸管模型在 MATLAB 模型库中有两种：一种是简化模型，模型名为"Thyristor";另一种是有较详细参数的模型,模型名为"Detailed Thyristor"。MATLAB 中的晶闸管模型如图 1 - 47 所示。

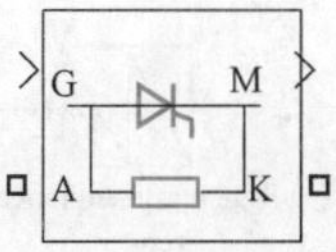

"Detailed Thyristor"默认的模型参数介绍见表 1 - 2。搭建电路仿真应用时,可以根据晶闸管的选型,查找相关的数据手册来进行设置。

图 1 - 47 晶闸管模型

表 1 - 2 晶闸管模型参数介绍

变量及默认参数	物理意义	备注
Resistance R_{on}(Ohms):0.001	导通电阻为 0.001Ω	R_{on} 与 L_{on} 不能同时取"0"
Inductance L_{on}(H):1e - 3	内部电感为 1mH	R_{on} 与 L_{on} 不能同时取"0"
Forward voltage V_f(V):0.8	正向管压降为 0.8V	门槛电压,正向电压大于设定值时导通,导通后管压降也为设定值
Latching current I_L(A):0.1	擎住电流为 0.1A	简化模型没有该参数
Turn - off time T_q(s):100e - 6	关断时间为 100μs	简化模型没有该参数
Initial current I_C(A):0	初始电流为 0A	一般设为"0",电路在零状态下仿真。若不为 0,内部电感要求不为 0,同时要与电路中其他储能元件初始值相符合
Snubber resistance R_S(Ohms):500	缓冲电阻为 500Ω	若将 R_S 设为"inf"、C_S 设为"0",则取消了缓冲电路
Snubber capacitance C_S(F):250e - 9	缓冲电容为 250nF	若将 C_S 设为"inf"、R_S 设置为有名值,则为纯电阻缓冲电路

注 参数的数值是 MATLAB 器件模型中默认的数值。

通过模型的 M 端口可以测量晶闸管承受的电压 V_{AK} 与流通的电流 I_{AK} 的波形。

晶闸管模型中当 $V_{AK}>0$,且门极 G 端有正的触发脉冲时,晶闸管导通。晶闸管脉冲宽度要求阳极电流 $I_{AK}>$ 擎住电流 I_L 时,晶闸管才能正常导通;否则,如果 $I_{AK}<I_L$,G 端信号消失,晶闸管仍要关断。

晶闸管阳极电流 I_{AK} 降低为 0,或者晶闸管承受的反向电压 $V_{AK}<0$,且承受反向电压的时间大于设置的关断时间 T_q 时,晶闸管关断。

晶闸管模型的导通、关断与实际的物理晶闸管还是有一定差别的,模型中只要门极信号大于 0,同时满足承受正压的要求,晶闸管就导通;阳极电流需要降到 0 后,晶闸管模型才会关断,而不是降到维持电流以下。

2. 仿真算例

晶闸管触发脉冲电路如图 1 - 48 所示。为了保证触发脉冲与供电电源的同步性,触发电路中,首先比较三角形重复序列信号 u_1 与供电电源过零比较电路信号 u_2,得到电源为正的半个周期的三角波信号 u_3,然后比较三角波信号 u_3 与梯形波信号 u_T,当 $u_3>u_T$ 时,输出正的触发脉冲信号 u_p。

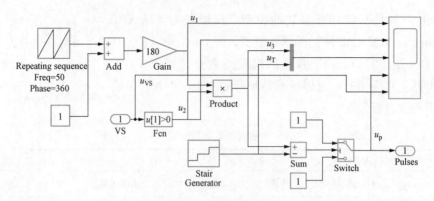

图 1 - 48　触发脉冲电路

触发脉冲的触发角度分别设置为 20°、50°、80°、110°、140°，脉冲宽度分别设置为 160°、130°、100°、70°、40°。仿真图如图 1 - 49 所示。

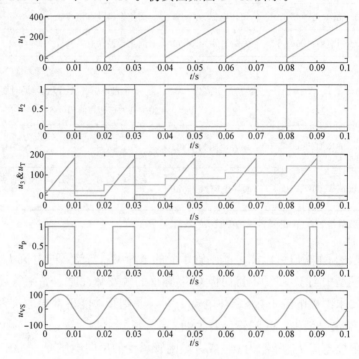

图 1 - 49　仿真图

相控整流电路采用的开关器件是晶闸管，下面以电感滤波的单相半波可控整流电路仿真为例，对晶闸管的特点及应用进行介绍。仿真拓扑如图 1 - 50 所示，采用 50Hz、100V 的交流电源 V_S，滤波电感 $L=10\text{mH}$，负载电阻 $R=1\Omega$。

从图 1 - 51 所示的仿真结果中可以看出，随着触发脉冲角度的后移，负载输出电压 V_{load} 依次后移，输出电流 I_{load} 依次降低，由于滤波电感 L 的存在，负载电流从 0 开始变化，其平均值依次降低。

比较图 1 - 49 和图 1 - 51，当晶闸管承受正电压时，门极有了触发脉冲信号晶

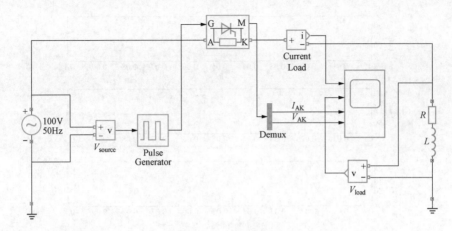

图 1-50 仿真拓扑

闸管导通；而当脉冲消失后，晶闸管继续保持导通。

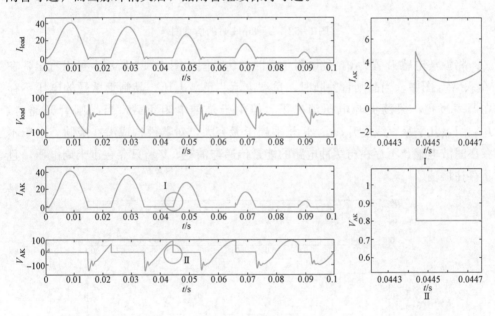

图 1-51 仿真结果

从 V_{AK} 的局部放大图 II 可以看出，晶闸管导通时，$V_{AK}=0.8V$，即其管压降为 $0.8V$。在 I_{AK} 的局部放大图 I 中，由于缓冲电路的存在，晶闸管电流先上升一个台阶，然后保持与负载电流相同；在电流降为零，晶闸管关断时，负载电流 I_{load}、负载电压 V_{load}、晶闸管承受的电压 V_{AK} 都有一个振荡过程。由于滤波电感 L 存储的能量在电流为零时未释放完毕，则与缓冲电路中的电容 C_S 相互传递能量，并通过负载电阻 R 与缓冲电阻 R_S 消耗掉，因此形成了幅值逐渐降低的振荡过程。

将滤波电感 L 从 $10mH$ 改为 $3mH$，仿真图如图 1-52 所示。可以看出，当晶闸管关断时，V_{AK}、V_{load} 的振荡尖峰电压减小。

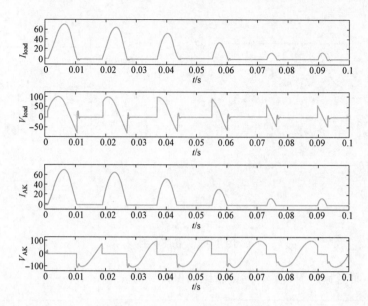

图 1-52　$L=3\mathrm{mH}$ 时的仿真图

　　将滤波电感 L 置为 0，纯电阻负载时的仿真图如图 1-53 所示。可以看出，在 V_{load}、V_{AK}图中，当晶闸管关断时，负载电流、负载电压、晶闸管承受的电压不存在振荡过程，振荡尖峰电压消失了。但由于是纯电阻负载，当晶闸管开通时，I_{load}、I_{AK}几乎呈直线上升，$\mathrm{d}i/\mathrm{d}t$ 几乎趋于无穷大，对器件构成潜在威胁。由于不存在滤波电感，不存在与缓冲电路的能量传递与消耗，V_{load}只存在正半周电压，且不存在振荡。

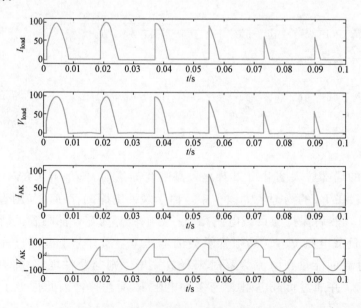

图 1-53　$L=0$（纯电阻负载）时的仿真图

1.6.2 IGBT 的等效模型及仿真

1. 模型参数

IGBT 在 MATLAB 中的模型有两个：一个是并联缓冲电阻与电容器的模型，另一个是反并联二极管的模型，如图 1-54 所示。

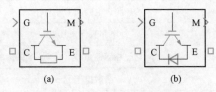

图 1-54　IGBT 等效模型

(a) IGBT；(b) IGBT/diode

IGBT 模型参数介绍见表 1-3，搭建电路仿真应用时，可以根据 IGBT 的选型，查找相关的 datasheet 来进行设置。

表 1-3　　　　　　　　　　　IGBT 模型参数介绍

变量及默认参数	物理意义	备注
Resistance R_{on}(Ohms)：0.001	导通电阻为 0.001Ω	R_{on} 与 L_{on} 不能同时取 "0"
Inductance L_{on}(H)：0	内部电感为 "0"	一般情况选取 "0"
Forward voltage V_f(V)：1	正向电压为 1V	导通后管压的设定值
Current 10% fall time t_f(s)：1e-6	电流减小到关断前 10% 的时间为 $1\mu s$	IGBT 关断时，经过电流减小到关断前电流 10% 的时间 t_f，再经过一段电流的拖尾时间 t_t，IGBT 才完全关断
Current tail time t_t(s)：2e-6	电流拖尾时间为 $2\mu s$	
Initial current I_C(A)：0	初始电流为 0A	与晶闸管设置方法相同
Snubber resistance R_S(Ohms)：1e5	缓冲电阻为 $100k\Omega$	与晶闸管设置方法相同
Snubber capacitance C_S(F)：0	缓冲电容为 0	与晶闸管设置方法相同

注　带反并联二极管的模型，只有导通电阻，缓冲电阻和缓冲电容三个参数。

2. 仿真算例

通过 Simulink 搭建仿真电路对 IGBT 模型进行稳态和开关瞬态特性仿真。图 1-55 给出了门极驱动电压 V_{GE}=8、10、12、15、20V 时，IGBT 的静态特性仿真结果。

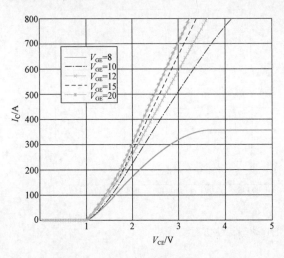

图 1-55　IGBT 的静态特性仿真结果

从图 1-55 可以看出，在驱动电压 V_{GE}=15V 时，IGBT 工作在饱和区开通，通过外电路可确定电流 I_C，通过仿真可获取此时 IGBT 的通态管压降 V_{CE}。

采用 MATLAB 搭建 IGBT 的动态特性测试电路，仿真拓扑如图 1-56 所示。其中，U_C 为直流母线电压，L、R 为感性负载，VD 为续流二极管，L_2 为回路等效杂散电感，Pulse 为栅极驱动脉冲，R_S、C_S、VD_S 构成 RCD 缓冲吸收电路。测试电路参数见表 1-4。

表 1 - 4　　　　　　　　　　**IGBT 动态特性测试电路**

测试电路参数	数值
外电路直流电压	$U_C = 600\text{V}$
感性负载	$R = 0.5\Omega$、$L = 1\text{mH}$
杂散电感	$L_2 = 1\mu\text{H}$
缓冲电路参数	$C_S = 0.6\mu\text{F}$，$R_S = 15\Omega$
IGBT 栅极驱动脉冲	频率为 10kHz，幅值为 15V

　　IGBT 动态特性仿真波形如图 1 - 57 所示。可以看出，IGBT 在开通过程中存在电流过冲，关断过程中存在电压过冲。

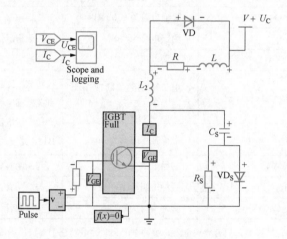

图 1 - 56　　IGBT 测试电路仿真拓扑

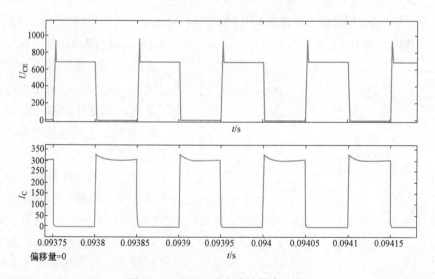

图 1 - 57　　IGBT 动态特性仿真波形

　　IGBT 关断时电流电压波形如图 1 - 58 所示。可以看出，集电极电流 I_C 缓慢下降；由于回路存在杂散电感，关断电压 U_{CE} 存在尖峰电压。在集电极电流 I_C 下降期间，集射极电压已经建立，过长的下降时间会产生较大的功耗，使结温升高，所以希望下降时间越短越好。为解决这个问题，可以通过减轻饱和程度来缩短电流下降时间，但是这样需要与通态压降折中。对称型 IGBT 下降时间较短，非对称型 IGBT 下降时间较长。

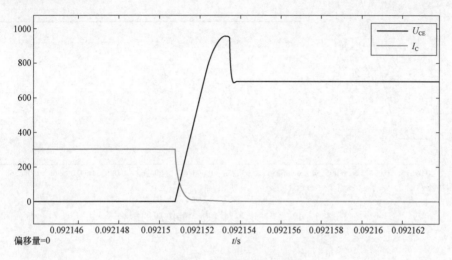

图 1-58 IGBT 关断时电压电流波形

应用该模型可对不同参数杂散电感下缓冲吸收电路的保护效果进行分析，进而指导缓冲吸收电路的参数设计。增大测试电路中的杂散电感 L_2 至 $3\mu H$，在原电路参数不变的情况下，杂散电感对关断尖峰电压的影响如图 1-59 所示，此时器件的关断电压尖峰将变大。

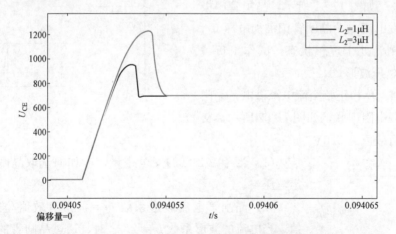

图 1-59 杂散电感对关断尖峰电压的影响

分别选取缓冲电容 C_S 为 0.6、1.3、12、$30\mu F$，$R_S = 15\Omega$，$L_S = 3\mu H$，缓冲电容对关断尖峰电压的影响如图 1-60 所示。IGBT 的关断尖峰电压均降低，而且 C_S 越大，电压过冲越小，缓冲吸收效果越好。

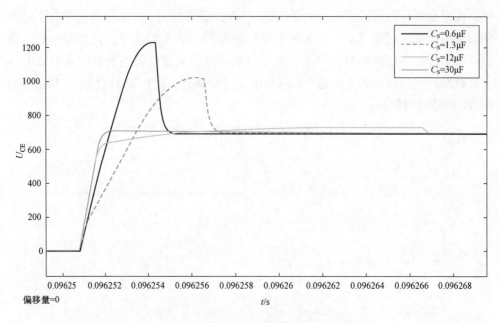

图 1-60　缓冲电容对关断尖峰电压的影响

第1章
仿真程序与讲解

习　题

1-1　晶闸管正常导通的条件是什么，导通后流过晶闸管的电流由什么决定？晶闸管关断的条件是什么，如何实现？

1-2　有时晶闸管触发导通后，触发脉冲结束后它又关断了，是何原因？

1-3　如图 1-61 所示，晶闸管门极注入触发电流 i_G，晶闸管阳极加电压 u_2，假设晶闸管处于理想状态，试作出负载 R_D 上的电压波形。

1-4　单相正弦交流电源供电，晶闸管与负载电阻串联，如图 1-62 所示，交流电源有效值为 220V。

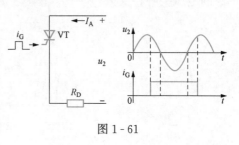

图 1-61

（1）当考虑 2 倍的安全裕量，应如何选取晶闸管的额定电压？

（2）晶闸管电流波形系数 k_f＝波形有效值/波形平均值。当电流的波形系数 k_f＝2.22 时，通过晶闸管的电流有效值为 100A，考虑晶闸管 2 倍的安全裕量，应如何选择晶闸管的额定电流？

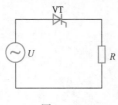

图 1-62

1-5　图 1-63 中的阴影部分表示流过晶闸管的电流波形，其最大值均为 I_m，试计算各波形的电流平均值、有效值。如不考虑安全裕量，额定电流为 100A 的晶闸管，流过上述波形的电流时，允许流过的电流平均值 I_d 各为多少？

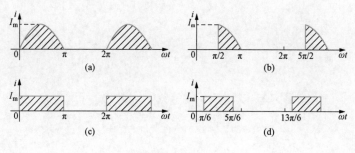

图 1-63

1-6 为什么晶闸管不能用门极负信号关断阳极电流，而 GTO 却可以？

1-7 GTO 与 GTR 同为电流控制器件，前者的触发信号与后者的驱动信号有哪些异同？

1-8 从三个角度对 GTR、GTO、功率 MOSFET、IGBT、IGCT 进行分类，试比较这些器件之间的差异和各自的优缺点。

1-9 提高电力电子器件的开关频率带来的好处和存在的问题是什么？

1-10 试说明什么是电导调制效应及其作用。

1-11 试说明驱动、缓冲与保护电路的作用。

1-12 为什么要对电力电子主电路和控制电路进行电气隔离？其基本方法有哪些？各自的基本原理是什么？

第2章 AC-DC变换电路

采用晶闸管的AC-DC变换电路是出现最早的电力电子电路，作为基于工频相控变换的传统电力变换电路，目前仍应用于直流输电、直流电动机调速等高压大功率领域。本章首先介绍相对简单的不可控整流电路原理，分析不同接线方式和不同滤波元件下电路的性能特点；其次重点阐述大电感滤波的单相桥式和三相桥式可控AC-DC变换电路的波形分析和数值计算，并在此基础上分析AC-DC变换电路的有源逆变工作状态，以及谐波和无功问题；最后结合直流输电仿真算例，进一步加深读者对相控电路的原理、性能、控制及参数设计等方面的理解。

2.1 AC-DC变换电路概述

2.1.1 AC-DC变换电路简介

AC-DC变换电路在四种基本电力变换电路中应用最早，因为电力系统只提供交流电，用户首先面临的问题就是如何得到直流电。自20世纪初发明了汞弧阀，基于汞弧阀的AC-DC变换电路在电力电子技术诞生之前就已经出现；1954年，第一个采用汞弧阀的直流输电工程——哥特兰岛直流输电工程在瑞典投入运行；20世纪70年代后，汞弧阀被晶闸管所取代，但相控AC-DC变换电路的拓扑沿用至今。

本章所述的AC-DC变换电路仅指相控电路。从波形变换角度，相控AC-DC变换电路将固定的单相或三相交流波形变换为幅值可调的直流波形。交流波形是其变换基础，变换后的直流波形是交流波形的一部分，其平均值大于零，也就得到了直流电。根据功率的传递方向，相控AC-DC变换电路可以分为"整流"和"逆变"两种运行状态。当功率从交流电网流向直流负载（AC→DC）时称为整流器（rectifier）；反之，当功率从直流负载流向交流电网（AC←DC）时称为逆变器（inverter）。功率双向流动的AC↔DC变换电路统称为换流器或变流器（converter）。

将交流波形变换为直流波形的AC-DC变换电路主要采用晶闸管和相控技术，因此也称相控电路。与之相对应的是采用全控型器件和PWM技术的PWM电路，由于该电路是将固定的直流波形变换为交流PWM波形，所以从波形变换的角度本书将其称为DC-AC变换电路，将在第3章讲述其原理。PWM电路在控制性能以及谐波和无功等方面优于相控整流电路，并且正在逐步取代相控电路。虽然晶闸管相控电路存在谐波和无功等缺点，但在容量、成本和技术成熟度方面仍有不可替代的优势，目前在电力系统和工业生产之中仍有所应用，如高压直流输电、直流电动机调速等。

为满足不同的生产需求，出现了多种各具特点的 AC - DC 变换电路。按器件组成可分为不可控电路、半控型电路和全控型电路；按电网相数可分为单相电路、三相电路和多相电路；按接线方式可分为半波电路和全波电路；按滤波方式可分为电容滤波的电压型电路和电感滤波的电流型电路等。半波电路使用器件数量少，但存在变压器直流磁化问题，电压利用率低。只有全控型相控电路既可工作在整流状态，又可工作在逆变状态；不可控电路仅能用作整流。相控电路一般采用大电感滤波，而不可控整流电路及 PWM 电路则大多采用大电容滤波。

2.1.2　AC - DC 变换电路在直流输电中的应用概述

为增强读者对电力电子电路的学习兴趣以及培养读者对工程问题的分析能力，本章将结合直流输电技术研究，阐述 AC - DC 变换电路的工作原理。高压直流输电是交流输电的有益补充，为大功率远距离电能输送、大区域电网和不同频率电网的非同步互联提供了有效手段。高压直流输电系统简图如图 2 - 1 所示。发电厂发出的交流电通过送端换流站转变为直流电（即整流），通过直流输电线路传输到受端，受端换流站再把直流侧接收的功率传递到交流用户（即逆变）。

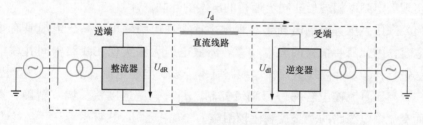

图 2 - 1　高压直流输电系统简图

1. 高压直流输电的发展

高压直流输电是指以直流电的方式实现电能传输，即交流发电经整流转换为直流并将电能送到远方再逆变为交流，在输电技术发展初期曾发挥了重要作用。1882 年，法国物理学家德普勒（Deprez）用 1500～2000V 的直流发电机经 57km 的线路把电力由德国米斯巴赫煤矿传送到在慕尼黑举办的国际展览会上，这标志着直流输电技术的诞生。但由于当时的直流输电技术不能进行电压幅值的变换，低压传输线路损耗较高，再加上同时期交流发电机、变压器、感应电动机的出现，直流输电技术逐步被交流输电技术所取代。20 世纪 50 年代以后，电力系统迅速发展，随之带来的是远距离输电同步稳定性等一系列问题，直流输电技术开始重新受到重视。但由于器件容量的限制，直流输电技术一直处于试验性阶段。大容量可控电力电子阀问世之后，直流输电才得以实现。

传统直流输电系统经历了汞弧阀换流器和晶闸管阀换流器两个阶段。1954 年建成的瑞典通过海底电缆向果特兰岛供电的±100kV/20MW、长90km、采用汞弧阀换流的直流输电工程，是高压直流输电技术的第一次商业性应用，从此高压直流输电得到了稳步发展。由于晶闸管换流阀不存在逆弧，且制造、试验和运行维护都比汞弧阀简单方便，因此汞弧阀被淘汰，开始了晶闸管换流时期。1972年建成的依尔河系统是世界上第一个采用晶闸管阀的大规模高压直流输电系统，它是连接加拿大新不伦瑞克省和魁北克省的一个±80kV/320MW背靠背高压直流输电系统。高压直流输电自20世纪50年代兴起至今，全世界已有100多项高压直流输电系统投入运行。未来在大容量、高电压和长距离送电及电网的弹性互联方面，高压直流输电工程将发挥越来越重要的作用。

2. 高压直流输电的优点

与交流输电相比，高压直流输电的优点如下：

（1）高压直流输电架空线路的造价低、损耗小。高压直流输电架空线路一般仅需2根导线，在导线截面、电流密度及绝缘水平相同的条件下，与交流输电线路传送的有功功率基本相同。因此，高压直流输电线路与交流输电线路相比，其单位长度造价有较大幅度的降低，并且有功损耗较小，线路占地面积也较小。

（2）高压直流输电不存在交流输电的稳定性问题，直流电缆中不存在电容电流，因此有利于远距离大容量送电。

（3）高压直流输电可以实现额定频率不同（如50、60Hz）的电网的互联，也可以实现额定频率相同但非同步运行的电网的互联。

（4）采用高压直流输电易于实现地下或海底电缆输电。高压电缆具有很大的分布电容，因此需要很大的充电功率，海底电缆无法实现在线路中间并联电抗器的办法进行补偿，而高压直流输电线路基本上没有电容电流，不存在上述问题。

（5）高压直流输电容易进行潮流控制，并且响应速度快、调节精确、操作方便，而交流输电线路的潮流控制比较困难。

3. 高压直流输电系统的结构类型

根据与交流系统连接的换流站的数量，高压直流输电系统结构可分为两端直流输电和多端直流输电两大类。两端直流输电系统与交流系统只有两个连接端口，一个整流站和一个逆变站，即只有一个送端和一个受端。目前世界上已运行的直流输电工程大多为两端直流输电系统。

根据直流联络线，高压直流输电系统可以分为单极系统、双极系统和背靠背系统，如图2-2所示。在单级系统中，一般采用正极接地，相当于输电系统中只有一个负极，称为单级系统的负极运行。双极系统中联络线有两根导线，一正一负，每端有两个额定电压的换流器串联在直流侧，两个换流器之间的连接点接地。双极系统是高压直流输电工程通常采用的接线方式。正常时，两极电流相等，无接地电流。若因一条线路故障而导致一极隔离，另一极可通过大地运行，承担一半的额定负荷，或利用换流器及线路的过载能力，承担更多的负荷。背靠背系统是输电线路长度为零（即无直流联络线）的两端直流输电系统，主要用于两个非同步运行的交流系统（不同频率或同频率但非同步）的联网，其整流站和逆变站的设备通常装设在一个站内，也称背靠背换流站。由于背靠背系统无直流输电线路，直流侧损耗较小，所以直流侧电压等级不必很高。

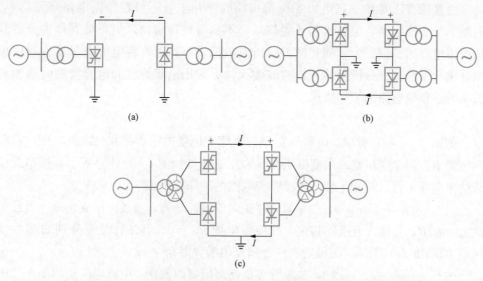

图 2 - 2 采用不同联络线的高压直流输电系统接线示意图
(a) 单极系统；(b) 双极系统；(c) 背靠背系统

由上述高压直流输电系统概述可知，AC - DC 变换电路是高压直流输电的核心技术。本章将结合换流站如何完成交流波形到直流波形的变换以及功率如何在交直流侧传递问题，阐述相控电路的整流与有源逆变的波形分析与工作原理；结合高压直流输电系统的电压和潮流控制问题，介绍相位控制方法及电压和功率的数值计算；针对高压直流输电的换相失败问题，分析变压器漏抗对换相过程的影响；针对直流输电对交流电网的影响问题，分析相控电路的功率因数及谐波特点，介绍无功补偿和滤波器的设计方法；最后结合高压直流输电系统的仿真分析，进一步加深读者对上述理论知识的理解。

2.2 不可控 AC - DC 变换电路

虽然直流输电中应用的是晶闸管构成的可控整流电路，但本章首先从更为简单的不可控整流电路入手，介绍利用开关器件将交流变成直流的单相和三相桥式整流电路的拓扑原理和滤波元件特点等，为后续更为复杂的可控整流电路分析打下基础。

不可控整流电路是指全部由二极管构成的 AC - DC 变换电路，由于其功率只能由交流侧传递到直流侧，所以只具备整流的功能。二极管不可控整流电路可看作触发角为 0° 的相控电路，因此可以作为其他相控电路的分析基础。由于没有控制和触发电路，二极管不可控整流电路简单、可靠，被广泛应用到变频器、UPS、开关电源等装置中的第一级变换，为后一级的 DC - DC 或 DC - AC 变换提供直流电源。为抑制直流电压脉动，达到稳压的目的，需采用大电容进行滤波。

2.2.1 单相半波不可控整流电路

由整流变压器和一只电力二极管构成的单相半波不可控整流电路是最简单、最基本的整流电路，虽然其因性能较差而不具备使用价值，但可将其作为分析其他整流电路的基础。为了简化波形分析及数值计算，通常将电力电子器件看作理想开关。下面分别分析负载中没有滤波元件、采用电感滤波和电容滤波时单相半波不可控整流电路的工作原理。

1. 无滤波元件

如图 2-3（a）所示，u_1 和 u_2 分别为整流变压器的一次侧和二次侧电压，负载为电阻 R。假定变压器二次侧电压波形为正弦波，如图 2-3（b）所示，根据二极管的单向导电性，单相半波不可控整流电路的工作原理如下：

（1）$0 \leqslant \omega t < \pi$。$u_2 > 0$，二极管 VD 正向偏置而导通，负载电压 $u_d = u_2$，负载电流 $i_d = u_d / R$，与输入电压同相位，二极管电压 $u_{VD} = 0$，其工作波形分别如图 2-3（c）、（d）和（e）所示。二极管在一个周期内的导通角 $\theta = \pi$。

（2）$\pi \leqslant \omega t < 2\pi$。$u_2 < 0$，二极管 VD 反向偏置而截止，电源电压全部加在二极管上，负载电压 $u_d = 0$，负载电流 $i_d = 0$，$u_{VD} = u_2$，其工作波形分别如图 2-3（c）、（d）和（e）所示。

假设变压器二次侧电压 $u_2 = \sqrt{2} U_2 \sin \omega t$，$U_2$ 为变压器二次侧电压有效值，则输出直流电压的平均值

$$U_d = \frac{1}{2\pi} \int_0^\pi \sqrt{2} U_2 \sin \omega t \, \mathrm{d}(\omega t) = \frac{\sqrt{2} U_2}{2\pi} = 0.45 U_2 \tag{2-1}$$

输出直流电流的平均值

$$I_d = \frac{U_d}{R} = 0.45 \frac{U_2}{R} \tag{2-2}$$

变压器二次侧电流 i_2 与二极管电流 i_{VD} 的有效值相同，即

$$I_2 = I_{VD} = \sqrt{\frac{1}{2\pi} \int_0^\pi \left(\frac{\sqrt{2} U_2 \sin \omega t}{R} \right)^2 \mathrm{d}(\omega t)} = \frac{\sqrt{2} U_2}{2R} \tag{2-3}$$

由图 2-3（d）可知，二极管在工作中可能承受的最高反向电压为电源电压的峰值，即 $U_{VDmax} = \sqrt{2} U_2$。根据二极管的电流有效值和承受的电压最大值，可以选择二极管的电压和电流定额。

显然，当半波电路只接电阻负载而没有任何滤波元件时，负载电流和电压的波形相同，是断续的。当负载为直流电动机或蓄电池时，直流侧存在反电势 E，如图 2-4 所示。当交流侧电源电压 u_2 大于反电势 E 时，二极管 VD 才能导通，导通角 $\theta < \pi$，电流断续情况进一步恶化。因此，在 **AC - DC 变换电路的负载侧通常会采用大电感或大电容进行滤波，使负载电流尽量连续且平稳，以改善供电性能，减小对负载的不利影响。**

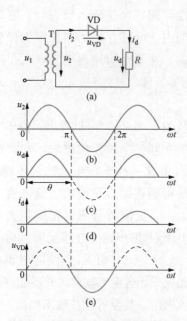

图 2‑3　带电阻负载的单相半波
不可控整流电路及工作波形

(a) 电路图；(b) 变压器二次侧电压；(c) 负载
电压；(d) 负载电流；(e) 二极管电压

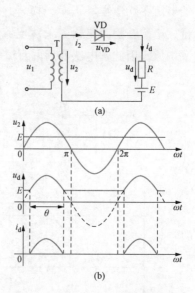

图 2‑4　带电阻‑反电势负载的单
相半波不可控整流电路及工作波形

(a) 电路图；(b) 工作波形

2. 电感滤波

(1) 无续流二极管。为使负载获得平稳的输出电流，可在整流输出端接平波电抗器。如果电感足够大，可使整流电路等效为直流电流源。但该电路仅串联大电感，仍无法解决电流断续的问题，输出电压还会随着电感的增加而变得非常小。

图 2‑5 给出了单相半波不可控整流电路经大电感滤波的电路及工作波形，其工作原理如下：

1) $0 < \omega t < \omega t_1$。二极管正向偏置导通，电源电压加到阻感负载上。电感对电流变化有抗拒作用，使得负载电流不能发生突变，电流从 0 逐渐增加。由图 2‑5 (a) 可得

$$u_d = u_L + u_R = L \frac{di_d}{dt} + i_d R \tag{2-4}$$

2) $\omega t = \omega t_1$ 时刻。电压 $u_R = u_d$，电感电压 $u_L = u_d - u_R = L di_d/dt = 0$。此后，电流 i_d 下降，电感释放所存储的能量；随着 u_2 下降进入负半周，电感能量尚未释放完毕，仍维持二极管导通；直至 ωt_2 时刻，$u_R = 0$，$u_L = u_2$，二极管关断，所以二极管的导通角 $\theta > \pi$。

电感电压的平均值

$$U_L = \frac{1}{2\pi} \int_0^{\omega t_2} u_L d(\omega t) = \frac{1}{2\pi} \int_0^{\omega t_2} L \frac{di_d}{dt} d(\omega t) = \frac{\omega L}{2\pi} \int_0^{\omega t_2} di_d = i_d(\omega t_2) - i_d(0) = 0$$

$$\tag{2-5}$$

从以上分析得到电感元件的一个重要特性，即在电路进入稳态后，电感两端的电压平均值恒等于零。换言之，在一个周期内，电感存储的能量等于释放的能量。电感在整流电路中只对电流起到平滑作用，并不影响输出直流电压和电路的平均值。因此，电感前后的直流电压平均值相等，即

$$U_d = U_R \tag{2-6}$$

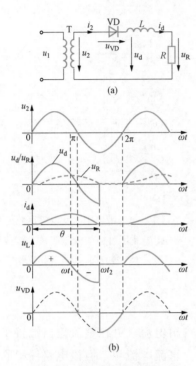

从图 2-5（b）可以看出，由于电感的充放电在同一个回路中完成，电流在一个周期内完成一次充放电，滤波电感再大，也无法得到连续且平稳的直流电流；并且 L 越大，u_d 负值部分所占比例越大，整流平均电压 U_d 越小。当电感足够大时，导通角 $\theta \approx 2\pi$，$U_d \approx 0$。可见，单相半波不可控整流电路仅采用大电感滤波，并不能得到稳定的直流输出，甚至可能使输出电压为 0。为此，需要在负载侧并联续流二极管，使电感充电和放电回路分开。

图 2-5　电感滤波的单相半波
不可控整流电路及工作波形
（a）电路图；（b）工作波形

（2）有续流二极管。有二极管续流的不可控整流电路及工作波形如图 2-6 所示。可以看出，当 u_2 为正时，电流通过 VD 给电感和负载供电，VD1 承受反向电压时为关断状态。当 u_2 进入负半周时 VD1 导通，VD 承受反向电压而关断，负载上的电压钳位在零电位，电感通过 VD1 续流而给负载供电，由于 u_d 中负电压消失，输出平均电压 U_d 不会减小。

采用大电感滤波与二极管续流的不控整流电路的输出电压 u_d 波形与无电感滤波、纯电阻负载时相同，因此 U_d 和 I_d 的计算公式也与之相同，即可采用式（2-1）和式（2-2）。但有大电感滤波之后，就可以得到连续且平滑的直流电流了。

在实际应用中，负载本身可能也含有电感，甚至反电动势。对于阻感负载与反电动势负载，如果滤波电感足够大，可以保持电流的连续，则负载中的电感和反电动势并不会影响 u_d 的波形，U_d 的计算公式仍然不变。只是在计算电流时，需考虑反电动势 E，即

$$I_d = \frac{U_d - E}{R} \tag{2-7}$$

3. 电容滤波

直流侧采用大电感滤波，可等效为直流电流源。但不可控整流电路常用于为后级变换提供稳定的直流电压源，所以直流侧常并联大电容滤波，以抑制电压的

脉动。这种电路被广泛应用到 AC - DC -
AC 变频器、UPS、开关电源等应用场合。
采用电容滤波的单相半波不可控整流电路
及工作波形如图 2 - 7 所示。电容 C 并联于
负载 R 的两端，$u_\mathrm{d} = u_\mathrm{C}$。此时，$u_2$ 不仅要
在正半周，而且需大于电容电压 u_C 时，二
极管才能导通。

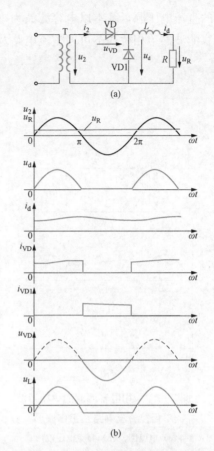

图 2 - 6　带续流二极管的单相半波
不可控整流电路及工作波形
（a）电路图；（b）工作波形

　　并入电容之后，则当 u_2 由零逐渐增大
至电容电压时，二极管 VD 导通，除给负
载供电以外，还给电容 C 充电。如忽略二
极管的内阻，则 u_C 可充到接近 u_2 的峰值。
在 u_2 达到最大值以后开始下降，此时电容
器上的电压 u_C 也将由于放电而逐渐下降。
当 $u_2 < u_\mathrm{C}$ 时，VD 因反向偏置而截止，于
是电容 C 以一定的时间常数通过 RC 按指
数规律放电，u_C 下降。直到下一个正半周，
当 $u_2 > u_\mathrm{C}$ 时，VD 又导通。如此下去，输出
的直流电压波形如图 2 - 7（b）所示。显然，
电容使输出电压平滑多了，从而负载上的
电流 i_d 也连续了，但二极管的导通角变小
了，$\theta < \pi$。滤波电容越大，电压越平稳，
二极管的导通角 θ 越小。二极管电流波形
如图 2 - 7（c）所示。

　　与大电感滤波不同的是，虽然电容滤波整流电路输出的直流电压更加平稳了，
但其大小与电容的大小及负载的轻重有密切关系，并不是一个固定值，而随负载
及电容的不同在 $0.45U_2 \sim 1.414U_2$ 内变化。在电容相同的情况下，负载越重则直流
电压越小；在负载电阻相同的情况下，电容越大则直流电压越高。若想使电压波
动在较小范围内，则需合理匹配滤波电容和负载电阻的值。

　　虽然半波电路可以完成交流到直流的变换，但存在以下问题：①变压器电流
为直流，存在直流磁化的问题；②输出直流电压最大值仅为 $0.45U_2$，电压利用率
低；③输出电压脉动大，没有续流二极管时电流断续，供电性能较差。因此，半
波电路并没有实用价值。

2.2.2　单相桥式不可控整流电路

　　半波电路只能在交流电源正半周工作，电源和变压器利用率低。若想电源的
正负半周波形均得到利用，则需要采用桥式电路结构。单相桥式电路需要由 4 个开
关器件构成，比有续流二极管的半波电路多用了一倍器件，但可以使输出电压增
加一倍，并且使电压波形脉动减小。该电路主要用于在单相供电场合得到较为稳

定的直流电压源，基本以电容滤波为主，所以本节仅分析电容滤波时的工作原理。电容滤波的单相桥式不可控整流电路及工作波形如图2-8所示。

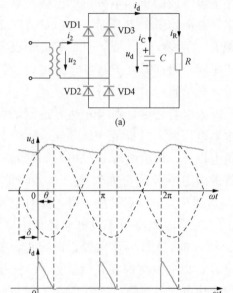

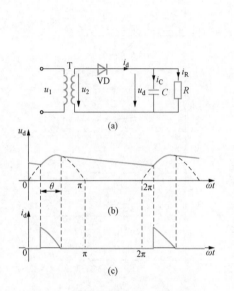

图2-7　采用电容滤波的单相半波
不可控整流电路及工作波形
(a) 电路图；(b) 直流电压波形；
(c) 二极管电流波形

图2-8　电容滤波的单相桥式
不可控整流电路及工作波形
(a) 电路图；(b) 工作波形

1. 工作原理

假设电路已工作于稳态，同时由于实际中作为负载的后级电路稳态时直流平均电流是一定的，所以分析中以电阻作为负载。

该电路的基本工作过程是：当u_2在正半周并且数值大于电容两端电压u_C时，二极管VD1和VD4管导通，VD2和VD3截止，电流一路流经负载电阻R，另一路对电容C充电。当$u_C > u_2$时，VD1和VD4反向偏置而截止，电容通过负载电阻R放电，u_C按指数规律缓慢下降。当u_2在负半周并且幅值变化到恰好大于u_C时，对VD2和VD3加正向电压，使其变为导通状态，u_2再次对电容C充电，重复上述过程。

2. 数值计算

（1）导通角θ。设VD1和VD4导通时刻与u_2过零时刻相距δ角，具体如图2-8（b）所示，则

$$u_2 = \sqrt{2}U_2\sin(\omega t + \delta) \tag{2-8}$$

在VD1和VD4导通的过程中，有

$$\begin{cases} u_d(0) = \sqrt{2}U_2\sin\delta \\ u_d(0) + \dfrac{1}{C}\int_0^t i_C\,\mathrm{d}t = u_2 \end{cases} \tag{2-9}$$

式中：$u_d(0)$ 为 VD1 和 VD4 开始导通时的输出电压值。

联立式 (2-8) 和式 (2-9)，可得

$$i_C = \sqrt{2}\omega C U_2\cos(\omega t + \delta) \tag{2-10}$$

而负载电流

$$i_R = \frac{u_2}{R} = \frac{\sqrt{2}U_2}{R}\sin(\omega t + \delta) \tag{2-11}$$

所以

$$i_d = i_C + i_R = \sqrt{2}\omega C U_2\cos(\omega t + \delta) + \frac{\sqrt{2}U_2}{R}\sin(\omega t + \delta) \tag{2-12}$$

设 VD1 和 VD4 的导通角为 θ，则当 $\omega t = \theta$ 时，VD1 和 VD4 关断，将 $i_d(\theta) = 0$ 代入式 (2-12)，可得

$$\tan(\theta + \delta) = -\omega RC \tag{2-13}$$

另外，ωt 在 $0\sim\theta$ 区间内时，负载电压与电源电压相同；当 $\omega t = \theta$ 时，有

$$u_d(\theta) = u_2 = \sqrt{2}U_2\sin(\theta + \delta) \tag{2-14}$$

ωt 在 $\theta\sim\pi$ 区间内时，电容以一定的时间常数通过 RC 按指数规律放电，当 u_d 降至由式 (2-9) 计算所得值时，另一对二极管导通，情况与前述一样。由于二极管导通后系统开始向电容 C 充电时的 u_d 与二极管关断后 C 放电结束时的 u_d 相等，则有

$$\sqrt{2}U_2\sin(\theta + \delta)\mathrm{e}^{-\frac{\pi - \theta}{\omega RC}} = \sqrt{2}U_2\sin\delta \tag{2-15}$$

可知，$\delta + \theta$ 在第二象限，联立式 (2-13) 和式 (2-15)，可得

$$\pi - \theta = \delta + \arctan(\omega RC) \tag{2-16}$$

$$\frac{\omega RC}{\sqrt{(\omega RC)^2 + 1}}\mathrm{e}^{-\frac{\arctan(\omega RC)}{\omega RC}}\mathrm{e}^{-\frac{\delta}{\omega RC}} = \sin\delta \tag{2-17}$$

当 ωRC 已知时，即可由式 (2-17) 得到 δ，进而由式 (2-16) 求出 θ。显然 δ 和 θ 仅由乘积 ωRC 决定。图 2-9 给出了根据式 (2-16) 和式 (2-17) 得出的 θ 和 δ 角随着 ωRC 变化的曲线。

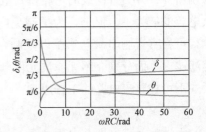

图 2-9　θ 和 δ 角随着 ωRC 变化的曲线

(2) 输出电压平均值 U_d。输出电压平均值 U_d 可根据前述波形和计算公式推导得出，但很烦琐，这里仅给出 U_d 和输出到负载的电流平均值 I_R 之间的关系，如图 2-10 所示。空载时，电阻 $R = \infty$，放电时间常数为无穷大，输出电压最大，为 $\sqrt{2}U_2$。负载很大时，R 很小，电容放电很

快，几乎失去储能作用，极限情况下 $RC=0$，即相当于电容支路开路，输出电压平均值为电阻负载的情况，即 $0.9U_2$。因此，电容滤波的单相桥式不可控整流电路输出电压的范围为 $0.9U_2 \sim 1.414U_2$。

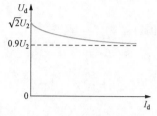

图 2-10　电容滤波的单相不可控
整流电路输出电压与输出电流的关系

在负载确定之后，可根据 $RC \gg \dfrac{3 \sim 5}{2}T$（$T$ 为电源周期）选择电容值，此时输出电压

$$U_d \approx 1.2U_2 \qquad\qquad (2\text{-}18)$$

（3）电流平均值。负载电流

$$I_d = \frac{U_d}{R} \qquad\qquad (2\text{-}19)$$

直流电路在稳态时，与电感的平均电压为 0 类似，电容 C 在一个周期内吸收的能量和释放的能量相等，流经电容的电流在一个周期内的平均值为零，又由 $i_d = i_C + i_R$ 可得

$$I_d = I_R \qquad\qquad (2\text{-}20)$$

流过二极管的电流 i_{VD} 的平均值

$$I_{VD} = I_d/2 \qquad\qquad (2\text{-}21)$$

（4）二极管承受的最大反向电压。二极管承受的反向电压的最大值为变压器二次电压的最大值，即 $\sqrt{2}U_2$。

从上面的分析可知，若 R 一定，C 增大时，输出电压的平均值增大，i_d 的平均值也将增大，而这时二极管的导通角将减小，结果导致变压器二次电流的幅值增大。因此，通过增大电容 C 抑制电压波动的结果是使输入电流的有效值增大，且使变压器二次电流的脉动增加，对此要求必须增加二极管的电流容量，这在参数选择时应予以注意。

2.2.3　三相桥式不可控整流电路

对于大功率的工业负荷以及电力系统，采用三相供电系统，其整流电路需要采用由 6 只开关管构成的三相桥式电路结构。作为大功率直流电压源，该电路仍以大电容滤波为主。但是，为了避免电容启动时较大的充电电流对电源和器件的影响，可在直流侧串联电感予以限制，因此在大功率变频调速等应用场合应采用感容滤波。下面分别介绍无滤波元件（即纯电阻负载）、电容滤波和感容滤波的三相桥式不可控整流电路的工作原理。

1. 无滤波元件

无滤波元件（即纯电阻负载）时的三相桥式不可控整流电路及工作波形如图 2-11 所示。其中，阴极连接在一起的 3 个二极管（VD1、VD3、VD5）称为共阴极组，阳极连接在一起的 3 个二极管（VD2、VD4、VD6）称为共阳极组。通常按照二极管的导通顺序对其进行编号，即共阴极组中与 a、b、c 三相电源相接的 3 个二极管分别为 VD1、VD3、VD5，共阳极组中与 a、b、c 三相电源相接的 3 个晶闸管分别为 VD4、VD6、VD2。根据此编号，这 6 个二极管的导通顺序按 1—2—3—4—5—6 的顺序循环进行。

为了使电流通过负载与电源形成回路，必须在共阴极组和共阳极组中各有一个二极管同时导通。其中，共阴极组中相电压最高的二极管导通，共阳极组中相电压最低的二极管导通，负载为线电压的包络线。

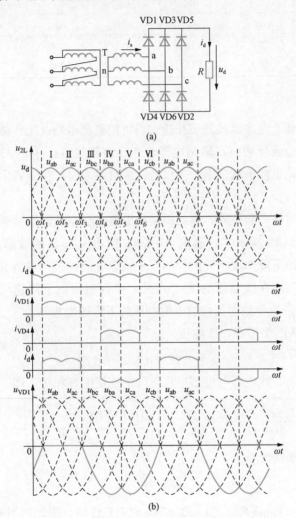

图 2-11　三相桥式不可控整流电路及工作波形

(a) 电路图；(b) 工作波形

如图 2-11 (b) 所示，在一个周期将相电压分为 6 个区间，假设电路已经工作在稳定状态：

在 $\omega t_1 \sim \omega t_2$ 区间，正半部分中 a 相电压最高，则 VD1 导通；负半部分中 b 相电压最低，则 VD6 导通。所以，加在负载上的输出电压 $u_d = u_a - u_b = u_{ab}$。

在 $\omega t_2 \sim \omega t_3$ 区间，正半部分中 a 相电压仍然最高，VD1 继续导通；负半部分中 c 相电压最低，VD2 承受正压导通，VD6 因承受反向电压而关断。所以，加在负

载上的输出电压 $u_d = u_a - u_c = u_{ac}$。

依此类推，可得到三相桥式不可控整流电路二极管导通状态表，见表 2 - 1，6 个二极管的导通顺序为 VD1—VD2—VD3—VD4—VD5—VD6。

表 2 - 1　　　　　　　　　三相桥式不可控整流电路二极管导通状态表

时段	I	II	III	IV	V	VI
输出电压	u_{ab}	u_{ac}	u_{bc}	u_{ba}	u_{ca}	u_{cb}
导通二极管	VD6	VD1	VD2	VD3	VD4	VD5
	VD1	VD2	VD3	VD4	VD5	VD6

2. 电容滤波

（1）工作原理。电容滤波的三相桥式不可控整流电路及工作波形如图 2 - 12 所示。当某一对二极管导通时，输出电压等于交流侧线电压中最大的一个，该线电压既向电容供电，也向负载供电。当没有二极管导通时，由电容向负载放电，u_d 按指数规律下降。

电容的放电时间常数不同，整流桥输出电流 i_d 会出现连续和断续两种情况。当 i_d 连续时，如图 2 - 13 所示，导通角 $\theta = \pi/3$，输出电压 u_d 的波形为线电压的包络线。可根据"电压下降速度相等的原则"来推导电流连续的临界条件。"电压下降速度相等的原则"即在线电压的交点 A 处，电源电压的下降速度与二极管 VD1、VD2 关断后电容开始单独向负载放电时电压的下降速度相等。

根据图 2 - 13 的坐标系，线电压

$$u_{ab} = \sqrt{6}U_2\sin(\omega t + \pi/3) \tag{2-22}$$

在 $\omega t = \pi/3$ 时，线电压与电容电压下降的速度刚好相等，即

$$\left| \frac{d\left[\sqrt{6}U_2\sin(\omega t + \theta)\right]}{d(\omega t)} \right|_{\omega t = \frac{\pi}{3}} = \left| \frac{d\left[\sqrt{6}U_2\sin\frac{2\pi}{3}e^{-\frac{1}{\omega RC}\left(\omega t - \frac{\pi}{3}\right)}\right]}{d(\omega t)} \right|_{\omega t = \frac{\pi}{3}}$$

可求出临界条件为

$$\omega RC = \sqrt{3} \tag{2-23}$$

当 $\omega RC > \sqrt{3}$ 时，i_D 断续；当 $\omega RC \leqslant \sqrt{3}$ 时，i_D 连续。因此，当重载时，R 较小，电流可能连续；当轻载时，R 较大，电流可能断续，其分界点为 $\omega RC = \sqrt{3}$。

（2）数值计算。包括输出电压平均值、输出电流平均值和二极管承受的最大反向电压的计算。

1）输出电压平均值。空载时，输出电压平均值最大，为 $U_d = \sqrt{6}U_2 = 2.45U_2$。随着负载的加重，输出电压平均值减小，当电流 i_D 连续后，输出电压波形为线电压的包络线，其平均值为 $U_d = 2.34U_2$。因此，三相桥式不可控整流电路 U_d 在 $2.34U_2 \sim 2.45U_2$ 内变化，变化范围比单相电路要小得多。如果电容与负载合理匹配，输出电压可以基本稳定在 $2.4U_d$。

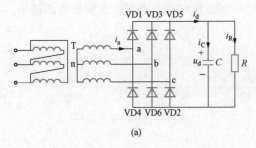

(a)

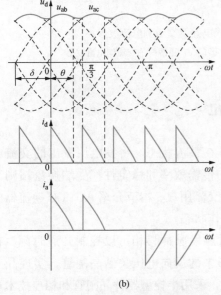

(b)

图 2 - 12 电容滤波的三相桥式
不可控整流电路及工作波形

（a）电路图；（b）工作波形（$\omega RC > \sqrt{3}$）

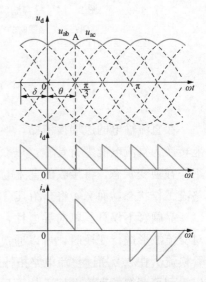

图 2 - 13 电容滤波的三相桥式电路
$\omega RC = \sqrt{3}$时的波形

2）输出电流平均值。输出电流平均值

$$I_d = \frac{U_d}{R} \qquad (2-24)$$

流经电容的电流在一周期内的平均值为零，因此

$$I_d = I_R \qquad (2-25)$$

流过二极管的电流 i_{VD} 的平均值

$$I_{VD} = I_d/3 \qquad (2-26)$$

3）二极管承受的最大反向电压。二极管承受的反向电压的最大值为线电压的峰值，即$\sqrt{6}U_2$。

3. 感容滤波

实际电路中存在交流侧的电感以及直流侧抑制冲击电流串联的电感。当考虑上述电感时，工作情况有所变化。感容滤波的三相桥式电路及交流侧电流波形如图 2 - 14 所示。可以看出，交流侧电流的上升段平缓了许多，这对于电路的工作是有利的。随着负载的加重，电流波形与纯电阻负载时的交流侧电流波形逐渐接近。

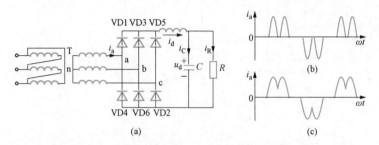

图 2-14　感容滤波的三相桥式电路及交流侧电流波形

（a）电路图；（b）轻载时的交流侧电流波形；（c）重载时的交流侧电流波形

2.3　相控 AC-DC 变换电路的整流工作状态

在直流输电的送端换流站，换流器工作在整流状态，将发电厂发出的交流电能转换为直流电能进行传输，以获得更高的传输效率和稳定性；受端换流站则需工作在逆变状态，将接收的直流电能传递到交流用户。本节介绍 AC-DC 换流器的整流工作状态，而 2.4 将介绍其有源逆变工作状态。

晶闸管不仅具备单向导电性，而且通过触发脉冲移相可以控制开通时刻。在对交流波形进行变换时，可以通过交流波形中的反向电压关断晶闸管，实现晶闸管换流。在 2.2 所述整流电路拓扑的基础上，采用半控型器件晶闸管和相控技术可以得到可调控的直流电压，从而用于直流电动机调速和直流输电等场合。为确保直流电流连续，晶闸管严格按照触发脉冲时刻换流，晶闸管相控电路采用大电感滤波。为了符合工程实际，并且使电路原理阐述简洁清晰，本书仅分析大电感滤波的单相和三相 AC-DC 变换电路的工作原理。

从电力电子器件开始承受正向阳极电压至触发脉冲出现时的延迟时间对应的电角度称为"触发延迟角"，用 α 表示。使输出电压从最大值到最小值变化的触发延迟角的范围称为"移相范围"。在一个周期内元件的导通电角度称为"导通角"，用 θ 表示。通过控制触发脉冲的相位来控制输出电压大小的控制方式称为"相控方式"。从工作原理可以看出，触发脉冲与电源电压在频率和相位上需协调配合，此称为"同步"。

为讨论方便起见，假设电路中的晶闸管是理想元件，即阻断时晶闸管电阻无穷大，漏电流为零；导通时晶闸管压降为零；晶闸管的开通和关断时间忽略不计。

2.3.1　单相桥式可控整流电路

由 2.2.1 的分析可知，半波整流电路简单，但直流电压、电流脉动大，交流回路中含有直流分量，容易造成换流变压器铁芯饱和，设备利用率下降，所以单相半波可控整流电路也没有太大的实用价值，本书不再赘述。根据所采用的开关器件，单相桥式可控整流电路分为全部采用晶闸管的单相桥式全控整流电路，以及

微课讲解
单相桥式全
控整流电路

一半采用晶闸管而另一半采用二极管的单相桥式半控整流电路。

1. 单相桥式全控整流电路

单相桥式全控整流电路由 4 只晶闸管构成，位于对角线上的两对晶闸管轮流导通向负载供电，使 u_2 负半周对应的输出电压波形是正半周的重复。分析方法与单相不可控整流电路的分析方法类似，输出直流电压波仍是交流电压波形的一部分，只是随触发角的增加而沿时间轴向右移动。

采用大电感滤波的单相桥式全控整流电路如图 2 - 15 所示。由 2.2.1 的分析可知，如果滤波电感足够大，可以确保直流电流连续且平稳，负载中的电感及反电动势对输出电压 u_d 的波形和平均值是没有影响的，因此不再分情况讨论。负载中的电感可与滤波电感合并考虑，如果负载不含反电动势，则 $E=0$。

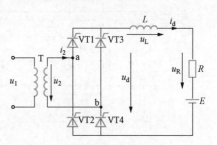

图 2 - 15　采用大电感滤波的单相
桥式全控整流电路

当电源电压进入负半周之后，由于电感存储的能量仍然可以维持电流的连续，晶闸管不会像纯电阻负载时那样因为电流过零而关断，负载电压波形随之出现负电压波形，直到另外一组晶闸管被触发导通，原来导通的晶闸管承受反压而关断。如果电感足够大，则输出电流是近似平直的，流过晶闸管和变压器二次侧的电流的波形可近似为矩形。

(1) 工作原理。假设电路已经工作在稳定状态，在 $0 \sim \alpha$ 内，由于电感释放能量，晶闸管 VT2 和 VT3 维持导通；当 $\omega t = \alpha$ 时，触发晶闸管 VT1、VT4，使之导通，而 VT2 和 VT3 才会因承受反压而关断；当 u_2 由零变负时，由于电感的作用，晶闸管 VT1 和 VT4 中仍流过电流，并不关断，至 $\omega t = \pi + \alpha$ 时刻，给 VT2 和 VT3 加触发脉冲，因 VT2 和 VT3 本已承受正电压，故两管导通，同时 VT1 和 VT4 关断。如此循环下去，两对晶闸管轮流导电，当电感足够大时，每对晶闸管导通角为 π，且与 α 无关。因电感的平波作用使每对晶闸管导通角内有方波电流通过负载，所以输出电流 i_d 的波形平直，变压器的二次电流波是对称的正负方波。图 2 - 16 分别给出了触发角 $\alpha = \pi/6$ 和 $\alpha = \pi/3$ 时电感滤波的单相桥式全控整流电路的工作波形。当 $\alpha = \pi/2$ 时，输出电压的正负面积相等，其平均值等于零，电流 I_d 也为零，所以 α 移相范围为 $0 \sim \pi/2$。

(2) 数值计算。假设电感足够大，负载电流连续，近似为一平直的直线。

1) 输出电压平均值 U_d 和输出电流平均值 I_d 分别为

$$U_d = \frac{1}{\pi} \int_\alpha^{\pi+\alpha} \sqrt{2}U_2 \sin\omega t \, d(\omega t) = \frac{2\sqrt{2}U_2}{\pi} \cos\alpha = 0.9U_2 \cos\alpha \qquad (2\text{-}27)$$

$$I_d = \frac{U_d - E}{R} \qquad (2\text{-}28)$$

2) 晶闸管电流的平均值 I_{dVT} 和有效值 I_{VT} 分别为

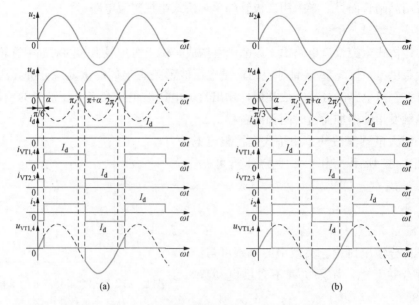

图 2-16　电感滤波的单相桥式全控整流电路工作波形

(a) $\alpha=\pi/6$；(b) $\alpha=\pi/3$

$$I_{dVT} = \frac{1}{2}I_d \tag{2-29}$$

$$I_{VT} = \frac{I_d}{\sqrt{2}} \tag{2-30}$$

3）变压器二次电流有效值为

$$I_2 = I_d \tag{2-31}$$

4）晶闸管所承受的最大正向和反向电压均为$\sqrt{2}U_2$。

2. 单相桥式半控整流电路

在单相桥式全控整流电路中，负载电流同时流过两只晶闸管，实际上只要其中一只可控，即可控制电流的导通时刻。为简化控制、降低造价，可把单相全控桥中的两只晶闸管换成二极管而构成单相桥式半控整流电路。当它工作于电阻负载下的整流方式时，两者在工作原理、数值计算上类似。

图 2-17（a）所示为电感滤波的单相桥式半控整流电路的一种接线形式，其中两只晶闸管采用共阴极接法，另外两只整流管采用共阳极接法。为防止晶闸管在脉冲丢失后的失控现象，通常在负载侧并联一个续流二极管。假设电感足够大，且电路已工作在稳态，则负载电流在整个过程中保持恒值。图 2-17（b）所示为电感滤波的单相桥式半控整流电路工作波形。

（1）工作原理。首先讨论没有续流二极管的情况。在 u_2 的正半周，当 $\omega t=\alpha$ 时触发晶闸管 VT1，u_2 经过 VT1 和 VD4 向负载供电。当 u_2 由正向过零变负时，由于电感的作用使电流连续，VT1 继续导通，但 b 点电位高于 a 点电位，采用共阳极接法的二极管，其中阴极电位低的一只导通，电流从 VD4 转到 VD3，即电流不再经变压器绕组而由 VT1 和 VD3 续流。在自然续流期间，忽略器件的通态压降，输出电压 $u_d = 0$。直到 VT2 被触发导通，VT1 承受反压而关断为止，开始由 VT2 和 VD3 向负载供电。当 u_2 过零变正时，VD4 导通，VD3 关断，电流经过 VT2 和 VD4 续流，输出电压仍为零，以后重复上述过程。在输出电压的波形分析中，不像全控桥那样会出现负压，所以 u_d 的波形与没有电感滤波的纯电阻负载下的波形相同。

采用上述的自然续流方式时，输出电压的波形中不会出现负压，虽无续流二极管，但可达到单相全控桥大电感负载带续流二极管的效果。但在实际运行时，一旦触发脉冲丢失或触发角 $\alpha > \pi$，就会出现一个晶闸管持续导通而两个二极管轮流导通的现象。这样会使输出电压 u_d 的波形成为正弦半波，即在一个半周期内为正弦波，在另外一个半周期内为零，其平均值恒定，相当于单相半波不可控整流电路的输出电压波形，这种现象称为失控。例如，VT1 导通时切断触发电路，当 u_2 变负时，由于电感的作用，负载电流通过 VT1 和 VD3 续流；

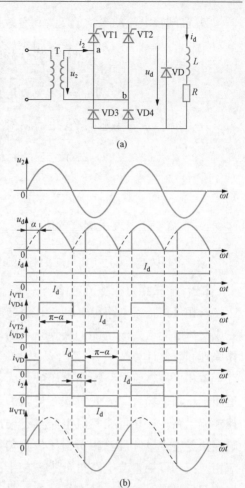

图 2 - 17　电感滤波的单相桥式半控整流电路及工作波形
（a）电路图；（b）工作波形

而当 u_2 变正时，因为 VT1 仍是导通的，u_2 又通过 VT1 和 VD4 向负载供电，此时出现失控现象。为避免这一现象的发生，仍需在负载两端并联续流二极管，将流经桥臂的续流电流转移到续流二极管上。在续流阶段，晶闸管关断，同时导电回路中只有一个管压降，有利于降低损耗。接续流二极管后，输出电压 u_d、负载电流 i_d、变压器二次侧电流 i_2 的波形与不接续流二极管时相同，不同的是晶闸管和二极管的导通角不是 π，而是 $\theta = \pi - \alpha$，二极管的导通角为 2α。

（2）数值计算。实际使用的电路均接续流二极管，这种电路的基本计算均与单相桥式全控整流电路带纯电阻负载时相同。

1）输出电压平均值 U_d 和输出电流平均值 I_d 分别为

$$U_d = 0.9U_2 \frac{1 + \cos\alpha}{2} \tag{2-32}$$

$$I_d = \frac{U_d}{R} = 0.9 \frac{U_2}{R} \frac{1 + \cos\alpha}{2} \tag{2-33}$$

2）晶闸管电流的平均值 I_{dVT} 和有效值 I_{VT} 分别为

$$I_{dVT} = \frac{1}{2\pi}\int_{\alpha}^{\pi}I_d d(\omega t) = \frac{\pi-\alpha}{2\pi}I_d \tag{2-34}$$

$$I_{VT} = \sqrt{\frac{1}{2\pi}\int_{\alpha}^{\pi}I_d d(\omega t)} = \sqrt{\frac{\pi-\alpha}{2\pi}}I_d \tag{2-35}$$

3）续流二极管电流的平均值 I_{dVD} 和有效值 I_{VD} 分别为

$$I_{dVD} = \frac{2}{2\pi}\int_{0}^{\alpha}I_d d(\omega t) = \frac{\alpha}{\pi}I_d \tag{2-36}$$

$$I_{VD} = \sqrt{\frac{2}{2\pi}\int_{0}^{\alpha}I_d^2 d(\omega t)} = \sqrt{\frac{\alpha}{\pi}}I_d \tag{2-37}$$

4）整流变压器二次侧有效值为

$$I_2 = \sqrt{\frac{1}{2\pi}\int_{\alpha}^{\pi}\left[I_d^2 + (-I_d)^2\right]d(\omega t)} = \sqrt{\frac{\pi-\alpha}{\pi}}I_d = \sqrt{2}I_{VT} \tag{2-38}$$

2.3.2 三相可控整流电路

三相可控整流电路也是高压直流输电换流站的基本功率变换单元，可以高效完成交流电能与直流电能的转换，从而以直流的形式传输电能，本节将分析其工作原理和数值计算。

单相可控整流电路输出电压波形为两脉动波形，电压脉动仍然很大，因此只适用于小功率场合。一般负载容量较大或要求电压脉动小的场合，应采用三相可控整流电路。三相可控整流电路具有输出电压高且脉动小、脉动频率高以及动态响应快等特点，并且三相负荷比较均匀，因此在中、大功率领域中获得了广泛的应用。三相可控整流电路可分为三相半波、三相全桥、三相半控桥及带平衡电抗器的双反星形等类型，其中最基本的是三相半波可控整流电路，其余可看成是由它以不同方式串、并联组成的。由于相控整流电路都采用平波电抗器滤波，因此仅分析大电感滤波时的工作原理。

1. 三相半波可控整流电路

三相半波可控整流电路又称三相零式可控整流电路，如图 2-18 所示。可以看出，该电路有两个特点：一是整流变压器采用△/Y 型接线，可防止三次谐波流入电网；二是它可看成是由三个单相半波可控整流电路通过三个晶闸管采用共阴极接法叠加而成，这种接法使触发电路有公共线，连接方便。

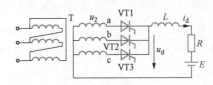

图 2-18　电感滤波的三相半波
可控整流电路

在电力电子电路中，常用到自然换相点的概念，它是指当把电路中所有的可控元件用不可控元件代替时各元件的导电转换点，又称自然换流点。在三相半波可控整流电路中，自然换相点对应的时刻就是各相晶闸管能触发导通的最早时刻，是计算各晶闸管触发角 α 的起点，即 $\alpha=0$。要改变触发角只能是在此基础上增大，即沿时间轴向右移动。

（1）工作原理。假设滤波电感足够大，整流电流 i_d 的波形基本是平直的，流过晶闸管的电流的波形接近矩形波。

1）$\alpha = 0$ 时的工作情况。图 2-19（a）给出了触发角 $\alpha = 0$ 时的波形，此时相当于电路中的晶闸管全换成二极管的情况。因为三个整流器件采用共阴极接法，当某个晶闸管阳极所对应的电压值最大，则可触发其导通，即整流元件在 ωt_1、ωt_2、ωt_3 处自然换相，并总是换到相电压最高的一相上去。由此可以看出，该电路的自然换相点就是各相电压正向的交点。

在 $\omega t_1 \sim \omega t_2$ 期间，a 相电压最高，如果在 ωt_1（即 $\alpha = 0$）处触发晶闸管 VT1，则负载由 a 相供电，即 $u_d = u_a$；在 $\omega t_2 \sim \omega t_3$ 期间，b 相电压最高，如果在 ωt_2 处触发 VT2，则 VT2 导通，VT1 因承受反向电压而关断，负载由 b 相供电，即 $u_d = u_b$；在 $\omega t_3 \sim \omega t_4$ 期间，c 相电压最高，若在 ωt_3 处触发 VT3，则 VT3 导通，VT2 因承受反向电压而关断，负载由 c 相供电，即 $u_d = u_c$。如此循环下去，各晶闸管按同样规律依次导通，并关断前一个已导通的晶闸管。由此可以看出，三只晶闸管分别在一个周期内各导通 $2\pi/3$，输出电压的波形为三相交流相电压正半周的包络线，该电压是在一个周期内有三次脉动的直流电压，脉动频率为 150Hz。负载电流波形与电压波形相同。

在 VT1 导通期间，u_{VT1} 仅为管压降，可认为 $u_{VT1} \approx 0$；在 VT2 导通期间，$u_{VT1} = u_a - u_b = u_{ab}$；在 VT3 导通期间，$u_{VT1} = u_a - u_c = u_{ac}$，所以晶闸管所承受的最大反向电压为线电压的峰值。

2）$\alpha = \pi/6$ 时的工作情况。图 2-19（b）给出了 $\alpha = \pi/6$ 时的波形。假设电路已经工作在稳定状态，设 c 相 VT3 已导通，在经过自然换相点 ωt_1 时，由于 a 相 VT1 触发脉冲未到，因此它不能导通；VT3 继续导通，直到 ωt_2（$\alpha = \pi/6$）时 VT1 被触发导通，由于此时 $u_a > u_c$，使 VT3 承受反向电压而关断，负载电流由 c 相换到 a 相，以后各相就这样依次轮流导通。从波形可以看出，各相仍导通 $2\pi/3$。

3）$\alpha = \pi/3$ 时的工作情况。尽管 $\alpha > \pi/6$，仍然能使各相的晶闸管导通 $2\pi/3$，从而保证电流连续；此时整流电压的脉动很大，还会出现负值，而且随着 α 的增大，负值部分增大，当 $\alpha = \pi/2$ 时，u_d 波形中正负面积相等，即 $U_d = 0$。因此，采用大电感滤波时，三相半波可控整流电路的移相范围是 $0 \sim \pi/2$。

（2）数值计算。具体包括以下几方面：

1）输出电压平均值 U_d 和输出电流平均值 I_d。由于负载电流连续，每个晶闸管的导通角为 $2\pi/3$，每周期脉动三次，所以输出电压平均值

$$U_d = \frac{3}{2\pi} \int_{\frac{\pi}{6}+\alpha}^{\frac{5\pi}{6}+\alpha} \sqrt{2}U_2 \sin\omega t \, d(\omega t)$$

$$= \frac{3\sqrt{2} \times \sqrt{3}}{2\pi} U_2 \cos\alpha \approx 1.17 U_2 \cos\alpha$$

$$(2-39)$$

当 $\alpha = 0$ 时，U_d 最大，即 $U_{dmax} = U_{d0} = 1.17 U_2$。

输出电流的平均值

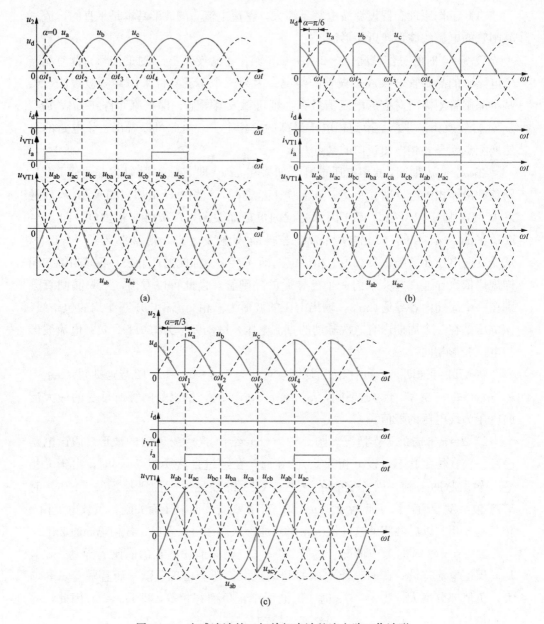

图 2-19　电感滤波的三相单相半波整流电路工作波形

(a) $\alpha=0$；(b) $\alpha=\pi/6$；(c) $\alpha=\pi/3$

$$I_{\mathrm{d}} = \frac{U_{\mathrm{d}} - E}{R} \qquad (2-40)$$

2）晶闸管电流的平均值 I_{dVT}。因为每个晶闸管轮流导通相同的角度，所以晶闸管电流的平均值

$$I_{\mathrm{dVT}} = I_{\mathrm{d}}/3 \qquad (2-41)$$

3）晶闸管电流的有效值 I_{VT}。每个晶闸管在一个周期内的电流波为正向的矩形波，变压器二次侧相电流与晶闸管电流相同，故有效值

$$I_{VT} = I_2 = \sqrt{\frac{1}{2\pi} \int_0^{\frac{2\pi}{3}} I_d^2 d(\omega t)} = \sqrt{\frac{1}{3}} I_d \approx 0.577 I_d \qquad (2 - 42)$$

4）晶闸管承受的最大正反向电压。从晶闸管两端的电压波形可以看出，由于负载电流连续，晶闸管可能承受的最大正反向电压均为 $\sqrt{6} U_2 \approx 2.45 U_2$。

三相半波可控整流电路的优点是只用 3 个晶闸管，接线和控制简单；但其缺点是变压器二次侧绕组的利用率低，且绕组中电流是单方向的，它的直流分量形成直流安匝磁势，使变压器直流磁化并产生较大的漏磁通，会引起附加损耗。因此，三相半波可控整流电路多用在中小功率设备上。

2. 三相桥式全控整流电路

在目前的各种整流电路中，应用最广泛的是三相桥式全控整流电路，如图 2 - 20 所示。它是由两组三相半波可控整流电路串联而成的，其中阴极连接在一起的 3 个晶闸管（VT1、VT3、VT5）称为共阴极组，阳极连接在一起的 3 个晶闸管（VT2、VT4、VT6）称为共阳极组。与三相半波可控整流电路一样，对于共阴极组，阳极所接交流电压值最高的一个触发导通；对于共阳极组，阴极所接交流电压最低的一个触发导通。

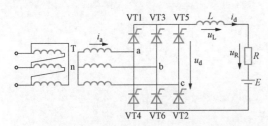

图 2 - 20　电感滤波的三相桥式全控整流电路

通常按照晶闸管的导通顺序对其进行编号，如图 2 - 20 所示，即共阴极组中与 a、b、c 三相电源相接的 3 个晶闸管分别为 VT1、VT3、VT5，共阳极组中与 a、b、c 三相电源相接的 3 个晶闸管分别为 VT4、VT6、VT2。根据此编号，这 6 个晶闸管的触发顺序按 1—2—3—4—5—6 的顺序循环进行。为了使电流通过负载与电源形成回路，必须在共阴极组和共阳极组中各有一个晶闸管同时导通。

（1）工作原理。不同触发角时的三相桥式整流电路工作波形如图 2 - 21 所示。

当 $\alpha = 0$ 时，电路的工作情况与不可控整流电路的类似，输出整流电压的波形、晶闸管承受的电压波形等都一样。区别在于，由于电感的存在，同样的整流输出电压加到负载上，得到的负载电流 i_d 的波形不同。由于电感的作用，使得负载电流波形变得平直，当电感足够大时，负载电流的波形可近似为一条水平线。

当 $\alpha > \pi/3$ 时，由于负载电感感应电动势的作用，u_d 波形会出现负的部分。可以看出，当 $\alpha = \pi/2$ 时，u_d 的波形正负对称，平均值为零。因此，对于采用电感滤波的三相桥式全控整流电路，α 的移相范围是 $0 \sim \pi/2$。

从上述分析可以总结出三相桥式全控整流电路的工作特点：

1）任何时刻都有不同组别的两只晶闸管同时导通，构成电流通路。因此，为保证电路启动或电流断续后能正常导通，必须对不同组别应导通的一对晶闸管同时加触发脉冲，所以触发脉冲的宽度应大于 $\pi/3$，或用间隔为 $\pi/3$ 的双窄脉冲代替一个大于 $\pi/3$ 的宽脉冲。采用宽脉冲触发时要求触发功率大，易使脉冲变压器饱

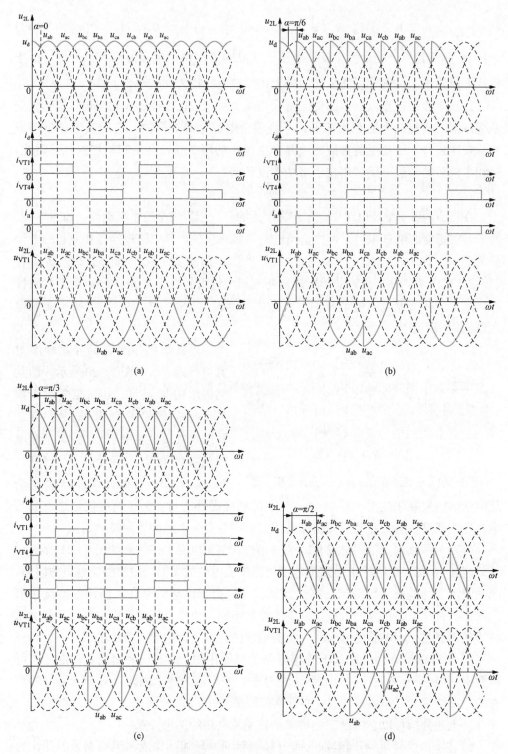

图 2-21　电感滤波的三相桥式全控整流电路工作波形

(a) $\alpha=0$；(b) $\alpha=\pi/6$；(c) $\alpha=\pi/3$；(d) $\alpha=\pi/2$

和，所以通常采用双窄脉冲。

2）每隔 $\pi/3$ 换相一次，换相过程在共阴极组和共阳极组轮流进行，但只在同一组别中换相。根据接线图中晶闸管的编号方法，每个周期内 6 个晶闸管的组合导通顺序是 VT1—VT2—VT3—VT4—VT5—VT6；共阴极组 VT1、VT3、VT5 的脉冲依次相差 $2\pi/3$，共阳极组 VT4、VT6、VT2 的脉冲也依次相差 $2\pi/3$；同一相的上下两个桥臂，即 VT1 和 VT4、VT3 和 VT6、VT5 和 VT2 的脉冲相差 π，这给分析带来了方便。

3）当 $\alpha=0$ 时，输出电压 u_d 在一个周期内的波形是六个线电压的包络线，所以输出脉动直流电压频率是电源频率的 6 倍，比三相半波电路中的高一倍，脉动减小，而且每次脉动的波形都一样，故该电路又称 6 脉波整流电路。同理，三相半波整流电路称为 3 脉波整流电路。当 $\alpha>0$ 时，u_d 的波形出现缺口，且随着 α 角的增大，缺口增大，输出电压平均值降低。

4）同三相半波可控整流相比，变压器二次侧流过正、负对称的交变电流，避免了直流磁化，提高了变压器的利用率。

（2）数值计算。具体包括以下几方面：

1）直流输出电压的平均值 U_d 和输出电流平均值 I_d。为计算方便，以线电压的过零点为时间坐标轴的零点。电流连续时，U_d 为三相半波可控整流电路的两倍，即

$$
\begin{aligned}
U_d &= \frac{1}{\pi/3} \int_{\frac{\pi}{3}+\alpha}^{\frac{2\pi}{3}+\alpha} \sqrt{3} \times \sqrt{2}U_2 \sin\omega t \, d(\omega t) \\
&= \frac{3\sqrt{6}}{\pi}U_2 \cos\alpha \approx 2.34 U_2 \cos\alpha \\
&= 1.35 U_{2L} \cos\alpha
\end{aligned}
\tag{2-43}
$$

式中：U_{2L} 为线电压的有效值。

整流输出平均电流

$$
I_d = \frac{U_d - E}{R} \tag{2-44}
$$

2）晶闸管电流的平均值 I_{dVT} 和有效值 I_{VT}。主要讨论带阻感负载的情况，当电感足够大时，晶闸管的电压、电流等的定量分析与三相半波时一致，即

$$
I_{dVT} = \frac{1}{3} I_d \tag{2-45}
$$

$$
I_{VT} = \frac{1}{\sqrt{3}} I_d \tag{2-46}
$$

3）变压器二次侧电流的有效值 I_2。带阻感负载时，变压器二次侧电流波形如图 2-21 所示，为正负半周各宽 $2\pi/3$、前沿相差 π 的矩形波，其有效值

$$
I_2 = \sqrt{\frac{2}{3}} I_d \approx 0.816 I_d \tag{2-47}
$$

与式（2-42）相比较，变压器二次侧电流的有效值相差 $\sqrt{2}$ 倍，说明变压器绕

组的利用率提高了。

2.3.3　变压器漏抗对整流电路的影响

除了换流器，高压直流输电仍然需要变压器实现电压匹配和电气隔离，并且换流变压器也是高压直流输电中的核心设备之一。为了限制短路电流，通常换流变压器具有很大的漏抗，而漏抗对 AC-DC 变换电路的波形会产生一定影响，在其运行中必须予以考虑。

前面介绍的各种整流电路都是在理想状态下工作的，即假设：①变压器为理想变压器，即变压器的漏抗、绕组电阻和励磁电流都可以忽略；②晶闸管元件是理想的。在此基础上，电路的换相是瞬时完成的，但实际的交流供电电源总存在电源阻抗（主要考虑电感），如变压器存在漏抗。在分析中可以将电源内感抗和变压器漏感抗相加，用一个集中的电感 L_B 表示，并将其折算到变压器二次侧，下面的分析以变压器漏抗代表。由于电感对电流的变化起阻碍作用，电感电流不能突变，因此晶闸管换相过程不能瞬时完成，而要经过一段时间。

1. 换相期间的波形分析

变压器漏抗对整流电路的换流过程会产生影响，因此主要分析整流电路中两个相邻相元件的换流过程。下面以三相半波整流电路为例进行分析，其分析方法和所得结论对 m 脉波整流电路具有普遍性。

图 2-22（a）所示为考虑变压器漏感 L_B 影响的三相半波可控整流电路，其中 T 为理想变压器，L_B 为等效漏感。假设负载中的电感很大，负载电流连续而平直，其值为 I_d。该电路在交流电源的一个周期内有 3 次晶闸管换相过程，因为每一次换相情况都一样，这里只分析从 VT1 换相至 VT2 的过程。

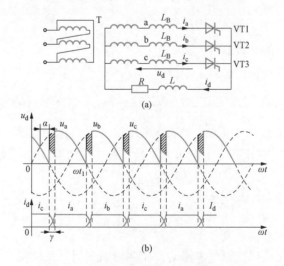

图 2-22　考虑变压器漏感 L_B 影响的三相半波
可控整流电路及工作波形
（a）电路图；（b）工作波形

在 ωt_1 时刻之前 VT1 导通，当在 ωt_1 时刻触发 VT2，由于电抗 X_B 阻止电流变化，从 a 相转换到 b 相时，a 相电流从 I_d 逐渐减小到 0，而 b 相电流则从 0 增大到 I_d，该过程称为换相过程。换相过程所对应的时间以相角计算，称为换相重叠角 γ。在换相过程中，晶闸管 VT1 和 VT2 同时导通，相当于相间短路，两相之间的电位差瞬时值 u_{ba} 必定大于零，它是完成两相换流的动力，称为换相电压。

在换相期间，a 相与 b 相同时流过电流，a 相电流 i_a 逐渐减小，而 b 相电流 i_b 逐渐增大。当 i_b 增大到 I_d、i_a 减小到 0 时，a 相晶闸管阻断，之后 VT1 继续承受反压 u_{ba}，使其恢复反向阻断能力。

在换相过程中，有

$$u_a = u_d + L_B \frac{di_a}{dt} \qquad (2 - 48)$$

$$u_b = u_d + L_B \frac{di_b}{dt} \qquad (2 - 49)$$

$$I_d = i_a + i_b \qquad (2 - 50)$$

将式（2 - 48）与式（2 - 49）相加，可得

$$u_a + u_b = 2u_d + L_B \frac{d(i_a + i_b)}{dt}$$

$$= 2u_d + L_B \frac{dI_d}{dt} = 2u_d$$

因此

$$u_d = \frac{u_a + u_b}{2} \qquad (2 - 51)$$

式（2 - 51）表明，在换相过程中，输出电压为两个换相晶闸管所对应相电压的平均值，由此可作出换相过程中电压的波形，如图 2 - 22（b）所示。这一结论也适用于其他整流电路。

2. 换相压降与换相重叠角的计算

（1）换相压降的计算。与换相瞬时完成（$L_B = 0$）相比，直流电压波形少了一块阴影面积，使输出电压平均值 U_d 降低，这块面积的平均值称为换相压降 ΔU_d。若取自然换相点为时间坐标轴的原点，则换相压降可按如下过程计算。

$$\Delta U_d = \frac{1}{2\pi/m} \int_\alpha^{\alpha+\gamma} (u_b - u_d) d(\omega t) = \frac{m}{2\pi} \int_\alpha^{\alpha+\gamma} \frac{u_b - u_a}{2} d(\omega t)$$

$$= \frac{m}{2\pi} \int_\alpha^{\alpha+\gamma} \frac{\omega L_B d(i_b - i_a)}{2d(\omega t)} d(\omega t) = \frac{m}{2\pi} \int_\alpha^{\alpha+\gamma} \omega L_B \frac{di_b}{d(\omega t)} d(\omega t) \qquad (2 - 52)$$

$$= \frac{m}{2\pi} \int_0^{I_d} \omega L_B di_b = \frac{m}{2\pi} \omega L_B I_d = \frac{m}{2\pi} X_B I_d$$

$$X_B = \omega L_B$$

式中：X_B 为变压器每相折算到二次侧的漏电抗。

这里需要说明的是，对于单相全控桥，两个换相电压可理解为相电压及其反相电压，但对于换相压降的计算，上述通式是不成立的。因为单相全控桥虽然每

周期换相 2 次（$m=2$），但换相过程中变压器漏感上的电流是从 $-I_d$ 变化到 I_d，所以积分下限不是 0，而是 $-I_d$。相应地，式（2-50）中的 I_d 应该代入 $2I_d$，故对于单相全控桥有

$$\Delta U_d = \frac{2X_B}{\pi}I_d \qquad (2\text{-}53)$$

这样整流输出电压平均值 U_d 可以表示为

$$U_d = U_{d0}\cos\alpha - \frac{mX_B}{2\pi}I_d = U_{d0}\cos\alpha - R_B I_d \qquad (2\text{-}54)$$

式中：U_{d0} 为 $\alpha=0$、$\gamma=0$ 时的输出平均电压；R_B 为忽略整流回路中其他一切电阻时，产生换相压降的等效电阻。

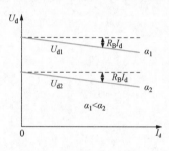

图 2-23　整流电路的输出特性

从上面的分析可知，换相压降正比于负载电流 I_d，这相当于整流电源内增加了一个内阻 R_B。但应注意的是，等效内阻 R_B 区别于欧姆电阻的是它并不消耗有功功率。在相同的控制角 α 下，由于换相重叠的影响，U_d 值下降，其整流电路的输出特性如图 2-23 所示。

（2）换相重叠角的计算。以自然换相点作为时间坐标轴的原点，仍然以 m 脉波输出的普遍形式来表示，设

$$u_a = U_m\cos\left(\omega t + \frac{\pi}{m}\right)$$

$$u_b = U_m\cos\left(\omega t - \frac{\pi}{m}\right)$$

式中：U_m 为 m 脉波整流电路输出电压 u_d 的峰值。

因此

$$u_b - u_a = 2U_m\sin\frac{\pi}{m}\sin\omega t \qquad (2\text{-}55)$$

由式（2-48）和式（2-49）可得

$$u_b - u_a = 2\omega L_B\frac{di_b}{d(\omega t)} \qquad (2\text{-}56)$$

由式（2-55）和式（2-56）可得

$$di_b = \frac{1}{\omega L_B}U_m\sin\frac{\pi}{m}\sin\omega t\, d(\omega t) = \frac{1}{X_B}U_m\sin\frac{\pi}{m}\sin\omega t\, d(\omega t) \qquad (2\text{-}57)$$

当 $\omega t = \alpha$ 时，除单相桥式电路外，变压器 b 相漏感上的电流 $i_b = 0$；当 $\omega t = \alpha + \gamma$ 时，换流结束，$i_b = I_d$。对式（2-57）两边积分，可得

$$I_d = \int_0^{I_d} di_b = \frac{U_m\sin(\pi/m)}{X_B}\int_\alpha^{\alpha+\gamma}\sin\omega t\, d(\omega t) = \frac{U_m\sin(\pi/m)}{X_B}\big[\cos\alpha - \cos(\alpha+\gamma)\big]$$

于是得

$$\cos\alpha - \cos(\alpha+\gamma) = \frac{X_B I_d}{U_m\sin(\pi/m)} \qquad (2\text{-}58)$$

式（2-58）是一个普遍的公式，可根据实际的整流电路代入不同的 m 和 U_m 的值，进而得到相应的计算公式。例如，对于三相半波整流电路，取 $m=3$、$U_m=\sqrt{2}U_2$ 并将其代入式（2-58），可得

$$\cos\alpha-\cos(\alpha+\gamma)=\frac{2X_BI_d}{\sqrt{6}U_2} \qquad (2-59)$$

对于三相桥式整流电路，取 $m=6$、$U_m=\sqrt{6}U_2$ 并将其代入式（2-58），可得

$$\cos\alpha-\cos(\alpha+\gamma)=\frac{2X_BI_d}{\sqrt{6}U_2} \qquad (2-60)$$

相应地，对于单相全控桥，在换流期间变压器漏感上的电流是从 $-I_d$ 到 I_d 变化，则其换流方程为

$$\cos\alpha-\cos(\alpha+\gamma)=\frac{2X_BI_d}{\sqrt{2}U_2} \qquad (2-61)$$

变压器的漏感与交流进线电抗器的作用一样，都能够限制其短路电流，并且使电流的变化较缓和，这对限制晶闸管电流上升率 di/dt 和电压上升率 du/dt 是有利的。但是，由于在换相期间两相的重叠导通相当于两相间短路，如果整流装置的容量在电网中举足轻重，则会在每一个晶闸管的换流瞬间，使相电压的波形出现一个很深的缺口，造成电网波形畸变，使整流装置成为一个干扰源，这对电网质量和整流控制电路的可靠性均会产生危害；该缺口还会加剧正向阻断元件端压的突跳，危害晶闸管，因而情况严重时须加滤波装置。另外，变压器的漏感会使整流装置的功率因数变坏，输出电压降低，所以对变压器的漏感要加以限制。

2.4　相控 AC‑DC 变换电路的有源逆变工作状态

高压直流输电的受端换流器工作在逆变状态，将接收的直流功率传递给交流用户。受端换流器仍然采用与送端换流器相同的相控 AC‑DC 变换电路，但需满足一定的条件才能工作于有源逆变工作状态，实现功率从直流侧到交流侧的传输。

在 2.3 中，AC‑DC 变换电路的移相范围在 $0\sim\pi/2$，直流侧输电电压和电流均为正，功率由交流侧传递到直流侧，因此工作在整流状态。AC‑DC 变换电路也可以工作在逆变状态，即将功率由直流侧传递到交流侧，由于交流侧为电网而不是具体的用电负载，因此将其称为"有源逆变"；而将在第 3 章中介绍的 DC‑AC 变换电路可以直接给无源交流负载供电，因此将其称为"无源逆变"。本节只讨论 AC‑DC 变换电路的有源逆变工作原理。有源逆变电路可用于直流可逆调速、交流异步机串级调速、高压直流输电等领域。

微课讲解
有源逆变电路

2.4.1　有源逆变产生的条件

既能以整流器方式工作又能以逆变器方式工作的装置称为换流器。若换流器工作于整流状态时，能量由交流侧向直流侧传递；若换流器工作于逆变状态时，能量由直流侧向交流侧传递。实现两个电源间能量相互转换的外部和内部条件就

是有源逆变产生的条件。

对于可控整流电路而言，只要满足一定的条件，就可以工作在有源逆变状态。此时，电路形式并没有发生变化，只有电路工作条件改变，因此可以将有源逆变电路作为整流电路的一种工作状态进行分析。下面首先从直流发电机-电动机系统入手，研究两者之间的电能流动关系，再转入换流器中分析交流电和直流电之间电能的流转，以得到实现有源逆变的条件。

在如图 2-24 所示的直流发电机-电动机系统中，M 为电动机，G 为发电机。在图 2-24（a）中，两电源同极性相连，电流从高电势电源的正极流向低电势电源的正极。当回路总电阻 R_Σ 很小时，即使很小的电势差也能产生很大的电流 I_d，在两电源间发生足够大能量的交换，$I_d = (E_G - E_M)/R_\Sigma$；图 2-24（b）所示为回馈制动状态，M 作为发电机运转，此时 $E_M > E_G$，电流反向，$I_d = (E_M - E_G)/R_\Sigma$；在图 2-24（c）中，两电源顺向串联，向电阻 R_Σ 供电，两电源都输出功率，但由于 R_Σ 一般很小，实际上会形成短路而损坏设备，在工作中必须严防这类事故的发生。

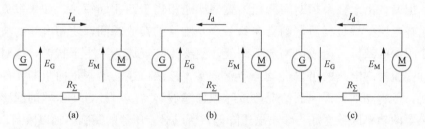

图 2-24　直流发电机-电动机之间电能的流转

（a）两电源同极性相连，$E_G > E_M$；（b）两电源同极性相连，$E_M > E_G$；（c）两电源反极性相连，形成短路

如果将 E_G 看作整流电路的输出电压 U_d，将 E_M 看作蓄电池或处于发电运行状态的直流电动机的电势，则 $E_G(U_d) > E_M$ 相当于整流状态，$E_M > E_G(U_d)$ 相当于逆变状态。但晶闸管具有单向导电性，电流方向不能改变，欲改变能量传送方向，只能改变 E_M 的极性。为防止两电源反极性连接而形成电源间短路故障，U_d 的极性也必须同时反向，即将 U_d、E_M 均反向后再串接，且满足 $U_d < E_M$，则电流方向不变，但电能反送，回路电流为 $I_d = (E_M - U_d)/R_\Sigma$。

从上述分析，可归纳出有源逆变产生的条件：

（1）外部条件。直流侧应有能提供逆变能量的直流电动势，极性与晶闸管导通方向一致，其值大于换流器直流侧的平均电压。

（2）内部条件。换流器直流侧输出直流平均电压必须为负值，即 $\alpha > \pi/2$，$U_d < 0$。

以上两条件必须同时满足，才能实现有源逆变。

可以看出，对于同一换流装置，当 $\alpha < \pi/2$ 时，工作于整流状态；当 $\alpha > \pi/2$，同时存在适当的外接直流电源时，则工作于逆变状态。但必须指出的是，有源逆变电路原则上只有全控型换流器才能实现，而半控型和带有续流二极管的电路是不可能进行逆变的，这是因为其整流电压输出值不能出现负值，也不允许直流侧出现负极性的电动势。

逆变工况是整流工况的延伸，其工作原理、参数计算、分析方法等都与整流电路的基本相同，只是触发角拓展到 $\pi/2 \sim \pi$，输出电压波形也随之进入负半周。因此，这里不再逐一介绍不同结构电路的有源逆变工作原理，而只以三相桥式逆变电路为例进行分析。

2.4.2　三相桥式有源逆变电路

因逆变电路工作在 $\alpha > \pi/2$ 的范围，为方便起见常用逆变角 β（也称超前角）表示，β 以 $\omega t = \pi$ 为起点，向左方计量，它与 α 的关系是 $\alpha + \beta = \pi$。这样在逆变工作状态下，逆变角为 $0 < \beta \leqslant \pi/2$。图 2 - 25 所示为三相桥式有源逆变电路及不计重叠角 γ 的条件下，$\beta = \pi/3$、$\beta = \pi/4$、$\beta = \pi/6$ 时的负载电压 u_d 波形。三相桥式整流电路工作于有源逆变状态时的工作原理与在整流状态时类似，晶闸管成对导通，每管导通 $2\pi/3$，每隔 $\pi/3$ 换相一次；输出电压的平均值为负，相对于整流状态而言极性相反，平均功率由直流侧反送到交流侧。

三相桥式换流器工作于整流状态时，器件在阻断区间绝大部分承受反压；而在逆变状态时，器件在阻断区间绝大部分承受正压，只有在 β 区间承受反压，这段时间的长短对逆变器的正常、安全运行至关重要。

关于有源逆变状态下各电量的计算，可归纳如下：

假设直流侧电感足够大，直流电流连续且平直，则输出直流电压的平均值

$$U_d = \frac{3\sqrt{6}}{\pi} U_2 \cos\alpha \approx 2.34 U_2 \cos\alpha = -2.34 U_2 \cos\beta = -1.35 U_{2L} \cos\beta \quad (2 - 62)$$

输出直流电流平均值

$$I_d = \frac{U_d - E}{R} \quad (2 - 63)$$

式中：U_2 为相电压的有效值；U_{2L} 为线电压的有效值；R 为回路总电阻。

在逆变状态时，E_M 和 U_d 的值和整流状态时的相反，均为负值。若考虑理想情况，电感足够大，电流无脉动，则有

$$I = I_d \quad (2 - 64)$$

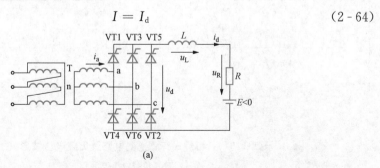

(a)

图 2 - 25　三相桥式有源逆变电路及负载电压波形（一）

(a) 电路图

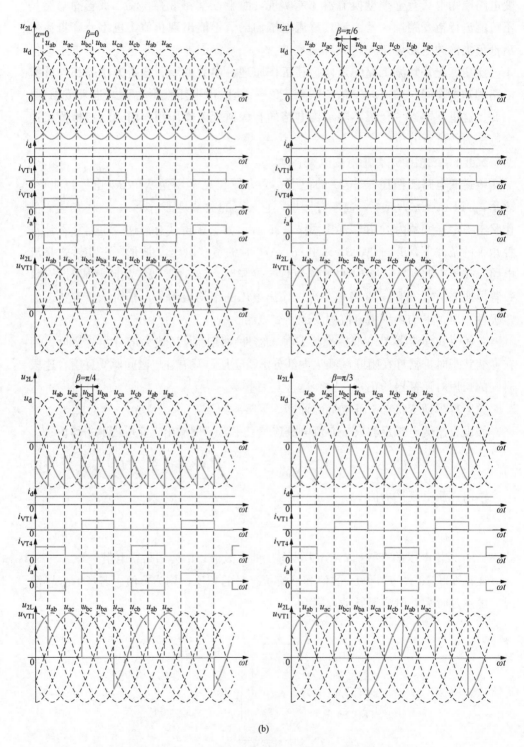

(b)

图 2-25　三相桥式有源逆变电路及负载电压波形（二）

（b）负载电压波形

晶闸管电流有效值

$$I_{\mathrm{VT}} = \frac{I_{\mathrm{d}}}{\sqrt{3}} \tag{2-65}$$

变压器二次电流有效值

$$I_2 = \sqrt{2} I_{\mathrm{VT}} = \sqrt{\frac{2}{3}} I_{\mathrm{d}} = 0.816 I_{\mathrm{d}} \tag{2-66}$$

交流电源送到直流侧的有功功率

$$P_{\mathrm{d}} = U_{\mathrm{d}} I_{\mathrm{d}} = R I_{\mathrm{d}}^2 + E I_{\mathrm{d}} \tag{2-67}$$

2.4.3　逆变失败

换流器工作于整流状态时，若因触发脉冲丢失、突发电源缺相或断相，其后果只影响输出电压数值，对换流器无严重威胁；但当换流器工作于逆变状态时，一旦由于上述原因换相失败，将使输出电压 U_{d} 进入正半周，与 E 顺向连接，由于回路电阻很小，会造成很大的短路电流，这种情况称为逆变失败或逆变颠覆。

1. 逆变失败的主要原因

造成逆变失败的原因有很多，主要有以下几种情况：

（1）触发电路工作不可靠，不能适时、准确地给各晶闸管分配脉冲，如脉冲丢失、脉冲延迟等，致使晶闸管不能正常换相，使交流电源电压与直流电动势顺向串联，形成短路。

（2）晶闸管发生故障，在应该阻断期间元件失去阻断能力，或者在应该导通期间元件不能导通，造成逆变失败。

（3）换相的裕量角不足，引起换相失败。这时应考虑变压器漏抗引起重叠角对逆变电路的换相影响，图 2-26 以三相半波电路为例给出了交流侧电抗对逆变电路换相过程的影响。以 VT1 和 VT3 的换相过程为例进行分析，当逆变电路工作在 $\beta > \gamma$ 时，经过换相过程后，a 相电压仍高于 c 相电压，所以换相结束后能使 VT3 承受反压而关断；如果换相的裕量角不足，即 $\beta < \gamma$ 时，从图 2-26 可以清楚地看到，电路的工作状态到达 P 点时，换相过程尚未结束，在此之后 c 相电压将高于 a 相电压，晶闸管 VT1 重新承受反向电压而重新关断，而使应该关断的 VT3 继续导通，且 c 相电压随着时间的推迟越来越高，电动势顺向串联而使逆变失败。

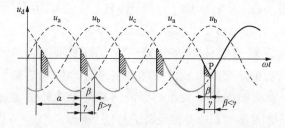

图 2-26　交流侧电抗对逆变电路换相过程的影响

（4）交流电源发生异常现象。在逆变运行时，可能出现交流电源突然断电、缺相或电压过低等现象；由于直流电动势的存在，晶闸管仍可触发导通，使换流器侧出现逆变电压为 0 或者太低的现象，不能与直流电动势匹配，形成晶闸管电路被短接。

由此可见，为了保证逆变电路的正常工作，必须选用可靠的触发器，正确选择晶闸管的参数，并且采取必要的措施，减小电路中 $\mathrm{d}u/\mathrm{d}t$ 和 $\mathrm{d}i/\mathrm{d}t$ 的影响，以免发生误导通。为了防止意外事故，与整流电路一样，电路中一般应装设快速熔断器或快速开关，以提供保护；另外，为了防止发生逆变失败，逆变角 β 有一最小限值。

2. 最小逆变角 β 确定的方法

最小逆变角 β 的大小要考虑以下因素：

（1）换相重叠角 γ。该值随着电路形式、工作电流大小的不同而不同。可根据式（2-58）计算，即

$$\cos\alpha - \cos(\alpha + \gamma) = \frac{2X_\mathrm{B}I_\mathrm{d}}{\sqrt{2}U_2 \sin(\pi/m)}$$

根据逆变工作时 $\alpha + \beta = \pi$，并设 $\beta = \gamma$，则可改写为

$$\cos\gamma = 1 - \frac{I_\mathrm{d}X_\mathrm{B}}{\sqrt{2}U_2 \sin(\pi/m)} \tag{2-68}$$

（2）晶闸管关断时间 t_off 所对应的关断角 δ。t_off 可长达 $200\sim300\mu\mathrm{s}$，折算到关断角为 $4°\sim5°$。

（3）安全裕量角 θ'。考虑到脉冲调整时不对称、电网波动、畸变与温度等的影响，还必须留一个安全裕量角，一般取 θ' 为 $10°$ 左右。

综上所述，最小逆变角

$$\beta_\mathrm{min} = \delta + \gamma + \theta' \approx 30° \sim 35° \tag{2-69}$$

为了可靠防止 β 进入 β_min 区间，在要求较高的场合，可在触发电路中加一套保护线路，使 β 在减小时不能进入 β_min 区间；或在 β_min 处设置产生附加安全脉冲的装置，万一工作脉冲移入 β_min 区间，则安全脉冲保证在 β_min 处触发晶闸管，防止逆变失败。

2.5　相控 AC-DC 变换电路的谐波与功率因数

高压直流输电线路的直流侧在传输有功功率的同时，交流侧可能会消耗 $40\%\sim60\%$ 的无功功率，交流电流波形的畸变还会产生大量谐波。为了避免对交流系统产生影响，换流站配备了大量的谐波抑制与无功补偿装置，而谐波与无功功率的分析计算是滤波器与无功补偿设备设计的基础。

从前面的分析可以看出，与电力电子装置有关的输出波形几乎都是非正弦波形。整流输出至负载的电压是脉动的直流电压，电流波形也并非平直的，脉动幅度与负载性质相关。整流器件的开关过程会使交流电源的电流波形产生畸变。这

些畸变的波形可用谐波和功率因数进行分析，下面首先介绍谐波和功率因数的相关概念。

2.5.1　谐波和功率因数分析的基础

1. 谐波

以工频为周期的非正弦波可以用傅里叶级数分解为一系列不同频率的正弦波，其中频率为工频（50Hz）的正弦分量称为基波，其他频率为基波整数倍的分量称为谐波。谐波次数为谐波频率和基波频率的整数比。这种傅里叶级数的分析方法对于非正弦电压和非正弦电流均适用。下面以电压为例，分析其基本关系。

以 $2\pi/\omega$ 为周期的非正弦电压，一般满足狄利克雷边界条件（Dirichlet boundary condition），可表示为傅里叶级数形式，即

$$u(\omega t) = a_0 + \sum_{n=1}^{\infty}(a_n\cos n\omega t + b_n\sin n\omega t) \qquad (2\text{-}70)$$

式中

$$\begin{cases} a_0 = \dfrac{1}{2\pi}\displaystyle\int_0^{2\pi}u(\omega t)\mathrm{d}(\omega t) \\[2mm] a_n = \dfrac{1}{\pi}\displaystyle\int_0^{2\pi}u(\omega t)\cos(n\omega t)\mathrm{d}(\omega t) \qquad n=1,2,3,\cdots \\[2mm] b_n = \dfrac{1}{\pi}\displaystyle\int_0^{2\pi}u(\omega t)\sin(n\omega t)\mathrm{d}(\omega t) \end{cases}$$

或

$$u(\omega t) = a_0 + \sum_{n=1}^{\infty}c_n\sin(n\omega t + \varphi_n) \qquad (2\text{-}71)$$

其中各量的关系为

$$\begin{cases} c_n = \sqrt{a_n^2 + b_n^2} \\[2mm] \varphi_n = \arctan\left(\dfrac{a_n}{b_n}\right) \\[2mm] a_n = c_n\sin\varphi_n \\[2mm] b_n = c_n\cos\varphi_n \end{cases}$$

以上各式对于非正弦电流的情况也完全适用，把 $u(\omega t)$ 转换成 $i(\omega t)$ 就可以了。

n 次谐波电流分量的含量，以该次谐波电流的有效值 I_n 与基波电流有效值 I_1 的百分比表示，称为 n 次谐波含有率，以 HRI_n 表示，即

$$HRI_n = \frac{I_n}{I_1}\times100\% \qquad (2\text{-}72)$$

畸变波形因谐波偏离正弦波形的程度，以电流总谐波畸变率 THD_i 表示，即

$$THD_i = \frac{\sqrt{\sum_{n=2}^{M}I_n^2}}{I_1}\times100\% \qquad (2\text{-}73)$$

把电流量改为电压量，便可计算出 n 次谐波电压含有率 HRU_n 和电压总谐波畸变率 THD_u。国家有关标准对非线性用户的相关谐波进行了规定，使用换流设备的用户应该将谐波含有率和总谐波畸变率限制在国家标准允许的范围之内。

2. 功率因数

在正弦电路中，电路的有功功率就是其平均功率，即

$$P = \frac{1}{2\pi} \int_0^{2\pi} ui\, \mathrm{d}(\omega t) = UI\cos\varphi \tag{2-74}$$

式中：U、I 分别为电流和电压的有效值；φ 为电流落后于电压的相位角。

视在功率

$$S = UI \tag{2-75}$$

功率因数 λ 定义为有功功率和视在功率的比值，则有

$$\lambda = \cos\varphi = \frac{P}{S} \tag{2-76}$$

在非正弦电路中，主要考虑电流波形的畸变，因为在公共电网中，通常电压波形的畸变较小。有功功率、视在功率的定义均和正弦电路中相同，但设正弦波电压的有效值为 U，畸变电流的有效值为 I，基波电流的有效值为 I_1，I_1 与 U 的相位角为 φ_1，由此可推导出

$$P = UI_1\cos\varphi_1 \tag{2-77}$$

按传统定义的功率因数

$$\lambda = \frac{P}{S} = \frac{UI_1\cos\varphi_1}{UI} = \frac{I_1}{I}\cos\varphi_1 = \nu\cos\varphi_1 \tag{2-78}$$

定义 $\cos\varphi_1$ 为位移功率因数或基波功率因数，比例因子 $\nu = I_1/I$，其中 ν 被称为基波因数或畸变因数。因此，在非正弦电路中，功率因数和畸变因数、位移因数有关。

2.5.2 谐波和功率因数对电网的影响

1. 谐波对电网的影响

晶闸管相控整流装置实际上是一个谐波源，随着它的大量使用，装置容量日益增大，导致电网波形的畸变程度越来越严重，并且影响与之并联的用电设备。高次谐波流入电网和其他负载中会对电网产生一系列的影响和危害，主要包括：

（1）使供电电源电压和电流波形畸变。供电电源电压和电流波形不但影响电网的其他用户，也会祸及电力电子装置本身。例如，同步电压畸变将使触发角 α 不稳定，从而导致整流波形不规则。

（2）增大负载和线路的电流，占用电源的容量，使电网中的元件产生附加损耗，功率因数下降，效率降低。

（3）谐波对电动机不产生负载转矩，引起附加谐波损耗与发热，缩短设备使用寿命。

（4）对邻近的通信系统产生干扰。由于开关过程的快速性等因素，在高电压大电流下，在一定范围内将产生电磁干扰，影响通信设备的正常工作。

（5）使并联在电源上用于补偿功率因数的电容器过热。因为电容器对高频信号的阻抗低，很容易通过大量的谐波电流，造成高次谐波电流放大，严重的谐波过载会损坏电容器。

（6）可能产生谐波谐振过电压而使谐波放大，引起电缆击穿事故。

（7）谐波的负序特性容易使继电保护和自动装置等敏感元件误动作。

（8）使测量仪表的精度降低。

（9）大量的 3 次谐波和 3 的倍数次谐波流过中性线，会使线路中线过载。

2. 功率因数对电网的影响

由式（2 - 78）可知，晶闸管相控整流电路功率因数低的原因有两个：一是波形畸变，电流波形中的高次谐波电流都是无功电流；二是位移因数使电压与基波电流的相位差变大。

（1）整流装置在给负载提供有功功率的同时，要消耗无功功率，会对电网带来不利影响，主要包括：

1）导致视在功率增加，从而增加了电源的容量。

2）使总电流增加，从而使线路的损耗增加。

3）冲击性无功负载会使电网电压剧烈波动。

（2）提高功率因数的途径主要有：

1）选择合适的输入电压，在满足控制和调节范围的同时尽可能减小控制角 α。

2）增加整流相数，改善交流电流的波形，减少谐波成分。

3）设置补偿电容器和滤波器。

4）采用高功率因数的整流电路，如 PWM 整流电路。

值得说明的是，考虑换相重叠角 γ 后的谐波电流波形不再是矩形，比 $\gamma=0°$ 时的谐波电流值要小。

2.5.3 相控电路交流侧电流谐波与功率因数分析

对于理想的 m 脉波整流器，假定直流电感足够大，负载电流连续，波形平直，变压器二次侧电流波形近似为理想的矩形波。下面分别以单相桥式全控整流电路和三相桥式全控整流电路为例进行分析。

1. 单相桥式全控整流电路

单相桥式全控整流电路变压器二次侧电流波形如图 2 - 16 所示，对其进行傅里叶级数分解，可得

$$i_2 = \frac{4}{\pi} I_d \left(\sin\omega t + \frac{1}{3} \sin3\omega t + \frac{1}{5} \sin5\omega t + \cdots \right) \quad (2 - 79)$$

基波电流有效值

$$I_1 = \frac{2\sqrt{2}}{\pi} I_d \quad (2 - 80)$$

n 次谐波电流有效值

$$I_n = \frac{2\sqrt{2}}{n\pi}I_d \qquad (2\text{-}81)$$

可见，单相桥式全控整流电路的交流电流中仅含奇次谐波，即谐波次数为 $2k\pm1$（$k=1,2,3,\cdots$）；各次谐波幅值与谐波次数成反比，即谐波次数越高，谐波电流有效值越小。

基波因数

$$\nu = \frac{I_1}{I} = \frac{I_1}{I_d} = \frac{2\sqrt{2}}{\pi} \approx 0.9$$

由图 2-16 可以看出，电流基波与电压的相位差就等于触发角 α，故位移因数

$$\cos\varphi_1 = \cos\alpha$$

所以功率因数

$$\lambda = \nu\cos\varphi_1 = \frac{2\sqrt{2}}{\pi}\cos\alpha \approx 0.9\cos\alpha \qquad (2\text{-}82)$$

2. 三相桥式全控整流电路

三相桥式全控整流电路变压器二次侧 a 相电流波形如图 2-19 所示，对其进行傅里叶级数分解，可得

$$i_a = \frac{2\sqrt{3}}{\pi}I_d\left(\sin\omega t - \frac{1}{5}\sin5\omega t - \frac{1}{7}\sin7\omega t + \frac{1}{11}\sin11\omega t + \frac{1}{13}\sin13\omega t + \cdots\right)$$
$$(2\text{-}83)$$

基波电流有效值

$$I_1 = \frac{\sqrt{6}}{\pi}I_d \qquad (2\text{-}84)$$

n 次谐波电流有效值

$$I_n = \frac{\sqrt{6}}{n\pi}I_d \qquad (2\text{-}85)$$

可见，三相桥式全控整流电路的交流电流中仅含 $6k\pm1$（$k=1,2,3,\cdots$）次谐波，不含 3 的倍数次谐波，也不含偶次谐波；各次谐波幅值与谐波次数成反比，即谐波次数越高，谐波电流有效值越小。

总电流有效值

$$I = \sqrt{\frac{2}{3}}I_d$$

基波因数

$$\nu = \frac{I_1}{I} = \frac{3}{\pi} = 0.955$$

因为基波电流与电压的相位角就等于触发延迟角 α，所以位移因数

$$\cos\varphi_1 = \cos\alpha$$

功率因数

$$\lambda = \frac{I_1}{I}\cos\varphi_1 = \frac{3}{\pi}\cos\alpha = 0.955\cos\alpha \tag{2-86}$$

2.5.4 相控电路直流侧谐波分析

1. 输出电压的谐波分析

整流电路的输出电压是周期性脉动的直流电压，包含高次谐波，谐波对负载的工作带来不利影响。本节仅讨论 $\alpha=0$、换相角为零的情况。图 2 - 27 给出了 m 脉波整流电路的输出电压波形（以 $m=3$ 为例），将纵坐标选在整流电压的峰值处，则输出电压平均值

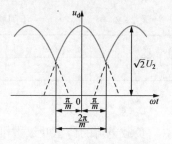

图 2 - 27　$\alpha=0°$时，m 脉波整流电路的输出电压波形

$$U_{\mathrm d} = \frac{1}{2\pi/m}\int_{-\frac{\pi}{m}}^{\frac{\pi}{m}}\sqrt{2}U_2\cos\omega t\,\mathrm d(\omega t) = \frac{m\sqrt{2}U_2}{\pi}\sin\frac{\pi}{m} \tag{2-87}$$

输出电压的有效值

$$U = \sqrt{\frac{m}{2\pi}\int_{-\frac{\pi}{m}}^{\frac{\pi}{m}}(\sqrt{2}U_2\cos\omega t)^2\,\mathrm d(\omega t)} = U_2\sqrt{1+\frac{\sin(2\pi/m)}{2\pi/m}} \tag{2-88}$$

$u_{\mathrm d}$ 为偶函数，不含正弦项，展开成傅里叶级数则为

$$
\begin{aligned}
u_{\mathrm d} &= U_{\mathrm d} + \sum_{n=mk}^{\infty}b_n\cos(nm\omega t)\\
&= \frac{\sqrt{2}mU_2}{\pi}\sin\frac{\pi}{m} + \sum_{n=mk}^{\infty}\frac{\sqrt{2}mU_2}{\pi}\sin\frac{\pi}{m}\left(\frac{2}{n^2m^2-1}\right)(-\cos n\pi)\cos(nm\omega t)
\end{aligned}
\tag{2-89}
$$

从以上计算可看出：

（1）输出电压中的直流分量即为输出电压平均值，是式（2 - 89）中的常数项，即

$$U_{\mathrm{d0}} = \frac{\sqrt{2}mU_2}{\pi}\sin\frac{\pi}{m}$$

（2）谐波频率为电压脉动数的整数倍，即 $h=nm$，其中 n 为正整数。当 $n=1$ 时，最低次谐波为基波的 m 倍。谐波分量的幅值相对于直流分量的幅值为 $2/(n^2m^2-1)$，增加整流电源的相数，可以减小谐波分量。

为评价整流输出电压 $u_{\mathrm d}$ 波形的脉动大小，可用电压纹波因数 $\gamma_{\mathrm u}$ 来衡量。$\gamma_{\mathrm u}$ 定义为 $u_{\mathrm d}$ 的谐波分量有效值 $U_{\mathrm R}$ 与 $U_{\mathrm d}$ 之比，即

$$\gamma_{\mathrm u} = \frac{U_{\mathrm R}}{U_{\mathrm d}} = \frac{\sqrt{U^2-U_{\mathrm d}^{\,2}}}{U_{\mathrm d}} = \frac{\left(\frac{1}{2}+\frac{m}{4\pi}\sin\frac{2\pi}{m}-\frac{m^2}{\pi^2}\sin^2\frac{\pi}{m}\right)^{1/2}}{\frac{m}{\pi}\sin\frac{\pi}{m}} \tag{2-90}$$

表 2 - 2 给出了不同脉波数 m 所对应的电压纹波因数值。由此可以看出，脉动次数 m 越大，$\gamma_{\mathrm u}$ 值越小，输出电压中的交流分量越小。当 $m=6$ 时，$\gamma_{\mathrm u}$ 已经相当小

了。特别需要指出的是，直流输出电压的谐波与触发延迟角 α 关系极大，当触发延迟角 α 不等于零时，直流电压会出现缺口，相应的谐波电压也会迅速增加，纹波因数值也会变大。

表 2-2　　　　　　　　　不同脉波数 m 所对应的电压纹波因数值

m	2	3	6	12	∞
γ_u	0.482	0.1827	0.0418	0.0099	0

2. 负载电流的谐波分析

负载电流的傅里叶级数可由整流输出电压的傅里叶级数求得，即

$$i_d = I_d + \sum_{n=mk}^{\infty} d_n \cos(n\omega t - \varphi_n) \tag{2-91}$$

当负载 R、L 和反电动势 E 串联时，式（2-91）中

$$I_d = \frac{U_{d0} - E}{R} \tag{2-92}$$

n 次电流谐波的幅值

$$d_n = \frac{b_n}{z_n} = \frac{b_n}{\sqrt{R^2 + (n\omega L)^2}} \tag{2-93}$$

n 次电流谐波的滞后角

$$\varphi_n = \arctan \frac{n\omega L}{R} \tag{2-94}$$

值得说明的是，考虑换相重叠角 γ 后的直流谐波电压值比 $\gamma = 0°$ 时的谐波电压值要小。

2.6　12 脉波相控 AC - DC 变换电路

为减少换流器自身产生的谐波，高压直流输电线路采用拓扑结构更为复杂的 12 脉波相控 AC - DC 变换电路，本节将分析其工作原理。

AC - DC 变换电路以交流波形为基础，交流电源相数越多，直流电压脉动越小，其中低次谐波频率越高，幅值越低，滤波越容易，对电网的谐波干扰也越小。但电力系统只提供三相交流电源，需采用变压器移相将两个以上相位彼此错开，使结构相同的基本单元电路串联或并联运行，才能构成更多脉波的 AC - DC 变换电路，此称为移相多重连接，即多重化。多重化电路易于扩展，不仅可以提高装置电压、功率等级，还可以有效减少谐波含量，在大功率领域尤其是直流输电中获得广泛应用。

根据桥数、脉波数，多重化电路也称多桥整流器、多脉波整流器。根据电路的连接形式，多重化电路可分为并联和串联多重化电路。12 脉波整流电路可由两个双反星形电路并联构成，如图 2-28（a）所示；也可采用两个三相全控桥串联构成，如图 2-28（b）所示。

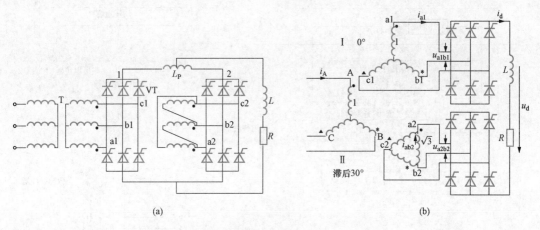

图 2 - 28　多重连接的 12 脉波 AC - DC 变换电路

（a）并联；（b）串联

　　两个全控桥并联时，采用一台三绕组变压器，二次侧一个接成 Y 形，另一个接成△形，使整流电源每相彼此错开 $\pi/6$，输出电压 u_d 每个周期脉动 12 次，最低次谐波频率为 12 倍电源频率；和双反星形电路一样，为使两组同时工作而不是交替工作，加入平衡电抗器。由于两个全控桥并联，输出平均电压等于一组三相全控桥的平均电压，每个桥承担负载电流的一半。该电路用于低电压、大电流的大容量负载。两组全控桥串联时，输出平均电压是一组桥输出电压的两倍，该电路用于高电压、小电流、供电质量要求高的大容量负载。

2.6.1　换流阀

　　多重化电路主要用于高压大功率电路，单只器件难以满足耐压要求时，则需将多只器件串联构成三相桥式换流器的一个桥臂，称为换流阀，它是多重化换流器的基本单元设备。换流阀除了具有整流和逆变功能外，还具有开关功能，可利用其快速可控性对直流输电的启动和停运进行快速操作。阀可分为汞弧阀和半导体阀，自 20 世纪 80 年代以来，半导体阀逐步取代了汞弧阀。半导体阀可分为晶闸管阀（或 SCR 阀）、低频 GTO 阀、高频 IGBT 阀三类。目前，绝大多数直流输电工程采用晶闸管阀，这里主要讨论晶闸管阀。

　　晶闸管阀是由晶闸管元件及其相应的电子电路、阻尼回路、阳极电抗器、均压元件等通过某种形式的电气连接后组装而成的换流器的桥臂。由于晶闸管电流额定值已能满足工程要求，现代高压直流输电换流阀主要由晶闸管元件串联组成。

　　图 2 - 29 所示为阀的电气连接示意图。由图可知，晶闸管级（单元）由晶闸管元件及其所需的触发、保护及监视用电子回路、阻尼回路构成；阀组件由串联连接的若干个晶闸管级和阳极电抗器串联后再与均压元件并联构成；单阀由若干个阀组件串联组成，由于单阀可构成 6 脉波换流器的一个臂，故单阀又称阀臂；二重阀由 6 脉波换流器一相中的两个垂直组装的单阀组成；四重阀由 12 脉波换流器垂直安装在一起的 4 个单阀构成。

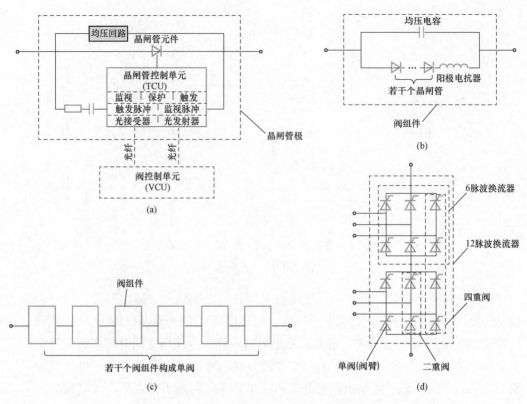

图 2-29   阀的电气连接示意图

（a）晶闸管级；（b）阀组件；（c）单阀（桥臂）；（d）12脉波换流器

晶闸管是组成晶闸管阀的关键元件，阀的电气特性通过晶闸管元件的特性来体现。目前，直流输电工程中所采用的换流器有 6 脉波和 12 脉波两种。为了简化滤波装置、减小换流站占地面积、降低换流站造价，绝大多数直流输电工程采用12 脉波换流器。由于 12 脉波换流器是由两个 6 脉波换流器串联而成，因而可用 6 脉波换流器进行原理分析。

2.6.2　12 脉波换流器的工作原理

在大功率、远距离的直流输电工程中，为了减小谐波和无功功率的影响，常把两个或两个以上换流器的直流端串联起来，组成多桥换流器。多桥换流器一般由偶数桥组成，其中每两个桥布置成一个双桥。每一个双桥中的两个桥由相位差为 π/6 的两组三相交流电源供电，可以通过接线方式分别为 YY 和 YD 的两台换流变压器得到。

如果换流器只由一对换流桥串联而成，则称这样的换流器为双桥换流器，如图 2-30 所示。它共有 12 个阀臂，正常运行时阀臂开通的顺序为 11—12—21—22—31—32—41—42—51—52—61—62，各个阀臂开通的时间间隔为交流侧周期的 1/12（即在相位上间隔 π/6）。由于整流输出电压在每个交流电源周期中脉动 12次，最低次谐波频率为 12 倍电源频率，故该换流器也称 12 脉波换流器，如图 2-

31 所示（触发角 $\alpha=0°$）。其中，u_{d1} 为Ⅰ桥直流侧电压；u_{d2} 为Ⅱ桥直流侧电压；u_d 为双桥直流侧电压。此外，采用双桥换流器时，直流电压的纹波也将显著减小。

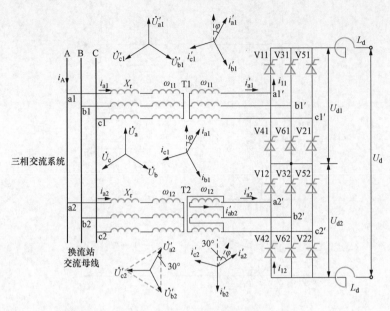

图 2-30　12 脉波换流器

三相交流系统流向变压器一次侧提供的总电流为两个桥电流之和，不考虑换相重叠角时，其波形如图 2-32 所示。其中，i'_{a1} 和 i_{a1} 分别为Ⅰ桥 a 相电流和Ⅰ桥变压器一次侧 a 相电流；i'_{a2} 和 i'_{b2} 分别为Ⅱ桥 a 相和 b 相电流；i'_{ab2} 和 i_{a2} 分别为Ⅱ桥变压器二次绕组相电流和一次绕组相电流；i_A 为三相交流系统提供的电流。

从图 2-32 可以看出，三相交流系统流向变压器一次侧的总电流波形比单桥换流器

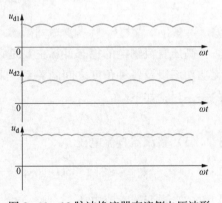

图 2-31　12 脉波换流器直流侧电压波形

的电流波形更接近于正弦波。由傅里叶分析可以得出，在双桥换流器中，其交流侧谐波次数为 $12k\pm1$ 次（k 为奇数），$6k\pm1$ 次（k 为奇数）谐波分量被有效地消除，从而使输入电网的电流谐波大为减小，也在一定的程度上提高了功率因数，这样可以显著降低滤波器的投资。

当换流器由两个以上的换流器串联组成时，更多的脉波数是可能实现的。例如，可以构成三桥 18 脉波换流器和四桥 24 脉波换流器等。但是，为了得到有适当相位差的三相交流电压，换流变压器的接法要比双桥 12 脉波换流器的变压器复杂得多。因此，目前采用 12 脉波换流器是更切实际的。

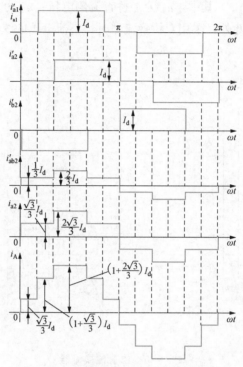

图 2 - 32　12 脉波换流器交流侧电流波形

2.6.3　基于 12 脉波换流器的高压直流输电的数值计算

高压直流输电的稳态计算主要是计算换流器交直流侧电压、电流、有功功率、无功功率以及各种角度之间的关系。采用 12 脉波换流器时，交流量和直流量之间的关系讨论如下。

1. 直流侧电压 U_d

（1）整流器直流电压

$$U_{dr} = 2\left(1.35U_{2r}\cos\alpha - \frac{3}{\pi}X_{Br}I_d\right) = 2(U_{dr0}\cos\alpha - R_{Br}I_d) \qquad (2-95)$$

（2）逆变器直流电压

$$U_{di} = 2\left(1.35U_{2i}\cos\beta + \frac{3}{\pi}X_{Bi}I_d\right) = 2(U_{di0}\cos\beta + R_{Bi}I_d) \qquad (2-96)$$

$$U_{di} = 2\left(1.35U_{2i}\cos\delta - \frac{3}{\pi}X_{Bi}I_d\right) = 2(U_{di0}\cos\delta - R_{Bi}I_d) \qquad (2-97)$$

式中：U_{2r}、U_{2i} 分别为整流器和逆变器的变压器二次侧空载线电压；α 为整流器的触发延迟角；β、δ 分别为逆变器的触发超前角和关断超前角；X_{Br}、X_{Bi} 分别为整流器和逆变器每相的换相电抗，当换流站交流母线为交流滤波器接入点时，可取换流变压器的漏抗与阀的阳极电抗之和；U_{dr0}、U_{di0} 分别为整流器和逆变器的单桥理想空载电压；R_{Br}、R_{Bi} 分别为整流器和逆变器的单桥换相压降等效电阻；R_d 为直流回路电阻（主要包括直流线路电阻、平波电抗器电阻，单极方式下包括接地极引线电阻和接地极电阻等，且对于不同的直流回路接线方式，R_d 值不同）；I_d 为直流电流平均值。

2. 直流侧电流 I_d

（1）单极方式下，直流侧电流

$$I_d = \frac{U_{dr} - U_{di}}{R_d} \tag{2-98}$$

（2）双极方式下，直流侧电流

$$I_d = \frac{2(U_{dr} - U_{di})}{R_d} \tag{2-99}$$

3. 直流功率 P_d

（1）整流站直流功率 P_{dr}：

单极方式下，整流站直流功率

$$P_{dr} = U_{dr} I_d \tag{2-100}$$

双极方式下，整流站直流功率

$$P_{dr} = 2U_{dr} I_d \tag{2-101}$$

（2）逆变站直流功率 P_{di}：

单极方式下，逆变站直流功率

$$P_{di} = U_{di} I_d \tag{2-102}$$

双极方式下，整流站直流功率

$$P_{di} = 2U_{di} I_d \tag{2-103}$$

直流线路损耗

$$\Delta P_d = P_{dr} - P_{di} = R_d I_d^2 \tag{2-104}$$

2.6.4　基于 12 脉波换流器的高压直流输电系统的谐波

任何形式的换流器在换流的同时都会产生谐波，高压直流输电系统也不例外。谐波不仅会影响电能质量，而且对电网本身以及电网中的电力设备、计量装置、保护装置、通信系统都会产生严重的干扰。因此，对谐波进行准确分析计算并合理地配置滤波装置，对于高压直流输电系统具有十分重要的意义。由于滤波器在工频下呈容性，因此滤波器除了有抑制谐波的作用外，还有功率因数补偿的作用。

目前，高压直流输电工程采用的是晶闸管相控技术，换流器在运行中要从交流系统吸收无功功率。在额定工况下，吸收的无功功率一般为所交换的有功功率的 40%～60%。如果换流站与交流系统有大量的无功功率交换，将会使损耗增加，同时换流站的交流电压将会大幅度变化。所以，在换流站中根据无功功率特性装设合适的无功补偿装置，是保证高压直流系统安全稳定运行的重要条件之一。

高压直流输电系统的平波电抗器的电抗值通常比换相电抗值要大得多，所以对于与换流器连接的交流系统来说，换流器及其直流端所连接的直流系统可以看作一个高内阻抗的谐波电流源。同理，换流器及其交流侧的全部系统的等值电抗远远小于它的外部（包括平波电抗器在内的直流系统部分）的等值电抗，所以从换流器的直流端来看，可以认为它是一个向直流系统输出的低内阻抗的谐波电压源。

为了正确估计谐波所引起的不良影响、正确设计和选择滤波装置，必须对高压直流输电系统中的谐波进行分析。在分析谐波时，通常先采用一些理想化的假设条件，这样不但可以使分析得到简化，而且对谐波中的主要成分可以得出具有一定精度的结果。这些简化假设如下：①交流电压是三相对称、平衡的正弦电压，除了基波以外，没有任何谐波分量；②换流变压器的三相结构对称，各相参数相同；③换流器的直流侧接有无限大电感的平波电抗器，直流电流是没有谐波分量的恒定电流；④在同一换流站中，各换流阀以等时间间隔的触发脉冲依次触发，且触发角保持恒定。

根据这些假设条件，可以得出有关特征谐波的结论。然后，对某些假定条件加以修正，使分析计算接近于高压直流输电系统实际的运行和控制情况。实际上，用于计算特征谐波的理想条件是不存在的，总是存在少量的非特征谐波。这里所提到的特征谐波和非特征谐波的定义为：一个脉波数为 p 的换流器，在它的直流侧将主要产生 $n=kp$ 次的电压谐波，而在它的交流侧将主要产生 $n=kp\pm1$ 次的电流谐波，其中 k 为任意的整数。这些单纯由于换流器接线方式而产生的谐波称为特征谐波，除此之外由于换流器参数和控制参数各种不对称等原因而产生的谐波称为非特征谐波。非特征谐波一般远小于特征谐波。

1. 换流站交流侧特征谐波

在上述简化假设下，交流线电流的波形如图 2-33 所示。

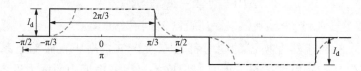

图 2-33　交流线电流的波形

在忽略换相过程影响的情况下，交流线电流波形由正、负相间的矩形波组成，波形如图 2-33 中实线所示。矩形波的宽度为 $2\pi/3$，正、负脉冲间的相位差为 π。

对于采用 YY 变压器联结的 6 脉波换流器，交流电流的傅里叶级数展开式为

$$i_{YY}=\frac{2\sqrt{3}}{\pi}I_d\left(\sin\omega t-\frac{1}{5}\sin5\omega t+\frac{1}{7}\sin7\omega t-\frac{1}{11}\sin11\omega t+\frac{1}{13}\sin13\omega t-\cdots\right)$$

$$(2-105)$$

对于采用 YD 变压器联结的 6 脉波换流器，交流电流的傅里叶级数展开式为

$$i_{YD}=\frac{2\sqrt{3}}{\pi}I_d\left(\sin\omega t+\frac{1}{5}\sin5\omega t-\frac{1}{7}\sin7\omega t-\frac{1}{11}\sin11\omega t+\frac{1}{13}\sin13\omega t+\cdots\right)$$

$$(2-106)$$

对于 12 脉波换流器，交流线电流是式（2-105）与式（2-106）的电流之和，所以总线电流

$$i = \frac{4\sqrt{3}}{\pi} I_\mathrm{d} \left(\sin\omega t - \frac{1}{11}\sin 11\omega t + \frac{1}{13}\sin 13\omega t - \frac{1}{23}\sin 23\omega t + \frac{1}{25}\sin 25\omega t + \cdots \right)$$

$$(2 - 107)$$

所以，电网侧电流只含有 $12k\pm1$ 次的谐波，5、7、17、19…次谐波将在两台变压器的电网侧绕组中环流，而不进入交流电网。这些 $12k\pm1$ 次谐波幅值随着谐波次数的增加而衰减，第 n 次谐波的幅值是基波的 $1/n$。

当考虑换相电抗的影响时，换相重叠角圆滑了线电流波形的矩形边缘，如图 2-33 中的虚线所示。由此可知，由于阀电流的波形更接近于正弦半波，谐波电流比忽略换相电抗时有所减小。

2. 换流站直流侧特征谐波

对于 6 脉波桥式换流器，u_d 是一个以 $\pi/3$ 为周期的周期性函数，即它的谐波频率为交流电压频率的 6 倍。所以，u_d 中只含有直流和 6 倍次谐波分量，即含有 $6k$ 次（k 为整数）谐波。电压谐波分量 U_n（第 n 次谐波）的衰减因子

$$\frac{U_n}{U_\mathrm{d}} = \frac{1}{\sqrt{2}} \sqrt{C^2 + D^2 - 2CD\cos(2\alpha + \gamma)} \qquad (2 - 108)$$

式中：U_d 为输出直流电压；$C = \dfrac{\cos(n+1)\gamma/2}{n+1}$；$D = \dfrac{\cos(n-1)\gamma/2}{n-1}$。

从式（2-108）可以看出，对于某次谐波，它的幅值随着 α 的增大而增大，α 运行于约 90°时，将比 α 运行于较小值时产生较高幅值的谐波。此外，换相重叠角 γ 也对谐波的幅值有一定影响。与交流侧的特征谐波电流不同，直流侧的特征谐波电压与换相重叠角 γ 和 α 都有关，即使当 $\gamma=0°$ 时，谐波的大小仍与 α 有关。

对于 12 脉波换流器，在两个桥中，6、18、30…次谐波的相位相反，而 12、24、36…谐波的相位相同。因此，由直流端产生的谐波电压主要是 $12k$ 次及其整倍次分量。

3. 非特征谐波

实际上，以上对于特征谐波的分析，都是在理想化的条件下进行的，在现实的系统中并不成立。原因有：

（1）在交流系统中，由于某些负荷或元件参数的不完全对称，往往或多或少地存在着基波的负序和零序电压分量；而且由于换流站的谐波电流流入交流系统，以及在交流系统中可能存在其他非线性元件或负荷，它们也会产生谐波电流，从而导致在系统中产生谐波电压分布。

（2）由于换流变压器结构上的原因或其他因素，其三相参数不完全相同。

（3）由于直流控制系统的控制精度或调节作用，使换流阀的触发脉冲时间间隔不完全相等。

由于上述原因，换流器交流侧的三相电流和直流侧的电压中，除了各次特征谐波分量以外，还产生其他次数的非特征谐波分量。

在采用现代等间隔触发脉冲的直流输电工程中，非特征谐波的最大来源是母

线电压不对称、变压器阻抗不对称以及变压器的励磁电流。

2.7　高压直流输电系统的仿真

本节通过高压直流输电系统的仿真算例，研究三相桥式 AC‐DC 变换电路的整流与有源逆变工作原理，分析 12 脉波换流器的谐波和无功功率特点，双极高压直流输电系统的功率计算，以及滤波器和无功补偿装置对高压直流输电交流侧性能的改善。

2.7.1　高压直流输电系统的结构和仿真参数

以双极高压直流输电系统为例，其仿真如图 2‐34 所示，主要仿真参数见表 2‐3。

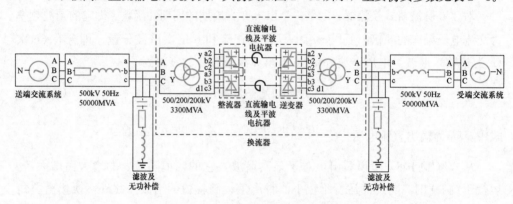

图 2‐34　双级高压直流输电系统仿真

表 2‐3　　　　　　　　　双极高压直流输电系统主要仿真参数

参数	数值
系统容量/MVA	50000
系统电压/kV	500
交流系统频率/Hz	50
整流变压器额定电压/kV	500/200
整流变压器联结组	Yyd1
直流线路电压/kV	500
直流输电线路长度/km	300
直流平波电抗器/H	0.5
滤波及无功补偿装置容量/Mvar	600

该系统各元件的基本功能如下：

（1）换流器。换流器由阀桥和带负载抽头切换器的整流变压器构成。阀桥为由高压阀构成的 6 脉波或 12 脉波整流器或逆变器。换流器的任务是完成 AC‐DC 或 DC‐AC 转换。

（2）滤波器。换流器在交流和直流两侧均产生谐波，会导致电容器和附近的电动机过热，并且会干扰通信系统。因此，在交流侧和直流侧都装有滤波装置。

（3）平波电抗器。平波电抗器的电感值很大，在直流输电中有着非常重要的作用，既可以降低直流线路中的谐波电压和电流，又可以限制直流线路短路期间的峰值电流，还可以防止逆变器换相失败和负荷电流不连续。

（4）无功补偿。稳态条件下，换流器所消耗的无功功率是传输功率的 50% 左右；在暂态情况下，无功功率的消耗更大。因此，必须在换流器附近提供无功无偿。

（5）直流输电线。直流输电线既可以是架空线，也可以是电缆。

采用 MATLAB 中的 Simulink 模块对上述高压直流输电系统进行仿真，在 0.1s 处控制直流潮流电流由 3000A 减小至 1000A。

2.7.2　整流侧性能分析

整流侧直流电压波形如图 2 - 35～图 2 - 37 所示。其中，0～0.06s 是系统的启动过程，0.06s 后系统进入稳定运行状态。图 2 - 35 所示为 Yy0 接 6 脉波整流桥输出的直流电压 u_{dr1}，图 2 - 36 所示为 Yd1 接 6 脉波整流桥输出的直流电压 u_{dr2}，两者有 $\pi/6$ 的相位差。u_{dr1} 与 u_{dr2} 的差值即为 12 脉波整流桥输出的直流电压 u_{dr}，如图 2 - 37 所示。可以看出，12 脉波输出的 u_{dr} 的数值增大且脉动的幅度小于 6 脉波输出的 u_{dr1}、u_{dr2}，性能获得了较大改善。从 u_{dr} 波形中还可以看出变压器漏感对换流过程的影响，即出现了换相重叠角，且直流侧电流越小，换相重叠角也越小。触发角 α 的波形如图 2 - 38 所示，从中可以看出启动过程中控制触发角 α 最小，系统获得最大直流电压加快启动速度，当电流降低时，触发角增大，直流电压减小。

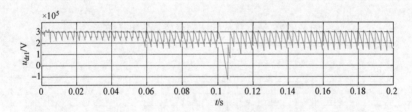

图 2 - 35　Yy0 接 6 脉波整流桥直流电压波形

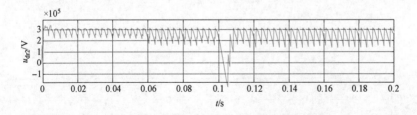

图 2 - 36　Yd1 接 6 脉波整流桥直流电压波形

2.7.3　逆变侧性能分析

整流侧直流电压波形如图 2 - 39～图 2 - 41 所示。图 2 - 39 所示为直流侧电压为 500kV 时逆变侧 Yy0 接 6 脉波逆变桥输出的直流电压 u_{di1}，图 2 - 40 所示为逆变侧 Yd1 接 6 脉波逆变桥输出的直流电压 u_{di2}，两者同样有 $\pi/6$ 的相位差，叠加即为逆变侧 12 脉波逆变桥输出的直流电压 u_{di}，如图 2-41 所示。

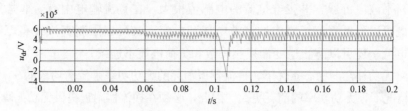

图 2-37　12 脉波整流桥直流电压波形

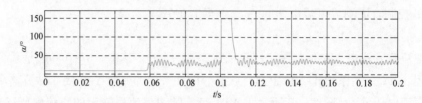

图 2-38　整流侧触发角 α

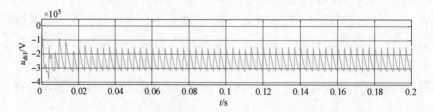

图 2-39　Yy0 接 6 脉波逆变桥直流电压波形

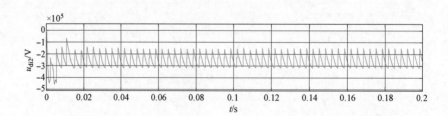

图 2-40　Yd1 接 6 脉波逆变桥直流电压波形

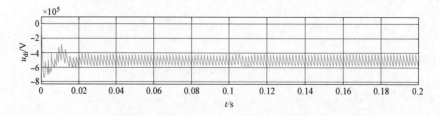

图 2-41　12 脉波逆变桥直流电压波形

2.7.4 潮流控制

高压直流输电与交流输电相比，其显著特点是可以通过对两端换流器的快速调节，控制直流输电线路输送功率的大小和方向。所以，高压直流输电系统的性能很大程度上依赖于它的控制系统。可以通过以下两方面的调节来控制输送的直流电流和直流功率：一方面，调节整流器的触发角 α 或逆变器的逆变角 β，即调节加到换流阀控制极或栅极的触发脉冲的相位，简称控制极调节；另一方面，调节换流器的交流电压，一般靠改变换流变压器的分接头来实现。

用控制相位进行调节，不但调节范围大，而且非常迅速，是高压直流输电系统的主要调节手段。调节换流变压器分接头则速度缓慢且范围有限，所以只作为控制调节的补充手段。

整流器和逆变器可分别按定 α 和定 β 运行。有时为了保证逆变器的安全运行，减小发生换相失败的概率，要求逆变器的关断超前角 δ 不小于关断余裕角 δ_0（包括 SCR 正向阻断能力恢复时间所对应的角度和一定的安全裕角），逆变器按定 δ 运行。当整流器和逆变器都没有装设自动调节装置并分别按定 α 和定 β 运行时，系统的运行状态可由图 2 - 42 决定，其中直线 1 是整流器定 α 伏安特性，直线 2 是逆变器定 β 伏安特性，两条支线的交点 N 即为系统的运行点。从图2 - 42可以看出，当整流器交流电势上升时，定 α 特性曲线平移至 1′ 位置；同样，当整流器交流电势下降时，定 α 特性曲线平移至 1″ 位置。由于伏安特性的斜率一般比较

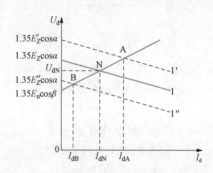

图 2 - 42　高压直流输电系统的运行点

小（图 2 - 42 中的斜率是夸大了的），所以不大的交流电压变动，就会引起很大的直流电流和功率波动。同理，逆变侧交流电势的微小变动，也会导致类似的结果，所以其运行特性不是很好。同理，如果整流器按定 α 运行，逆变器按定 δ 运行，情况也不好。

由于上述原因，一般在整流器上装设定电流调节装置。定电流调节装置不但可以确保直流输电的运行性能，而且可以限制过电流和防止换流器过载，是直流输电的基本调节方式。定电流调节的基本原理是，把系统实际电流和电流整定值进行比较，当出现偏差时，通过改变换流的触发角而使差值消失或减小。

通常情况下，整流侧和逆变侧都装有电流调节器。图 2 - 43 所示为高压直流输电系统的基本稳态调节特性，其中整流侧由定电流特性和定 α_0 特性两段组成，逆变侧由定 δ_0 特性和定电流特性（通常比整流侧的电流整定值小 ΔI_{d0}）两段组成。正常时由整流器定电流特性决定运行电流，逆变器定 δ_0 决定运行电压（A 点）；两侧交流电压有较大变动时（如整流侧交流电压大幅度下降），则由逆变侧决定运行电流，整流侧决定运行电压（B 点或 C 点）。必须注意的是，逆变侧的两个调节器不允许同时工作，应根据运行情况由切换装置自动转换。

　　除了上述调节方式外，还可采用定电流和定电压作为基本的调节方式。在这种调节方式中，整流器仍按定电流调节，逆变器则按直流线路末端（或始端）电压保持一定的方式调节。定电压调节的原理和定电流调节相似，仅将反馈量或被调量改为相应的直流电压。图 2-44 所示为定电流定电压调节的伏安特性。为了防止换相失败，逆变器仍需装设 δ 调节器，但只在 $\delta<\delta_0$ 时才进行调节，在图 2-44 中其调节特性如虚线所示。这种调节方式适用于受端交流系统等值（短路）阻抗较大（即弱系统）的场合，有利于提高换流站交流电压的稳定性。

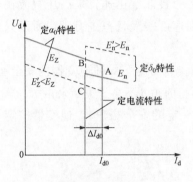

图 2-43　高压直流输电系统的
基本稳态调节特性

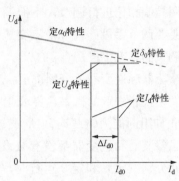

图 2-44　定电流定电压调节
的伏安特性

　　（1）定电压调节的优点有：

　　1）由于某种扰动使逆变站交流母线的电压下降时，为了保持直流电压的恒定，逆变器电压调节器将自动减小 β 角，因此逆变器的功率因数提高，消耗的无功功率减小，有利于防止交流电压进一步下降或阻尼电压的振荡。

　　2）在轻负载（直流电流小于额定值）运行时，由于逆变器的 δ 角比满载运行时大，对防止换相失败更为有利。

　　（2）定电压调节的缺点有：在额定条件时为了保证直流电压有一定的调节范围，逆变器的 δ 角要略大于 δ_0 角，也就是系统运行点要在 δ_0 特性之下，如图 2-44 中 A 点所示，因此逆变器的额定功率因数和直流电压要比定关断余裕角调节方式的低一些，消耗的无功功率多一些。

　　在已经讨论的高压直流输电基本调节特性中，除了定 α 特性外其他调节方式均需要依靠自动调节装置来实现。此外，可以附加一些调节设备，进一步改善运行性能或满足特定的要求。

　　上述仿真算例采用整流侧定电流、逆变侧定电压控制，在 0.1s 处控制直流侧电流由 3000A 降至 1000A（0～0.06s 是系统的启动过程，直流侧电流持续增大至稳态值）。整流侧直流电流 I_{dr} 和逆变侧直流电流 I_{di} 的波形分别如图 2-45 和图 2-46 所示，从中可以看出电流变化响应时间短，速度快，具有较好的潮流控制特性。

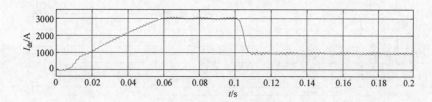

图 2 - 45　整流侧直流电流波形

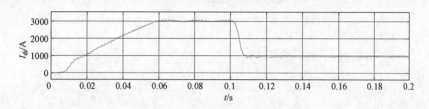

图 2 - 46　逆变侧直流电流波形

2.7.5　谐波分析

高压直流输电系统采用 12 脉波换流器还可以达到抑制谐波、改善交流侧电流波形的目的。图 2 - 47～图 2 - 49 所示分别为直流电流为 1000A 时，整流侧 Yy0 6 脉波换流器交流侧 A 相电流、Yd1 6 脉波换流器交流侧 A 相电流与 12 脉波换流器交流侧 A 相电流（滤波前）的波形。可以看出，6 脉波整流桥输出的交流侧电流波形为矩形波或阶梯波，而 12 脉波整流桥输出的交流侧电流电平数增多，波形更加接近于正弦波。图 2 - 50 所示为经 11、13 次单调谐滤波器及高通滤波器滤波后的交流侧 A 相电流波形，从中可以看出，滤波后交流侧电流波形为正弦波，滤波效果良好。

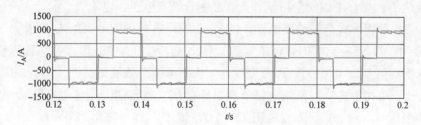

图 2 - 47　Yy0 6 脉波换流器交流侧 A 相电流波形

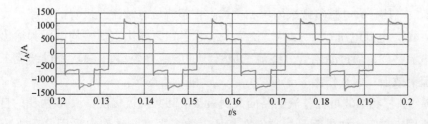

图 2 - 48　Yd1 6 脉波换流器交流侧 A 相电流波形

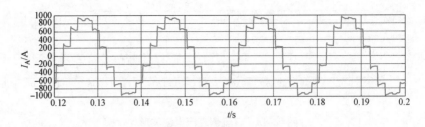

图 2-49　12脉波换流器交流侧 A 相电流（滤波前）波形

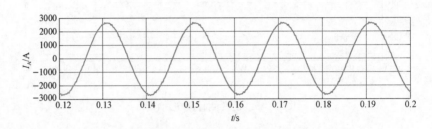

图 2-50　12脉波换流器交流侧 A 相电流（滤波后）波形

第2章
仿真程序与讲解

习 题

2-1　单相桥式全控整流电路接阻感负载，变压器二次侧交流电压为 220V，要求输出直流电压在 0～100V 内连续可调，且晶闸管的最小控制角 $\alpha_{\min}=30°$。输出电压平均值为 30V 时，负载电流平均值达到 20A，设降压变压器为理想变压器。当 $\alpha=60°$ 时，（1）作出 u_d、i_d 和变压器二次侧 i_2 的波形；（2）计算变压器二次侧电流有效值 I_2；（3）考虑安全裕量，选择晶闸管额定电压、电流。

2-2　单相桥式全控整流电路，$U_2=100V$，负载中 $R=2\Omega$，L 值极大，反电动势 $E=60V$，当 $\alpha=30°$ 时，试求：（1）作出 u_d、i_d 和 i_2 的波形；（2）计算整流输出电压平均值 U_d、电流 I_d，以及变压器二次侧电流有效值 I_2。

2-3　单相桥式半控整流电路带大电感负载（直流侧无续流二极管），变压器二次侧电压 $U_2=220V$，负载电阻 $R=4\Omega$，试求：（1）作出当 $\alpha=60°$ 时 u_d、i_d、i_{VT1}、i_{VD4} 的波形；（2）计算此时输出电压和电流的平均值；（3）计算流过晶闸管（整流二极管）的电流有效值。

2-4　某一大电感负载采用单相桥式半控整流接有续流二极管的电路，负载电阻 $R=4\Omega$，电源电压 $U_2=220V$，$\alpha=\pi/3$，求：（1）输出直流平均电压和输出直流平均电流；（2）流过晶闸管（整流二极管）的电流有效值；（3）流过续流二极管的电流有效值；（4）作出 u_d、i_d、i_{VT1}、i_{VD4} 和 i_{VD} 的波形。

2-5　三相半波可控整流电路的共阴极接法和共阳极接法，a、b 两相的自然换相点是同一点吗？如果不是，它们在相位上差多少度？试作出采用共阳极接法的三相半波可控整流电路在 $\alpha=30°$ 时 u_d、i_d、i_{VT1}、u_{VT1} 的波形。

2-6　三相半波可控整流电路带大电感负载，$\alpha = \pi/3$，$R = 2\Omega$，$U_2 = 220V$，试计算负载电压 U_d、电流 I_d，并按裕量系数 2 确定晶闸管的额定电流和电压。

2-7　三相桥式全控整流电路，$U_2 = 100V$，带阻感负载，$R = 5\Omega$，L 值极大，当 $\alpha = 60°$，试求：（1）作出 u_d、i_d 和 i_{VT1} 的波形；（2）计算整流输出电压平均值 U_d、电流 I_d，以及流过晶闸管电流的有效值 I_{VT}；（3）考虑相应的安全裕量，估算晶闸管的电压电流定额。

2-8　变压器漏感对相控整流电路有哪些影响？

2-9　三相桥式不可控整流电路带阻感负载，$R = 5\Omega$，$L = \infty$，$U_2 = 220V$，$X_B = 0.3\Omega$，求 U_d、I_d、I_{VD}、I_2 和 γ 的值，并作出 u_d、i_{VD1} 和 i_2 的波形。

2-10　请说明整流电路工作在有源逆变时所必须具备的条件。

2-11　什么是逆变失败？如何防止逆变失败？

2-12　三相全控桥换流器，已知 L 足够大，$R = 1.2\Omega$，$U_2 = 200V$，$E_M = -300V$，电动机负载处于发电制动状态，制动过程中的负载电流为 66A，该换流器能否实现有源逆变？求此时的逆变角 β。

2-13　三相全控桥换流器，带反电动势阻感负载，$R = 10\Omega$，$L = \infty$，$U_2 = 220V$，当 $E_M = -400V$，$\beta = 60°$ 时，求 U_d、I_d 的值，以及此时送回电网的有功功率是多少？

2-14　整流电路产生的谐波对电网的危害有哪些？可以采取哪些措施抑制谐波？

2-15　晶闸管整流电路的功率因数是怎么定义的？它与哪些因素有关？

2-16　三相桥式全控整流电路，其整流输出电压中含有哪些次数的谐波？其中最大的是哪一次？变压器二次电流中含有哪些次数的谐波？其中主要的是哪几次？

2-17　试计算题 2-2 中变压器二次侧电流 i_2 的 3、5、7 次谐波分量的有效值 I_{23}、I_{25}、I_{27} 以及电流谐波总畸变率 THD_i，并计算此时该电路的输入功率因数。

2-18　试计算题 2-7 中 i_2 的 5、7 次谐波分量的有效值 I_{25}、I_{27} 和 5、7 次谐波电流畸变率 HRI_5、HRI_7，并计算此时电源侧的功率因数。

2-19　三相晶闸管整流器接至 10.5kV 交流系统。已知 10kV 母线的短路容量为 150MVA，整流器直流侧电流 $I_d = 400A$，触发延迟角 $\alpha = 15°$，不计重叠角 γ，试求：（1）相移功率因数 $\cos\varphi_1$、整流器的功率因数 λ；（2）整流侧直流电压 U_d；（3）有功功率、无功功率和交流侧基波电流有效值。

2-20　画出 12 脉波换流器的电路结构，并说明其优缺点。

2-21　某 12 脉波高压直流输电系统，双极方式，输电端和受电端整流变压器额定电压均为 200kV，直流回路总电阻 $R = 10\Omega$，发送端触发延迟角 $\alpha = 15°$，受电端逆变角 $\beta = 30°$，不考虑变压器漏感影响，计算：（1）整流侧直流电压 U_{dr} 和逆变侧直流电压 U_{di} 的数值；（2）直流回路电流的数值；（3）整流站、逆变站的直流功率数值和直流回路损耗。

第 3 章 DC - AC 变换电路

DC - AC 变换电路的作用也是实现交流与直流之间的电能转换，而本章所述的 DC - AC 变换电路是从波形变换角度定义的，即以固定直流为波形变换的基础，经过开关变换后得到频率和幅值可调的交流电能。可根据功率的流向来定义其逆变 (DC→AC) 或者整流 (DC←AC) 工作状态。由于电力电子器件只能以开关的形式对波形进行变换，DC - AC 变换电路只能将直流波形变换为方波或者 PWM 波，若想得到正弦波形，需要采用谐振负载或加装输出滤波器。DC - AC 变换电路在工业领域中应用极为广泛，如变频调速、感应加热、电镀电源、光伏发电等。本章将结合变频调速领域的应用，重点介绍采用脉冲宽度调制 (PWM) 的 DC - AC 变换电路的变压变频 (variable voltage and variable frequency，VVVF) 工作原理，首先分析 DC - AC 变换电路如何将直流波形变为交流方波，其次利用正弦脉冲宽度调制 (sine pulse width modulation，SPWM) 得到近似正弦波形的电压电流输出，再次分析其整流与逆变工作状态、四象限运行以及 PWM 变换电路的谐波特点，最后通过仿真分析交流变频调速系统的性能。

3.1 DC - AC 变换电路概述

3.1.1 DC - AC 变换电路的分类

与 AC - DC 变换电路类似，DC - AC 变换电路也可根据交流电源相数分为单相、三相电路；根据直流侧滤波元件分为电压型 (电容滤波) 和电流型 (电感滤波) 电路；根据电路结构特点分为半桥、全桥和三相桥电路；根据负载特性分为阻感负载和谐振负载电路。DC - AC 变换电路工作于逆变状态时，根据交流侧接的是交流电网还是交流负载，分别称为有源逆变和无源逆变，而无源逆变电路常简称为逆变电路。此外，根据控制方式，DC - AC 变换电路可分为方波逆变电路和 PWM 变换电路。利用载波对调制信号进行调制可以获得等效于正弦波的 PWM 脉冲波形，因而 PWM 成为逆变电路的主要调制方式。在第 2 章的相控电路中，主要采用大电感滤波的电流型电路。由于电压型 AC - DC 变换电路更容易实现 PWM 调制，因此电压型的 PWM 电路应用更为广泛，它也是本章介绍的重点电路。

3.1.2 换流方式

相控 AC - DC 变换电路中晶闸管是利用交流电网的反压而关断的，称为电网换流。而电网换流并不适用于以直流波形为变换基础的 DC - AC 变换电路。采用 PWM 的 DC - AC 变换电路采用全控型器件，器件本身可自关断，称为器件换流。而方波控制的 DC - AC 变换电路，若采用的是晶闸管，可以利用谐振负载产生反压而关断器件，称为负载换流；若通过附加的换流电路，给欲关断的晶闸管强迫施加反向电压，称为强迫换流。当负载电流的相位超前于负载电压，即负载为容性负载时，可以实现晶闸管的负载换流。在高频感应加热等领域，负载换流仍有所应用，下面简单介绍一下负载换流的原理。

负载换流的 AC - DC 变换电路及工作波形如图 3 - 1 所示。其中，四个桥臂均由晶闸管组成，其负载是电阻、电感串联后再和电容并联，附加电容的目的是使整个负载电路工作在接近于并联谐振而略呈容性的状态下，并改善负载功率因数。由于直流侧串联了一个很大的电感 L_d，因而认为电流 i_d 基本没有脉波，4 个桥臂开关的切换仅使电流流通路径改变，所以负载电流基本呈矩形波。因为负载工作在对基波电流接近并联谐振的状态，故对基波阻抗很大而对谐波阻抗很小，所以负载电压 u_o 的波形接近于正弦波。设在时刻 t_1 前 VT1、VT4 为通态，VT2、VT3 为断态，u_o、i_o 均为正，在 t_1 时刻触发 VT2、VT3，使其开通，负载电压 u_o 就通过 VT2、VT3 分别加到 VT1、VT4 上，使其承受反向电压而关断，电流从 VT1、VT4 转移到 VT2、VT3。触发 VT2、VT3 的时刻必须在 u_o 过零前，并留有足够的裕量，才能使应阻断的元件被施加足够的反压时间，使其可靠关断。

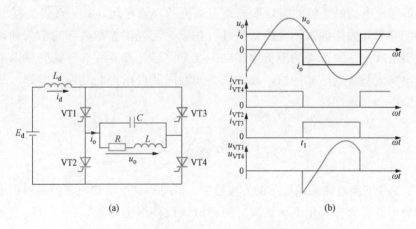

(a)　　　　　　　　　　　(b)

图 3 - 1　负载换流的 AC - DC 变换电路及工作波形

（a）电路图；（b）工作波形

3.1.3　DC - AC 变换电路在变频调速中的应用概述

电动机可完成电能和机械能之间的能量转换，被广泛应用于工业、家电、交通、航空航天等领域，发达国家中总电能的一半以上由电动机转换为机械能而被用户所利用。为实现某些系统功能（如转矩、速度、位置的调控），将各种电动机、电力电子变换装置、系统控制器组合在一起，就构成了电力传动系统（electric drive system），也称运动控制系统（motion control system）。

运动控制系统中应用最普遍的是调速系统，包括直流调速系统和交流调速系统。直流调速系统的主要优点在于调速范围广、稳定性好以及具有良好的动态性能。在高性能的传动技术领域中，有相当长的时期几乎都采用直流传动系统。但直流电动机具有电刷和换向器，其制造工艺复杂且成本高、维护麻烦、适用环境有限，并且很难向高转速、高电压、大容量发展。交流电动机自 1885 年出现后，由于一直没有理想的调速方案，因而只被应用于恒速拖动领域。1964 年，德国 A. Schonung 等人率先提出了 PWM 变频的思想，他们把通信系统中的调制技术推广应用于交流变频器；20 世纪 70 年代后，随着矢量控制、直接转矩控制、无速度传感器等交流调速控制技术的蓬勃发展，变频器的主电路采用 GTO 和 GTR，调速控制策略采用电压频率（voltage‐frequency，V/F）变换控制；而 20 世纪 90 年代之后，采用 IGBT 的变频器技术日趋成熟，高性能的矢量控制和直接转矩控制得以实现。此后，体积和质量更小、经济性更好的交流传动系统获得了更广泛的应用，并逐渐取代了直流传动系统。

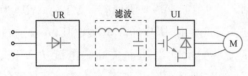

图 3‐2　交‐直‐交变压变频器的原理框图

DC‐AC 变换电路和 PWM 技术最初在工业变频器中得到广泛应用，并且促进了 PWM 电路在其他领域的飞速发展。图 3‐2 给出了 AC‐DC‐AC 变压变频器的原理框图，整流器 UR 整流后的整流电压经电容滤波后形成稳定幅值的直流电压，并加在逆变器 UI 上；逆变器的功率开关器件采用全控式器件，并按一定规律控制其导通或关断，使输出端获得一系列宽度不等的矩形脉冲电压波形。通过改变脉冲的宽度可以控制逆变器输出交流基波电压的幅值，通过改变调制周期可以控制其输出频率，从而同时实现变压和变频。

3.2　方波无源逆变电路

DC‐AC 变换电路采用简单的方波控制，即可得到交流输出，但是输出电压或电流为矩形波，含有大量低次谐波，使得电气设备损耗增加，影响电气设备的正常运行，因此仅在感应加热等特殊领域有所应用。因其工作原理简单，这里作为后续采用 PWM 的 DC‐AC 变换电路的基础首先讲述。根据直流侧滤波元件的不同，DC‐AC 变换电路分为电压型和电流型，其电路结构和工作原理有所不同，下面分别进行介绍。由于方波控制的 DC‐AC 变换电路主要用于无源逆变，所以本节仅分析方波无源逆变电路。

3.2.1　电压型逆变电路

直流侧采用大电容滤波、可等效为电压源的 DC‐AC 变换电路称为电压型DC‐AC 变换电路。当交流侧接阻感负载时，需要提供无功功率，直流侧电容可起到缓冲无功能量的作用。为了给交流侧向直流侧反馈的无功功率提供通道，逆变桥各桥臂都并联了反馈二极管。因此，在电路结构上，电压型电路的典型特点是：直流侧采用大电容滤波，每个主开关器件需反并联二极管。而其输出电压、电流的特点为：由于直流电压源的钳位作用，交流侧输出电压波形为矩形波，并且与负载阻抗角无关；而交流侧输出电流波形和相位因负载阻抗情况的不同而不同。

在工程实际中，电压型 DC - AC 变换电路应用更为广泛，且多采用具有自关断能力的全控型器件。电压型 DC - AC 变换电路的基本结构有半桥、全桥（H 桥）、三相桥三种。

1. 单相半桥逆变电路

图 3 - 3（a）给出了电压型半桥逆变电路。开关器件 V1、V2 与两个足够大的输入电容 C 构成半桥式逆变电路，负载连接在相互串联大电容的中点和两个桥臂的连接点之间。由于电容 C 相对于逆变频率足够大，所以电容上的电压基本维持不变，两个电容的电压维持在 $U_d/2$。

在一个周期内，开关器件 V1、V2 的栅极控制信号各有半周期为正向偏置，半周期为反向偏置，且两者互补。输出电压 u_o 呈矩形波，其幅值为 $U_m = U_d/2$。输出电流 i_o 的波形随负载变化而变化。当负载为感性时，输出电压 u_o 和输出电流 i_o 的波形如图 3 - 3（b）所示。

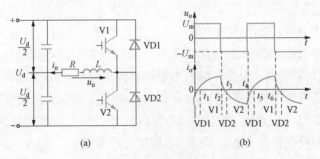

图 3 - 3　半桥逆变电路及工作波形

（a）电路图；（b）工作波形

对于图 3 - 3（b），t_2 时刻以前 V1 为通态，V2 为断态。在 t_2 时刻，给 V1 关断信号，给 V2 开通信号，此时 V1 关断，但 V2 中并不会立即有电流流过。由于 i_o 不能立即改变方向，所以只能通过 L—R—C（图中左下方的电容）—VD2 所组成的回路导通续流。在 t_3 时刻，i_o 降为零，此时 VD2 截止，V2 导通，i_o 改变方向。在 $t_3 \sim t_4$ 段，i_o 反方向逐渐增加，并在 t_4 时刻达到最大值。在 t_4 时刻，给 V2 关断信号，给 V1 开通信号后，V2 关断并形成 R—L—VD1—C（图中左上方的电容）所组成的回路导通续流，至 t_5 时刻 V1 开通。各时间段内导通器件的名称如图 3 - 3（b）所示。

图 3 - 3（a）中 VD1、VD2 称为续流二极管或反馈二极管，它们有两个作用：①为感性负载滞后的负载电流 i_o 提供反馈到直流电源的通路；②防止电感产生的反压损坏开关器件。

这里所用到的 V1、V2 均为全控型器件，当可控器件为半控型时，由于不具备门极可关断能力，所以必须附加强迫换流电路才能正常工作。

半桥逆变电路的优点是简单、使用器件少，缺点是输出电压小且需要控制两个电容器电压的均衡。因此，半桥逆变电路常用于小功率的逆变电路。

2. 单相全桥（H 桥）逆变电路

（1）阻感负载。带阻感负载的全桥型逆变电路如图 3-4 所示，其中桥臂 V1 和 V4 作为一对，桥臂 V2 和 V3 作为一对，成对的两个桥臂同时导通，两对交替各导通 180°。

开关对 V1、V4 导通时，a 点电位 $U_a = U_d$，b 点电位 $U_b = 0$，输出电压为 U_d，负载电流 i_o 由 a 流向 b；开关对 V2、V3 导通时，a 点电位 $U_a = 0$，b 点电位 $U_b = U_d$，输出电压为 U_d，负载电流 i_o 由 b 流向 a。VD1、VD2、VD3、VD4 均为续流二极管，作用与半桥逆变电路中续流二极管的作用相同。

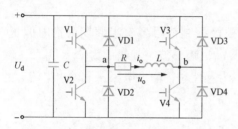

图 3-4　带阻感负载的全桥逆变电路

该电路的输出波形和半桥逆变电路的输出波形相同，也是矩形波，但其幅值比半桥情况下的高一倍。由于电路的负载和半桥情况下的相同，所以 i_o 的波形也和半桥情况下的相同，其幅值比半桥情况下的也高一倍。

上述输出交流电压 u_o 的波形为正负各为 180° 的脉冲波形，如图 3-5（a）所示，改变输出交流电压的有效值只能通过改变直流电压 U_d 来实现。但前一级为不可控整流电路时，U_d 无法调节，此时可以通过移相控制来调节逆变电路的输出电压。移相调压的实质是调节输出电压脉冲的宽度。在图 3-5（b）中，各 IGBT 的栅极信号仍为正负半波各为 180° 的方波，并且 V1、V2 的栅极信号互补，V3、V4 的栅极信号互补，但 V3 的信号比 V1 的落后 θ（$0° < \theta \leqslant 180°$）。各 IGBT 的栅极控制信号 $u_{G1} \sim u_{G4}$ 及输出电压 u_o 和输出电流 i_o 的波形如图 3-5 所示。

设在 t_1 时刻前 V1 和 V4 导通，输出电压为 U_d，在 t_1 时刻 V3 和 V4 的栅极控制信号相反，V4 截止，由于 i_o 不能突变，V3 不能立刻导通，所以通过 VD3 导通续流。在回路 $R-L-$VD3$-$V1 中，由基尔霍夫（Kirchhoff）电压定律可知输出电压为零。在 t_2 时刻，V1 和 V2 的栅极控制信号反向，V1 截止，而 V2 不能立即导通，VD2 和 VD3 一起构成电流通道，输出电压为 $-U_d$。至负载电流过零并开始反向时，VD2 和 VD3 截止，同时 V2 和 V3 开通，输出电压仍为 $-U_d$。在 t_3 时刻，V3 和 V4 的栅极控制信号再次反向，V3 截止，V4 不能立刻导通，电路通过 VD4 导通续流。同理，输出电压为零。以后的过程和前面的类似。所以，改变 θ 就可以调节输出电压，称为移相调压。

（2）谐振负载。通常对功率因数较低的感性负载都采用串联电容的方式进行功率因数补偿，从而构成了负载换流串联式谐振逆变器。将逆变频率调谐在负载谐振频率附近，可获得呈正弦波形的输出电流或电压，无须通过低通滤波器来消

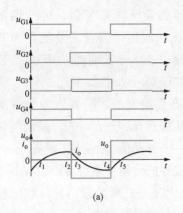
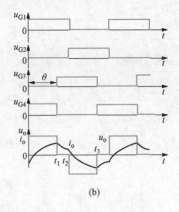

图 3 - 5 全桥逆变电路的栅极控制信号和输出电压、电流波形

(a) $\theta = 0°$；(b) $\theta = 120°$

除低次谐波。此外，谐振负载还可以产生逆变电路换流时所需的反压，因此可采用半控型器件——晶闸管。其单相全桥串联式谐振逆变电路如图 3 - 6 所示，其中 R、L 为负载等效电阻与电感，C 为补偿电容，VD1～VD4 为续流二极管。

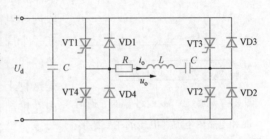

图 3 - 6 串联式谐振逆变电路

由电路分析可知，谐振时，电流谐振角频率 $\omega_g = \omega_0 = 1/\sqrt{LC}$，电感和电容阻抗互相抵消，即电路阻抗为纯阻性质。依据逆变器的触发频率 ω_g 与谐振频率 ω_0 的关系，负载电流可以有断续、临界和连续三种情况，具体讨论如下：

微课讲解
谐振逆变电路

1）$\omega_g < 0.5\omega_0$。此时谐振过程的电流断续，各管的导通情况和电路内电流、电压的主要波形如图 3 - 7 所示。当 $t = 0$ 时，触发 VT1、VT2，负载电流 i_o 会从电源正端—VT1—R—L—C—VT2—电源负端流通。由于 $R \ll L$，负载电路总是工作在振荡状态，因而电流 i_o 按正弦规律变化；到 t_1 时刻，电流降到零，但在电容 C 上已充有极性为左正右负的电压，而且由于电感 L 足够大，因而电容器上的电压 u_C 必定高于电源电压 U_d，从而使电流在 $t_1 \sim t_2$ 期间经电容 C 的左端—L—R—VD1—电源正端—C_d—电源负端—VD2—电容 C 的右端流通，形成 i_o 的负半波。在 $t_2 \sim t_3$ 期间，VT1～VT4 都不导通，负载电流断续；在 t_3 时刻，触发 VT3、VT4，重复另一个周期的振荡过程，电流方向与上述相反。

晶闸管及负载两端的电压如图 3 - 7 所示。在 $t_0 \sim t_1$ 期间，VT1、VT2 流通，其上仅为管压降，负载两端电压 u_o 为直流端电压与两个管压降之差；在 $t_1 \sim t_2$ 期间，VD1、VD2 流通，负载两端电压为直流端电压与两个管压降之和；在 $t_2 \sim t_3$ 期间，所有晶闸管和二极管都截止，VT1～VT4 上的电压由各元件的漏电流及装置的绝缘电阻决定，它是大于零、小于直流端电压的某一值，负载两端电压 u_o 由电容 C 上原有的电压所决定。对于另一谐振周期：在 $t_3 \sim t_4$ 期间，VT3、VT4 流通，

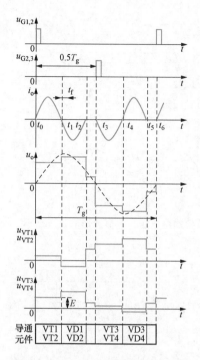

图 3-7 $\omega_g < 0.5\omega_0$ 时各管的导通情况和电路内电流、电压的主要波形

其上电压为管压降与 VT1、VT2 两端电压略低于直流端电压，两者之差便是 VT3、VT4 的管压降；在 $t_4 \sim t_5$ 期间，VD3、VD4 流通，VT3、VT4 承受反压，VT1、VT2 两端电压略高于直流端电压，两者之差为 VD3、VD4 的正向压降；在 $t_5 \sim t_6$ 期间，晶闸管两端电压又变为一个浮动值。

逆变器的传输功率可由图 3-7 得出，只有在 $t_0 \sim t_1$ 和 $t_3 \sim t_4$ 两阶段内，负载电流和负载电压同向，能量从电源送至负载；而在 $t_1 \sim t_2$ 和 $t_4 \sim t_5$ 两阶段内，负载电流和负载电压反向，负载将能量返回电源；在 $t_2 \sim t_3$ 和 $t_5 \sim t_6$ 两阶段内，电流截止，电源和负载间无能量传输。在一个周期内，电源向负载传输的能量为三部分的代数和，其值不太大。负载功率小的原因是这种工作状态是断续的，就像钟摆的运动，向左推动一下，停下来，再向右推一下，又停下来，振幅是很小的。要想增大功率输出，必须提高频率，使电流连续。

2）$\omega_g > 0.5\omega_0$。为了提高输出功率，必须充分利用电力半导体器件的能力，消灭电流断续区间，尽量缩减能量回馈电源的时间。换言之，提高晶闸管的触发频率，使它的触发频率高于负载电路的固有振荡频率，即 $f_g > 0.5f_o$。这种情况下，前一谐振周期尚未结束，后一谐振周期就已经开始，如图 3-8 所示。电流连续时，由于从负载把能量送回直流电源的时间（$t_1 \sim t_3$）减小了（在晶闸管关断时间允许的情况下尽量短），每一个周期内负载得到的能量将增加，逆变器输出功率和电流都上升得很快。这就像连续给钟摆施加顺方向的推动力，它的振幅就会越来越大。直到负载电阻上功率消耗增加到与直流电源输入的功率相等，就会达到平衡。

由以上分析可以看出，随着触发频率的增大，逆变器的输出功率增大，因此可以通过改变逆变器触发频率的办法来调节输出功率。

需要强调的是，当采用晶闸管作为开关器件时，虽然触发频率 ω_g 可以大于 $0.5\omega_0$，但是逆变器的输出频率 ω_g 必须低于谐振频率 ω_0，负载才能呈容性，才能具备换流条件。串联逆变器中的补偿电容实质上也起着换流电容的作用。

如果选用 IGBT 等具有自关断能力的电力半导体器件作为逆变开关，φ 角便可随意，而且逆变器既可工作在输出电流超前输出电压的状态，也可工作在输出电流滞后输出电压的状态。只是当电流超前电压时，在换流瞬间逆变开关器件将承受浪涌电流冲击；而当电流滞后于电压时，在换流瞬间逆变开关器件则可能承受浪涌电压冲击。电流与电压的相位差越大，这两种冲击也越大。只有当逆变器的输出电流和输出电压同相时，逆变开关器件在换流瞬间才不会受浪涌冲击。因此，一般在选用具有自关断能力的电力半导体器作为逆变开关的装置中，都设法使逆变器工作在功率因数为 1 即电流、电压同相的状态。严格的同相在工程上是做不到的，但是 φ 角尽可能小是必要的。功率的调节通常采用可控整流电路，通过调节直流电压来调整功率。在设计这种装置的逆变控制电路时，必须注意下列几点：

第一，逆变器上下桥臂开关器件的驱动波形必须遵守先关断、后开通的原则，导通脉冲窄，关断脉冲宽。换言之，上下桥臂开关器件的导通脉冲之间，必须有一死区时间，该时间的长短取决于所选器件的关断时间。死区时间一般应比器件所需的关断时间长 1.5～2 倍。

第二，允许他激工作，可以通过调节他激频率调节功率，但要使换流瞬间的浪涌电流或电压冲击被抑制在器件允许的范围。

第三，采用自激工作方式时，反馈信号可以选用 U_C、I_H 或逆变桥信号。当工作频率高时，逆变控制电路中元件的信号传输延迟时间不容忽略，一般都要采取时间补偿措施。如果选择相位超前于 U_{ab} 的信号作为反馈，较易实现时间补偿，因而不用 U_C、I_H 而用其倒相信号作为反馈。

串联逆变器的负载电路就是串联谐振电路，由电容 C、电感 L 和电阻 R 串联组成。谐振时，串联谐振电路电流 i_o、有功功率 P 和电容器无功功率 Q_C 分别为

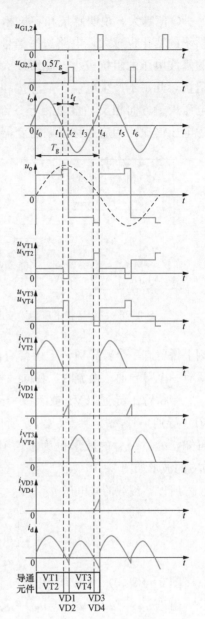

图 3 - 8　$\omega_g > 0.5\omega_0$ 时各管的导通情况和电路内电流、电压的主要波形

$$I_o = \frac{U_{o1}}{R} \qquad (3 - 1)$$

$$P = I_o^2 R = \frac{U_{o1}^2}{R} \qquad (3 - 2)$$

$$Q_C = I_o U_C = Q\frac{U_{o1}^2}{R} = QP \qquad (3 - 3)$$

$$Q = \frac{\omega_0 L}{R} = \frac{1}{\omega_0 CR}$$

式中：U_{o1} 为逆变器输出电压的基波有效值；Q 为串联电路的品质因数。

　　Q值越大，说明感抗和容抗相对于负载等效电阻 R 的差值越大，电路阻抗随频率的变化也越大，电路选择信号的性能就越好。换言之，谐振电路对谐振频率的基波电压的阻抗极小，能形成大电流；而对偏离谐振频率的谐波电压则呈现高阻抗，几乎不产生电流。从感抗和容抗的表达式可看出，谐振时电感和电容上的电压矢量方向相反，量值相等，都是逆变器输出电压的 Q 倍。所以称串联谐振为电压谐振，相应地称串联逆变器为电压谐振式逆变器。

微课讲解
三相电压型
逆变电路

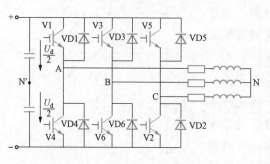

图 3-9　三相桥式电压型逆变电路

3. 三相桥式逆变电路

　　三相桥式电压型逆变电路如图 3-9 所示。电路的直流侧通常有一个大电容，为了分析方便，将其分成串联的两个电容器，N′ 为两串联电容器之间假想的中点。开关元件每隔 $60°$ 按标号 1—2—3—4—5—6 的次序赋予导通信号，导电角度为 $180°$，称为 $180°$ 导电方式。每个时刻上桥臂有一个臂导通，下桥臂有两个臂导通；或者上桥臂有两个臂导通，下桥臂有一个臂导通。换流时，在同一相的上下桥臂间换流，称为纵向换流。

　　当桥臂 1 导通（V1 或 VD1 导通）时，$u_{AN'} = U_d/2$；当桥臂 4 导通（V4 或 VD4 导通）时，$u_{AN'} = -U_d/2$。所以，$u_{AN'}$ 的波形是幅值为 $U_d/2$ 的矩形波。同理可知，$u_{BN'}$、$u_{CN'}$ 的波形也为幅值 $U_d/2$ 的矩形波，相位依次差 $120°$。$u_{AN'}$、$u_{BN'}$、$u_{CN'}$ 的波形如图 3-10 （a）、（b）、（c）所示。

　　所以，负载的线电压 u_{AB}、u_{BC}、u_{CA} 分别为

$$\begin{cases} u_{AB} = u_{AN'} - u_{BN'} \\ u_{BC} = u_{BN'} - u_{CN'} \\ u_{CA} = u_{CN'} - u_{AN'} \end{cases} \tag{3-4}$$

　　图 3-10 （d）所示为线电压 u_{AB} 的波形，u_{AB}、u_{BC}、u_{CA} 彼此差 $120°$。

　　由于 $u_{NN'} = u_{AN} - u_{AN'} = u_{BN} - u_{BN'} = u_{CN} - u_{CN'}$，因此

$$u_{NN'} = \frac{(u_{AN} + u_{BN} + u_{CN}) - (u_{AN'} + u_{BN'} + u_{CN'})}{3}$$

$$= \frac{u_{AN} + u_{BN} + u_{CN}}{3}$$

　　根据图 3-10 （a）、（b）、（c）可得 $u_{NN'}$ 的波形，如图 3-10 （e）所示。再根据 $u_{NN'} = u_{AN} - u_{AN'}$ 可得负载相电压 u_{AN} 的波形，同理可得另外两相负载电压 u_{BN}、u_{CN} 的波形。

　　负载的相电压也可由以下方法求出：

　　（1）当桥臂 1、桥臂 5、桥臂 6 导通时，电路的等效图如图 3-11 （a）所示。根据基尔霍夫定律可知，$u_{AN} = U_d/3$，$u_{BN} = -2U_d/3$，$u_{CN} = U_d/3$。

（2）当桥臂 6、桥臂 1、桥臂 2 导通时，电路的等效图如图 3 - 11（b）所示。根据基尔霍夫定律可知，$u_{AN} = 2U_d/3$，$u_{BN} = -U_d/3$，$u_{CN} = -U_d/3$。

（3）当桥臂 1、桥臂 2、桥臂 3 导通时，电路的等效图如图 3 - 11（c）所示。根据基尔霍夫定律可知，$u_{AN} = U_d/3$，$u_{BN} = U_d/3$，$u_{CN} = -2U_d/3$。

在之后的三个过程中，只要把 U_d 的极性反向，等效关系仍成立，所以可得 u_{AN} 的波形如图 3 - 10（f）所示，u_{BN}、u_{CN} 的波形与 u_{AN} 相同，仅相位相差 120°。

A 相电流 i_A 的波形随负载的阻抗角 φ 的不同而有所不同，图 3 - 10（g）给出了阻感负载下 $\varphi < \pi/3$ 时 i_A 的波形。桥臂 1 和桥臂 4 之间的换流过程和半桥电路的相似。V1 从通态转为断态时，由于负载电感中电流不能突变，VD4 导通续流，直至负载电流降至零；桥臂 4 电流反向时，V4 开始导通。i_B、i_C 的波形和 i_A 的波形相同，相位依次相差 120°。叠加电流 i_A、i_B、i_C，可以得到直流侧电流 i_d 的波形，如图 3 - 10（h）所示。可以看出，电流 i_d 每隔 60° 脉动一次，由于直流电压基本没有脉动，因此逆变器从交流侧向直流侧传送的功率是脉动的，且脉动的情况和 i_d 脉动的情况基本一致。

3.2.2　电流型逆变电路

直流侧电源为电流源的逆变电路称为电流型逆变电路。电流型逆变电路的主要特点有：

（1）直流侧为电流源（一般情况下直流供电回路串联一个大电感，相当于电流源），直流侧电流基本无脉动，直流回路呈现高阻态。

（2）电路中开关器件的作用是改变直流电流的流通路径，因此交流侧输出电流呈矩形波，并且与负载阻抗角无关；而交流侧输出电压波形和相位则因为负载阻抗情况的不同而不同。

（3）当交流侧为阻感负载时需要提供无功功率，直流侧电感起缓冲无功能量的作用。由于反馈无功能量时直流电流并不反向，因此不必像电压型逆变电路那样给开关器件反并联一个续流二极管。

1. 单相桥式电流型逆变电路

在电流型逆变电路中，采用半控型器件的电路较多应用在晶闸管中的频逆变电源中。就其换流方式而言，一般采用负载换流方式，要求负载电流略超前于负载电压，即负载略呈容性。由于实际负载一般为感性负载，因此需要并联一个补

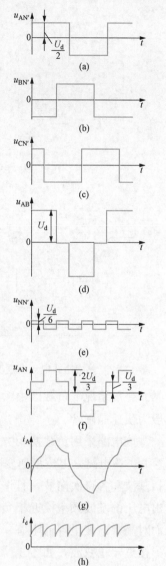

图 3 - 10　三相桥式电压型逆变电路工作波形

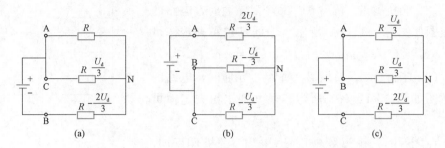

图 3-11 不同工况下三相桥式电压型逆变电路的等效图

（a）桥臂 1、5、6 导通时；（b）桥臂 6、1、2 导通时；（c）桥臂 1、2、3 导通时

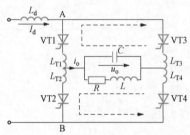

图 3-12 单相桥式电流型逆变电路

偿电容 C，补偿电容与负载并联，则可构成并联式谐振逆变器。补偿电容器的容量选择应使负载过补偿。该电路应用较多的场合是用于熔炼、透热和淬火的感应加热电源。

图 3-12 给出了一种单相桥式电流型逆变电路。该电路由 4 个桥臂构成，每个桥臂的晶闸管各串联一个电抗器。电抗 L_T 用来限制晶闸管开通时的 $\mathrm{d}i/\mathrm{d}t$，各桥臂的 L_T 之间不存在互感。一般情况下负载以中频交流电（1000～2500Hz）的形式输出，所以晶闸管一般为快速晶闸管。

该电路采用负载换相方式工作，由于负载为阻感负载，所以需要并联补偿电容 C。该电路是电流型逆变电路，所以其交流输出电流波形接近于矩形波，其中包括基波和各奇次谐波，且谐波的幅值远小于基波的幅值。一般情况下，该电路输出电压的基波频率接近于负载电路的谐振频率，故负载电路对基波呈现高阻态，而对高次谐波呈现低阻态，谐波在负载电路上产生的压降很小，因此负载电压波形接近于正弦波，如图 3-13 所示。

在交流电流的一个周期内，有两个稳定导通阶段和两个换流阶段。$t_1 \sim t_2$ 为晶闸管 VT1 和 VT4 的稳定导通阶段，在该阶段负载电流 $i_o = i_d$，近似为恒值，t_2 时刻之前在电容 C 上建立了左正右负的电压。在 t_2 时刻触发晶闸管 VT2 和 VT3，由于 t_2 时刻之前 VT2 和 VT3 的电压均为 u_o，而 t_2 时刻的 u_o 为正值，所以 VT2 和 VT3 开通。由于存在换流电抗 L_T，故 VT1 和 VT4 在 t_2 时刻不会立即关断，VT1 和 VT4 的电流有一个减小的过程，VT2 和 VT3 的电流有一个增大的过程。t_2 时刻后，4 个晶闸管全部导通，负载电压经过两个并联的放电回路（$C—L_{T1}—VT1—VT3—L_{T1}$ 和 $C—L_{T2}—VT2—VT4—L_{T4}$，如图 3-12 中虚线所示）放电。在放电过程中，VT1 和 VT4 电流逐渐减小，VT2 和 VT3 电流逐渐增大。当 $t = t_4$ 时，VT1 和 VT4 电流减至零而关断，换流结束。称 $t_\gamma = t_4 - t_2$ 为换流时间，i_o 在 t_3 时刻过零，t_3 时刻大致位于 t_2 和 t_4 的中点。

由晶闸管的性质可知，晶闸管在电流减小到零后，需要一段时间才能恢复其正相阻断能力。因此，在 t_4 时刻换流结束后，还要使 VT1 和 VT4 承受一段反向电压时间 t_β 才能保证晶闸管可靠关断。$t_\beta=t_5-t_4$ 应大于晶闸管的关断时间 t_q。为了保证可靠换流，应在负载电压 u_o 过零前 $t_\delta=t_5-t_2$ 时刻触发 VT2 和 VT3，t_δ 称为触发引前时间。

从图 3-13 可以看出，负载电流超前于负载电压的电角度

$$\varphi = \omega\left(\frac{t_\gamma}{2}+t_\beta\right) = \frac{\gamma}{2}+\beta \qquad (3-5)$$

式中：ω 为电路工作的角频率；γ 和 β 分别为 t_γ 和 t_β 对应的电角度。

可知，φ 即为负载的功率因数角。

之后的分析过程和前面的类似，$t_4 \sim t_6$ 为 VT2 和 VT3 的稳定导通阶段，t_6 时刻后又进入从 VT2 和 VT3 导通向 VT1 和 VT4 导通的换流阶段。

下面分析一个周期内 A、B 之间的电压 u_{AB}。忽略晶闸管的导通压降，则在稳定导通阶段 $t_1 \sim t_2$，u_{AB} 即为负载的输出电压；在稳定导通阶段 $t_4 \sim t_6$，u_{AB} 和负载的输出电压大小相等，方向相反；在换流阶段，上下桥臂的 L_T 极性相反，所以 $u_{AB}=0$。所以，u_{AB} 的波形如图 3-13 所示，从中可以看出，当 u_{AB} 为负值时，逆变侧需要把能量反馈给直流侧，即通过补偿电容 C 来反馈，

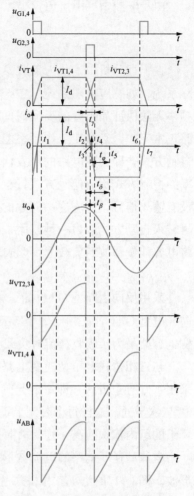

图 3-13 单相桥式电流型逆变
电路工作波形

这实际上反映了负载和直流电源之间无功能量的交换。在直流侧，L_d 起缓冲这种无功能量的作用。

如果忽略换流过程，输出电流 i_o 的波形可近似地看作矩形波，展开成傅里叶级数，可得

$$i_o = \frac{4I_d}{\pi}\left(\sin\omega t + \frac{1}{3}\sin 3\omega t + \frac{1}{5}\sin 5\omega t + \cdots\right) \qquad (3-6)$$

其基波电流有效值

$$I_{o1} = \frac{4I_d}{\sqrt{2}\pi} = 0.9I_d \qquad (3-7)$$

忽略电抗 L_d 的损耗，则直流电压

$$U_d = \frac{1}{\pi}\int_{-\beta}^{\pi-(\gamma+\beta)} u_{AB}\mathrm{d}(\omega t) = \frac{1}{\pi}\int_{-\beta}^{\pi-(\gamma+\beta)} \sqrt{2}U_o\sin\omega t\,\mathrm{d}(\omega t) = \frac{2\sqrt{2}U_o}{\pi}\cos\left(\beta+\frac{\gamma}{2}\right)\cos\frac{\gamma}{2}$$

$$(3-8)$$

由于一般情况下 γ 值较小，因此可近似地认为

$$U_{\mathrm{d}} = \frac{2\sqrt{2}}{\pi} U_{\mathrm{o}} \cos\varphi \qquad (3\text{-}9)$$

　　在上述分析中，认为负载参数不变，逆变电路的工作频率也是固定的。在实际系统（如感应加热系统）中，负载的参数一般随时间或工况变化，固定的工作频率无法保证晶闸管的反向时间大于关断时间，可能导致逆变失败。为了保证电路正常工作，必须使工作频率能适应负载的变化而自动调整，这种控制方式称为自励方式，即逆变电路的触发信号取自负载端。与自励方式相对应，固定工作频率的控制方式称为他励方式。自励方式存在着启动问题，因为系统未投入时负载没有输入信号，解决这一问题的方法有两种：一种是先用他励方式，系统工作后再转入自励方式；另一种是附加预充电启动电路，即预先给电容器充电，启动时将电容能量释放到负载上，形成衰减振荡，然后系统检测出振荡信号实现自励。

2. 三相桥式电流型逆变电路

　　采用反向阻断型 GTO 的三相桥式电流型逆变电路如图 3-14 所示。若使用反向导电型 GTO，必须给每个 GTO 串联二极管以承受反向电压，图 3-14 中的交流侧电容器是为了吸收换流时负载电感中存储的能量而设置的。

　　与三相桥式电压型逆变电路的基本工作方式不同，三相桥式电流型逆变电路采用 120° 导电方式，即每个臂在一个周期内导电 120°，按 VT1～VT6 的顺序每隔 60° 依次导通。这样每个时刻上下桥臂各有一个臂导通，换流时在上桥臂组或下桥臂组的组内依次换流，称为横向换流。

　　电流型逆变电路的电流波形和负载性质无关，是正负脉冲宽度各为 120° 的矩形波。图 3-15 给出了三相桥式逆变电路的输出交流电流波形及线电压 u_{AB} 的波形。从中可以看出，输出电流波形和三相桥式可控整流电路在阻感负载下交流输入电流波形相同。因此，它们的谐波分析表达式也相同。输出线电压波形和负载性质有关。

微课讲解

三相电流型
逆变电路

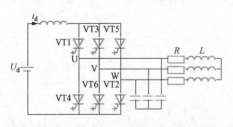

图 3-14　三相桥式电流型逆变电路

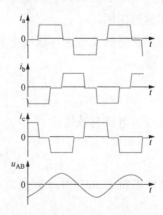

图 3-15　三相桥式电流型逆变电路工作波形

3.3 PWM 变换电路

显然，方波波形输出中谐波含量较大，不适用于需要由正弦交流电源供电的负载。如由方波电源直接给交流电动机供电，大量的谐波会导致严重的转矩脉动和电动机发热，从而使电动机无法正常运行。**PWM 是指对脉冲的宽度进行调制的技术，即通过对一系列脉冲的宽度进行调制，来等效地获得所需的波形（含形状和幅值）。** 由于它可以有效地抑制低次谐波，而且动态响应好，在功率因数、谐波、效率等方面都有着明显的优势，已成为电力电子变换器最主要的调制技术。电压型 DC - AC 变换电路也称 VSC，其 PWM 变换电路比电流型电路更易于实现，本节将介绍 VSC 采用 SPWM 来获得正弦输出响应以及调压、调频的基本原理和实现方法。

3.3.1 PWM 的基本原理

1. PWM 的基本思想

由于逆变电路输出的方波中含有大量低次谐波，因而很少应用在电动机调速等实际换流装置中。为了减小交流输出电压的谐波含量和便于控制其幅值、频率，PWM 技术被引入逆变电路的开关控制之中。所有 PWM 方法的基本目标都在于等效前后的脉冲波形对时间的积分相等，其理论基础源于采样控制理论中的一个重要结论：大小、波形不同的窄脉冲变量作用于惯性系统时，只要它们的冲量即变量对时间的积分相等，其作用效果基本相同。该原理被称为冲量（面积）等效原理。根据该原理可知，大小、波形不同的两个窄脉冲电压作用于阻感负载时，只要两个窄脉冲电压的面积（冲量）相等，则它们形成的电流响应就相同。图 3 - 16（a）～（d）分别为矩形脉冲、三角形脉冲、正弦波脉冲和位脉冲函数，它们的冲量都等于 1，那么它们分别加在具有惯性的同一环节上时，其输出电流响应基本相同。如图 3 - 16 所示，虽然输出电流响应的上升阶段随脉冲形状不同而略有不同，但其下降阶段则几乎完全相同；其频域特性的低频段非常接近，仅在高频段略有差异。

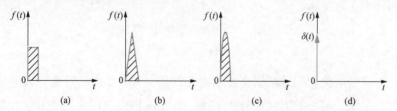

图 3 - 16 形状不同而冲量相同的各种电压窄脉冲

（a）矩形脉冲；（b）三角形脉冲；（c）正弦波脉冲；（d）单位脉冲函数 $\delta(t)$

由于期望逆变器可以变压、变频，而且逆变器的输出电压呈正弦波形，为此可以把一个正弦半波分成 N 等份，如图 3 - 17（a）所示，把正弦半波看成由 N 个彼此相连的脉冲组成的波形。这些脉冲宽度相等，都等于 π/N；但幅值不等，且

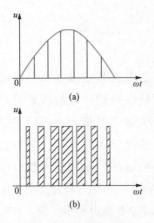

图 3 - 17　与正弦波等效的
等幅矩形脉冲序列波
（a）正弦波；（b）脉冲序列

脉冲顶部都不是水平直线，各脉冲的幅值按正弦规律变化。如果把上述脉冲序列用同样数量的等幅而不等宽的矩形脉冲序列代替，矩形脉冲和相应正弦部分的面积（冲量）相等，就得到如图 3 - 17（b）所示的脉冲序列，这就是 PWM 波形。可以看出，各脉冲的宽度是按正弦规律变化的。对于正弦波的负半周，也可以用同样的方法得到 PWM 波形。像这种脉冲的宽度按正弦规律变化并与正弦波形等效的 PWM 波形，被称为 SPWM 波形。为与方波输出电路相区别，采用 PWM 的换流器被称为 PWM 换流器。

2. PWM 的基本类型

经过 30 多年的发展，PWM 已形成多种多样的调制方法，在电力电子技术的各个领域获得广泛应用。下面介绍 PWM 的不同分类方法和基本类型。

（1）根据 PWM 脉冲序列幅值是否相等，可分为等幅 PWM 波和不等幅 PWM 波两种，其波形如图 3 - 18 所示。不管是等幅 PWM 波还是不等幅 PWM 波，都是基于面积（冲量）等效原理来进行控制的，因此其本质是相同的。本节介绍 PWM 技术在 DC - AC 变换中的应用，通常其直流侧电压或电流恒定，所以属于等幅 PWM。

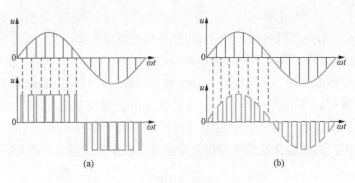

图 3 - 18　等幅和不等幅 PWM 波形
（a）等幅；（b）不等幅

（2）与逆变电路相同，根据直流侧电源性质，PWM 换流器也分为电压型和电流型两种。电压型电路的 PWM 易于实现，并且应用更为广泛，本节仅介绍电压型 PWM 换流器的工作原理。

（3）PWM 脉冲的宽度可以通过计算法和调制法来得到。

根据 PWM 的基本原理，在给出正弦波频率、幅值和半个周期内的脉冲数后，就可以准确计算出 PWM 波形各脉冲的宽度和间隔。按照计算结果控制电路中各开关器件的通断，就可以得到所需要的 PWM 波形。这种方法称为计算法。可以看出，这种计算非常烦琐，当正弦波的频率、幅值等变化时，结果都会发生变化。

与计算法相对应的较为实用的方法是调制法，又分为载波调制（carrier modulation）和空间矢量调制（space vector modulation，SVM），本章将对载波调制进行重点阐述。载波调制的 SPWM 方法是通过对正弦参考波与高频三角载波的比较，得到各 PWM 波的脉冲宽度。SVM 方法的思想源于交流电动机调速的矢量控制，通过实际存在的电压矢量切换来等效所需的任意电压矢量。

（4）根据电路结构和输出相电压的电平数，可以分为两电平 PWM 电路和多电平 PWM 电路。三相桥式电路每相有两个开关器件，只能输出两种电平，其高次谐波和 $\mathrm{d}u/\mathrm{d}t$ 较大，用于中小功率场合。而在高压大功率领域，需采用多重化电路或多电平电路来提高电压和功率等级、减小高次谐波产生的电磁干扰和 $\mathrm{d}u/\mathrm{d}t$ 对设备绝缘的损害。图 3‐19 给出了两电平和七电平 PWM 换流器输出线电压的波形及其频谱的对比。可以看出，随着电平数的增加，输出电压波形更加接近于正弦波，其高次谐波含量显著减少。

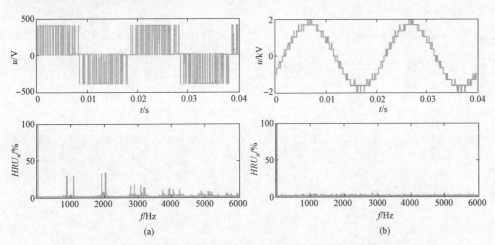

图 3‐19　两电平和七电平 PWM 换流器输出线电压的波形及其频谱的对比

（a）两电平；（b）七电平

3.3.2　单相半桥逆变电路的 SPWM 原理

基于载波调制的 SPWM，即把希望输出的波形按比例缩小作为参考信号（reference signal），把接受调制的信号作为载波信号（carrier signal），通过对载波信号的调制得到所希望的 PWM 波形。通常采用等腰三角波或锯齿波作为载波，其中等腰三角波应用最多。因为等腰三角波上任一点的水平宽度和高度成线性关系而且左右对称，当它与任何一个平缓变化的参考信号波相交时，如在交点时刻控制电路中开关器件的通断，就可以得到宽度正比于信号波幅值的脉冲，这正好符合 PWM 的要求。当参考信号是正弦波时，所得到的就是 SPWM 波形，这种情况应用最广，本节主要介绍这种控制方法。当调制信号不是正弦波，而是其他所需要的波形时，也能得到与之等效的 PWM 波形。

微课讲解

SPWM在电压型逆变电路中的应用

　　单相半桥是构成单相全桥和三相全桥的基本单元，因此首先介绍单相半桥逆变电路的 SPWM 原理，再将其扩展到单相全桥和三相桥式逆变电路。

　　图 3 - 20（a）所示为采用 IGBT 作为主开关器件的单相半桥电压型逆变电路。设负载呈感性，对各 IGBT 的控制按图 3 - 20（b）所示的调制规律进行。在参考波 u_r 和载波 u_c 的交点时刻控制各开关器件的通断，从而确定主开关器件 V1 和 V2 的驱动信号 U_{g1} 和 U_{g2}，该方法称为自然采样法。对于单相半桥逆变电路，输出的 PWM 波形只有 $\pm U_d/2$ 两种电平，而不可能输出 0 电平。因此，在 u_r 的正负半周期内，对各开关器件的控制规律相同，即：

　　（1）当 $u_r > u_c$ 时，给 V1 开通信号，给 V2 关断信号。如果此时 $i_o > 0$，则 V1 导通；如果 $i_o < 0$，则 VD1 导通，但无论在哪种情况下输出电压 $u_o = U_d/2$。

　　（2）当 $u_r < u_c$ 时，给 V2 开通信号，给 V1 关断信号。如果此时 $i_o < 0$，则 V2 导通；如果 $i_o > 0$，则 VD2 导通，但无论在哪种情况下输出电压 $u_o = -U_d/2$。

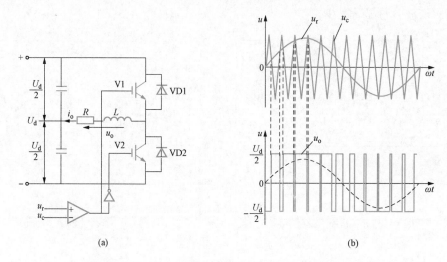

(a)　　　　　　　　　　　　　　　　(b)

图 3 - 20　单相半桥电压型逆变电路的 SPWM 原理
（a）电路结构及驱动信号生成原理；（b）SPWM 波形

　　在载波幅值和频率固定的情况下，改变参考波的幅值和频率，即可改变输出交流电压的幅值和频率。

3.3.3　单相全桥逆变电路的 SPWM 原理

　　单相全桥逆变电路如图 3 - 21（a）所示，该电路可看作由两个半桥电路组成，而输出电压 u_o 可看作这两个半桥电路输出电压 u_{AN} 和 u_{BN} 之差，含有 $\pm U_d$ 和 0 共 3 个电平，如图 3 - 21（b）所示。各开关器件的控制规律如下：

　　（1）当 $u_{r1} > u_c$、$u_{r2} < u_c$ 时，V1 和 V4 导通（或 VD1 和 VD4 导通），$u_o = U_d$。

　　（2）当 $u_{r1} > u_c$、$u_{r2} > u_c$ 时，V1 和 VD3 导通（或 VD1 和 V3 导通），$u_o = 0$。

　　（3）当 $u_{r1} < u_c$、$u_{r2} > u_c$ 时，V2 和 V3 导通（或 VD2 和 VD3 导通），$u_o = -U_d$。

　　（4）当 $u_{r1} < u_c$、$u_{r2} < u_c$ 时，V2 和 VD4 导通（或 VD2 和 V4 导通），$u_o = 0$。

　　两个半桥的调制方法相同，只是采用的参考波相位相反，如图 3 - 21 （b） 所示。工作时，V1 和 V2 的通断状态互补，V3 和 V4 的通断状态也互补，而 V1 和 V3 的驱动信号可分别由两个反相的正弦参考波和三角载波比较得到。从输出电压波形可以看出，与单相半桥电路的 U_d 和 $-U_d$ 交替出现不同，在正半周期内，负载上的输出电压 u_o 可以得到 0 和 U_d 交替的两种电平；在负半周期内，负载上的输出电压 u_o 可以得到 0 和 $-U_d$ 交替的两种电平。

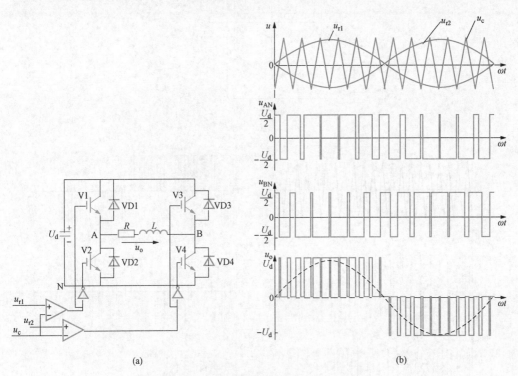

图 3 - 21　单相全桥逆变电路的 PWM 原理
(a) 电路结构及驱动信号生成原理；(b) PWM 波形

3.3.4　三相桥式逆变电路的 SPWM 原理

　　三相桥式逆变电路的 SPWM 方式也可以看作由三个半桥电路的分别调制而得到。如图 3 - 22 （a） 所示，A、B 和 C 三相的三个半桥的 PWM 通常共用一个三角波载波 u_c，而三相的调制信号 u_{rA}、u_{rB} 和 u_{rC} 依次相差 120°。A、B 和 C 各相功率开关器件的控制规律相同，现以 A 相为例进行说明。

　　为便于分析，将直流侧电压 U_d 等分，并设其中点为 N′。当 $u_{rA} > u_c$ 时，给上桥臂 V1 以导通信号，给下桥臂 V4 以关断信号，则 A 相相对于直流电源假想中点 N′ 的输出电压 $u_{AN'} = U_d/2$。当 $u_{rA} < u_c$ 时，给上桥臂 V4 以导通信号，给下桥臂 V1 以关断信号，则 A 相相对于直流电源假想中点 N′ 的输出电压 $u_{AN'} = -U_d/2$。V1 和 V4 的驱动信号始终是互补的。当给 V1 （V4） 加导通信号时，可能是 V1 （V4）导通，也可能是二极管 VD1 （VD4） 导通续流，这要由感性负载中原来电流的方向和大小来决定，和单相半桥逆变电路控制时的情况相同。B 相和 C 相的控制方式

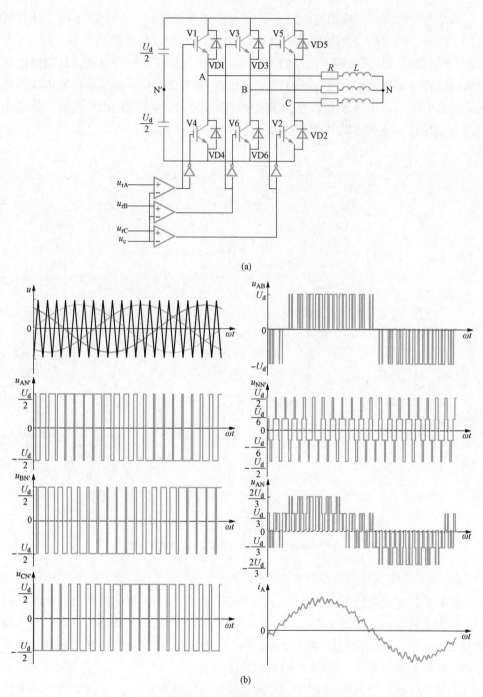

图 3 - 22　三相桥式逆变电路及波形

（a）电路结构及驱动信号生成原理；（b）PWM 波形

和 A 相的相同。三相桥式逆变电路的 PWM 波形如图 3 - 22（b）所示。可以看出，$u_{AN'}$、$u_{BN'}$ 和 $u_{CN'}$ 的 PWM 波形都只有 $\pm U_d/2$ 两种电平。图 3 - 22 中的线电压 u_{AB} 的波形可由 $u_{AN'} - u_{BN'}$ 得出。可以看出：

（1）当桥臂 1 和桥臂 6 导通时，$u_{AB} = U_d$。

（2）当桥臂 3 和桥臂 4 导通时，$u_{AB} = -U_d$。

（3）当桥臂 1 和桥臂 3 或桥臂 4 和桥臂 6 导通时，$u_{AB} = 0$。

因此，逆变器的输出线电压 PWM 波由 $\pm U_d$ 和 0 三种电平构成。由于负载相电压

$$u_{AN} = u_{AN'} - \frac{u_{AN'} + u_{BN'} + u_{CN'}}{3}$$

则从图 3 - 22（b）可以看出，负载相电压的 PWM 波由 $(\pm 2/3)U_d$、$(\pm 1/3)U_d$ 和 0 五种电平组成。

理论上，电压型逆变电路的 PWM 中，同一相上下两个桥臂的驱动信号是互补的。但实际上，为了防止上下两个桥臂直通而造成短路，在上下两臂通断切换时要留一小段上下臂都施加关断信号的死区时间。死区时间的长短主要由功率开关器件的关断时间决定。这个死区时间将会给输出的 PWM 波形带来一定的影响，使其稍稍偏离正弦波。

3.4　换流器的四象限运行

全控型的相控电路和 PWM 电路都可以实现有功功率在交流与直流之间的双向流动，既可以工作在整流状态，也可以工作在逆变状态，因此称为换流器。但相控电路通过改变直流电压极性来改变功率流向，而 PWM 电路通过改变直流电流方向来改变功率流向。由于不用改变电压极性，PWM 电路更容易实现整流状态与逆变状态的转换。除此之外，在直流电动机调速和柔性直流输电等场合，还需要换流器的四象限运行。在直流侧，根据直流电压、直流电流的正负来定义象限；而在交流侧，则根据有功功率和无功功率的正负来定义象限。下面分别介绍相控电路的直流侧电压 - 电流四象限运行，以及 PWM 电路的交流侧有功 - 无功功率四象限运行。

3.4.1　相控电路的直流侧电压 - 电流四象限运行

相控 AC - DC 变换电路驱动直流电动机系统如图 3 - 23 所示，功率的传送方向可由控制移相触发角 α 实现。将电压（电动机转速）定义为横坐标，而将电流（电动机转矩）定义为纵坐标。当移相触发角 $0° < \alpha < 90°$ 时，三相整流桥工作在整流状态，电压电流均为正，为第 I 象限，直流电动机运行于电动机状态，如图 3 - 23（a）所示；当移相触发角 $90° < \alpha < 180°$ 时，直流侧电压反向，三相整流桥工作在有源逆变状态，为第 II 象限，直流电动机运行于回馈制动状态，如图 3 - 23（b）所示。由于功率半导体器件具有单向导电性，电流不能反向，因此一套换流器只能实现二象限运行。若要实现换流器的第 III、第 IV 象限运行，则需要一套反向整流桥，如图 3 - 23（c）、（d）所示。

如果把正、反两套整流桥组合起来，如图 3 - 24（a）所示，则可以实现换流器

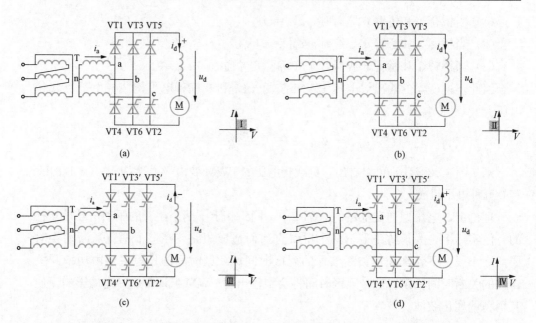

图 3-23　四象限运行的相控 AC-DC 变换电路驱动直流电动机系统

（a）正桥 $0 \leqslant \alpha < 90°$；（b）正桥 $90° < \alpha \leqslant 180°$；（c）反桥 $0 \leqslant \alpha < 90°$；（d）反桥 $90° < \alpha \leqslant 180°$

输出直流电压与电流的正、反向控制以及功率的双向流动，换流器可工作于四个象限。两套相控电路的四象限运行原理如图 3-24（b）所示。

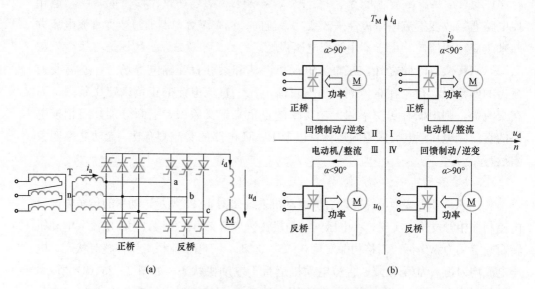

图 3-24　两套相控电路四象限运行的电路与原理图

（a）换流器电路结构图；（b）四象限运行原理图

（1）第 I 象限。正桥工作，$0 \leqslant \alpha < 90°$，输出电压、电流均为正值，功率方向为由电源流向负载。此时，电机工作于电动机状态，转速、转矩均为正值。

（2）第 II 象限。正桥工作，$90° < \alpha \leqslant 180°$，输出电压为负值，输出电流为正

值，功率方向为由负载流向电源。此时，电机工作于回馈制动状态，转矩为正值，转速为负值，从而使得电机转速降低。

（3）第Ⅲ象限。反桥工作，$0 \leqslant \alpha < 90°$，输出电压、电流均为负值，功率方向为由电源流向负载。此时，电机工作于电动机状态（转向与第Ⅰ象限相反），转速、转矩均为负值。

（4）第Ⅳ象限。反桥工作，$90° < \alpha \leqslant 180°$，输出电压为正值，输出电流为负值，功率方向为由负载流向电源。此时，电机工作于回馈制动状态，转矩变为负值，电机转速降低。

由于电压型换流器直流环节接有大电容，改变极性很困难，因此电压型逆变器不容易实现直流侧电压、电流的四象限运行。当采用 PWM 电路为交流电动机供电时，改变电源相序即可实现电机的正反转，如直流侧有卸荷电路或者整流侧采用功率可以双向流动的双 PWM 电路，则交流电动机也可以实现转速与转矩的四象限运行。

3.4.2 PWM 电路的交流侧有功 - 无功功率四象限运行

相控电路要从交流侧吸收无功功率，且功率因数随相控深度（α 增大）而减小。而 PWM 电路可以实现单位功率因数运行，甚至可以独立控制无功功率。在交流侧，PWM 电路可等效为受控的交流电压源，如图 3 - 25 所示。由于电压型的 PWM 电路交流侧的有功和无功功率可以独立控制，可以方便地实现交流侧有功与无功功率的四象限运行。电压型的 PWM 电路也被称为 VSC。VSC 交流侧输出电压基频分量的幅值与相位可以通过调节 PWM 的脉宽调制比 M 和移相角度 δ 实现。

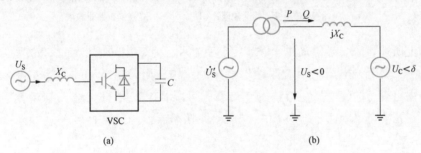

图 3 - 25　PWM 电路及其等效电路

(a) PWM 电路接交流电网；(b) 等效电路

如图 3 - 25 所示，若忽略换流变压器和换流电抗器的电阻，交流母线电压的基频分量 U_s 与 VSC 交流输出电压的基频分量 U_C 一起作用于换流变压器和换流电抗器的等效电抗 X_C，并决定了 VSC 与交流系统间交换的有功功率 P 和无功功率 Q 分别为

$$P = -\frac{U_s U_C}{X_C} \sin\delta \qquad (3 - 10)$$

$$Q = \frac{U_s(U_s - U_C \cos\delta)}{X_C} \qquad (3 - 11)$$

由式（3-10）可知，在 $\delta<0$ 时，VSC 运行于整流状态，从交流电网吸收有功功率；当 $\delta>0$ 时，VSC 运行于逆变状态，向交流电网发出有功功率。通过调节 δ 可以控制 VSC 给交流电网传输的有功功率的大小和方向。

由式（3-11）可知，当 $U_\mathrm{S}-U_\mathrm{C}\cos\delta>0$ 时，VSC 表现为感性，向交流系统注入容性无功功率，相量关系如图 3-26（a）、（c）所示；当 $U_\mathrm{S}-U_\mathrm{C}\cos\delta<0$ 时，VSC 表现为容性，向交流系统注入感性无功功率，向量关系如图 3-26（b）、（d）所示。通过调节 U_C 的幅值可以控制 VSC 吸收或发出的无功功率。

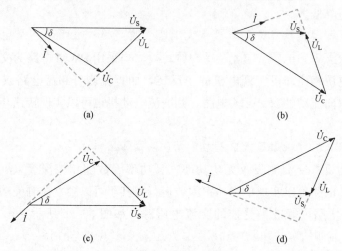

图 3-26　VSC 四象限运行的相量关系

（a）$\delta<0$，VSC 整流，第Ⅰ象限；（b）$\delta<0$，VSC 整流，第Ⅳ象限；

（c）$\delta>0$，VSC 逆变，第Ⅱ象限；（d）$\delta>0$，VSC 逆变，第Ⅲ象限

综上所述，**VSC 能够通过 PWM 控制有功和无功功率的输出，有功功率传输主要取决于交流母线电压与换流器输出电压的夹角，而无功功率的传输主要取决于换流器输出电压的幅值。从系统的角度看，可以将 VSC 看作一个无转动惯量的发电机，它几乎可以瞬时地独立调节有功和无功功率，实现有功和无功功率的四象限运行。**

3.5　电压型 DC-AC 变换电路的谐波分析

对于电压型 DC-AC 变换电路而言，输出电压和电流的波形畸变程度，可以从谐波分量的频率和幅值来衡量。采用方波控制的 DC-AC 变换电路，输出电压波形为矩形波，含有低次谐波分量，会使电动机负载产生振动和噪声。而采用 SPWM 的 DC-AC 变换电路，其输出电压中仅含有与载波频率相关的高次谐波分量，不含有低次谐波，当交流负载的电感较大时，可以得到接近正弦波的电流输出。如对电压或电流的正弦度要求较高，则需要安装滤波器进行滤波。下面将对采用不同控制方式的电压型 DC-AC 变换电路进行谐波分析。

微课讲解

SPWM的实现方法及PWM逆变电路的谐波分析

3.5.1　方波控制的 DC - AC 变换电路谐波

1. 单相全桥 DC - AC 变换电路谐波

单相全桥 DC - AC 变换电路的输出电压波形为正、负宽度各为 180°的矩形波，对其输出电压进行谐波分析如下：

将输出的矩形波电压展开成傅里叶级数，可得

$$u_{\mathrm{o}} = \frac{4U_{\mathrm{d}}}{\pi}\left(\sin\omega t + \frac{1}{3}\sin3\omega t + \frac{1}{5}\sin5\omega t + \cdots\right) \tag{3-12}$$

其中基波分量的幅值和有效值分别为

$$U_{\mathrm{olm}} = \frac{4U_{\mathrm{d}}}{\pi} = 1.27U_{\mathrm{d}} \tag{3-13}$$

$$U_{\mathrm{ol}} = \frac{2\sqrt{2}U_{\mathrm{d}}}{\pi} \approx 0.9U_{\mathrm{d}} \tag{3-14}$$

n 次谐波电压分量的幅值和有效值分别为

$$U_{\mathrm{onm}} = \frac{4U_{\mathrm{d}}}{n\pi} \tag{3-15}$$

$$U_{\mathrm{on}} = \frac{2\sqrt{2}U_{\mathrm{d}}}{n\pi} \tag{3-16}$$

式中：$n = 2k+1$，k 为自然数。

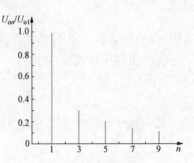

图 3 - 27 所示为单相全桥逆变电路输出电压的频谱图。

上述公式同样适用于半桥逆变电路，但其中的 U_{d} 要换成 $U_{\mathrm{d}}/2$，即半桥逆变器的电压要低一半。

图 3 - 27　单相全桥逆变电路
输出电压的频谱图

2. 三相桥式 DC - AC 变换电路谐波

将三相桥式逆变电路输出线电压 u_{AB} 展开成傅里叶级数，可得

$$u_{\mathrm{AB}} = \frac{2\sqrt{3}U_{\mathrm{d}}}{\pi}\left[\sin\omega t + \sum_{n}\frac{1}{n}(-1)^{k}\sin n\omega t\right]$$

$$= \frac{2U_{\mathrm{d}}}{\pi}\left(\sin\omega t - \frac{1}{5}\sin5\omega t - \frac{1}{7}\sin7\omega t + \frac{1}{11}\sin11\omega t + \frac{1}{13}\sin13\omega t - \cdots\right)$$

$$\tag{3-17}$$

式中：$n = 6k\pm1$，k 为自然数。

输出线电压的有效值

$$U_{\mathrm{AB}} = \sqrt{\frac{1}{2\pi}\int_{0}^{2\pi}u_{\mathrm{AB}}^{2}\mathrm{d}(\omega t)} = 0.816U_{\mathrm{d}} \tag{3-18}$$

其中输出线电压基波分量的幅值

$$U_{\mathrm{AB1m}} = \frac{2\sqrt{3}U_{\mathrm{d}}}{\pi} \approx 1.1U_{\mathrm{d}} \tag{3-19}$$

输出线电压基波分量的有效值

$$U_{AB1} = \frac{\sqrt{6}U_d}{\pi} \approx 0.78U_d \tag{3-20}$$

n 次谐波电压分量的幅值和有效值分别为

$$U_{ABnm} = \frac{2\sqrt{3}U_d}{n\pi} \tag{3-21}$$

$$U_{ABn} = \frac{\sqrt{6}U_d}{n\pi} \tag{3-22}$$

将相电压 u_{AN} 展开成傅里叶级数，可得

$$u_{AN} = \sum_{n=1}^{\infty} \frac{4U_d}{\sqrt{3}n\pi} \sin\frac{n\pi}{3} \sin n\omega t$$

$$= \frac{2U_d}{\pi}\left(\sin\omega t - \frac{1}{5}\sin5\omega t + \frac{1}{7}\sin7\omega t - \frac{1}{11}\sin11\omega t + \frac{1}{13}\sin13\omega t - \cdots\right)$$

$$\tag{3-23}$$

式中：$n = 6k \pm 1$，k 为自然数。

负载相电压有效值

$$U_{AN} = \sqrt{\frac{1}{2\pi}\int_0^{2\pi} u_{AN}^2 d(\omega t)} = 0.471U_d \tag{3-24}$$

其中基波幅值和基波有效值分别为

$$U_{AN1m} = \frac{2U_d}{\pi} = 0.637U_d \tag{3-25}$$

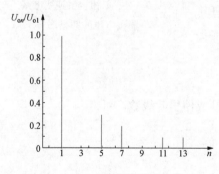

图 3-28 三相桥式逆变电路
输出电压的频谱图

$$U_{AN1} = \frac{U_{AN1m}}{\sqrt{2}} = \frac{\sqrt{2}U_d}{\pi} \approx 0.45U_d$$

$$\tag{3-26}$$

n 次谐波电压分量的幅值和有效值分别为

$$U_{ANnm} = \frac{2U_d}{n\pi} \tag{3-27}$$

$$U_{ABn} = \frac{\sqrt{2}U_d}{n\pi} \tag{3-28}$$

图 3-28 所示为三相桥式逆变电路输出电压（线电压和相电压）的频谱图。

3.5.2 SPWM 的 DC-AC 变换电路谐波

1. 基波电压

对于 SPWM 波形，为了找出基波电压，需将 SPWM 脉冲序列 $u(t)$ 展开成傅里叶级数。由于各相电压正、负半波及其左、右均对称，因而它是一个奇次正弦周期函数，其一次表达式为

$$u(t) = \sum_{k=1}^{\infty} U_{km}\sin k\omega_1 t \qquad (k = 1,3,5,\cdots) \tag{3-29}$$

微课讲解
SPWM的基波电压与调制方法

其中

$$U_{km} = \frac{2}{\pi} \int_0^\pi u(t)\sin k\omega_1 t\, \mathrm{d}(\omega_1 t) \tag{3-30}$$

要把包含 n 个矩形脉冲的 $u(t)$ 代入式（3-30），必须先求得每个脉冲的起始相位和终止相位。就图 3-29 所示的 SPWM 波形来说，线电压 u_{AB} 的 SPWM 脉冲序列的幅值为 U_d，各脉冲不等宽，但中心距相同，都等于 π/n，n 为正弦波半个周期内的脉冲数。如图 3-29 所示，令第 i 个矩形脉冲的宽度为 δ_i，其中心点相位角为 θ_i，由于在原点处的三角载波只有半个波形，则第 i 个脉冲中心点的相位

$$\theta_i = \frac{\pi}{n}i - \frac{1}{2}\frac{\pi}{n} = \frac{2i-1}{2n}\pi \tag{3-31}$$

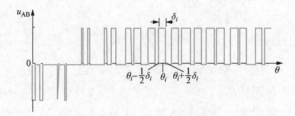

图 3-29 SPWM 波形

于是，第 i 个脉冲的起始相位

$$\theta_i - \frac{1}{2}\delta_i = \frac{2i-1}{2n}\pi - \frac{1}{2}\delta_i$$

其终止相位

$$\theta_i + \frac{1}{2}\delta_i = \frac{2i-1}{2n}\pi + \frac{1}{2}\delta_i$$

代入式（3-30）可得

$$
\begin{aligned}
U_{km} &= \frac{2}{\pi}\sum_{i=1}^{n}\int_{\theta_i-\frac{1}{2}\delta_i}^{\theta_i+\frac{1}{2}\delta_i} U_{dc}\sin k\omega_1 t\, \mathrm{d}(\omega_1 t) \\
&= \frac{2}{\pi}\sum_{i=1}^{n}\frac{U_{dc}}{k}\left[\cos k\left(\theta_i-\frac{1}{2}\delta_i\right) - \cos k\left(\theta_i+\frac{1}{2}\delta_i\right)\right] \\
&= \frac{4U_{dc}}{k\pi}\sum_{i=1}^{n}\left(\sin k\theta_i\sin\frac{k\delta_i}{2}\right) = \frac{4U_{dc}}{k\pi}\sum_{i=1}^{n}\left[\sin\frac{(2i-1)k\pi}{2n}\sin\frac{k\delta_i}{2}\right]
\end{aligned}
\tag{3-32}
$$

故

$$u(t) = \sum_{k=1}^{\infty}\frac{4U_{dc}}{k\pi}\sum_{i=1}^{n}\left[\sin\frac{(2i-1)k\pi}{2n}\sin\frac{k\delta_i}{2}\right]\sin k\omega_1 t \tag{3-33}$$

将 $k=1$ 代入式（3-32）中，可得输出电压的基波幅值。当半个周期内的脉冲数 n 不太少时，各脉冲的宽度 δ_i 都不大，可以近似地认为 $\sin\delta_i/2 \approx \delta_i/2$，因此

$$U_{1m} = \frac{4U_{dc}}{\pi}\sum_{i=1}^{n}\left[\sin\frac{(2i-1)\pi}{2n}\right]\frac{\delta_i}{2} \tag{3-34}$$

可见输出基波电压幅值 U_{1m} 与各段脉宽 δ_i 有着直接的关系，它说明如何调节参

考信号的幅值。当改变各个脉冲的宽度时，就实现了对逆变器输出电压基波幅值的平滑调节。

对于 SPWM 波形，其等效正弦波为 $U_{\mathrm{m}}\sin\omega_1 t$，根据面积相等的等效原理，可写成

$$\delta_i U_{\mathrm{D}} = U_{\mathrm{m}} \int_{\theta_i - \frac{\pi}{2n}}^{\theta_i + \frac{\pi}{2n}} \sin\omega_1 t \mathrm{d}(\omega_1 t)$$

$$= U_{\mathrm{m}} \left[\cos\left(\theta_i - \frac{\pi}{2n}\right) - \cos\left(\theta_i + \frac{\pi}{2n}\right) \right]$$

$$= 2U_{\mathrm{m}} \sin\frac{\pi}{2n} \sin\theta_i$$

有

$$\delta_i \approx \frac{\pi U_{\mathrm{m}}}{n U_{\mathrm{dc}}} \sin\theta_i \qquad (3-35)$$

这就是说，第 i 个脉冲宽度与该处正弦值近似成正比。因此，与半个周期正弦波等效的 SPWM 波是两侧窄、中间宽、脉宽按正弦规律逐渐变化的序列脉冲波。

将式（3-31）和式（3-35）代入式（3-34），可得

$$U_{1\mathrm{m}} = \frac{4U_{\mathrm{d}}}{\pi} \sum_{i=1}^{n} \left[\sin\frac{(2i-1)\pi}{2n} \right] \frac{\pi U_{\mathrm{m}}}{2n U_{\mathrm{dc}}} \sin\frac{(2i-1)\pi}{2n}$$

$$= \frac{2U_{\mathrm{m}}}{n} \sum_{i=1}^{n} \sin^2\left[\frac{(2i-1)\pi}{2n} \right]$$

$$= \frac{2U_{\mathrm{m}}}{n} \sum_{i=1}^{n} \frac{1}{2} \left[1 - \cos\frac{(2i-1)\pi}{n} \right] \qquad (3-36)$$

$$= U_{\mathrm{m}} \left[1 - \frac{1}{n} \sum_{i=1}^{n} \cos\frac{(2i-1)\pi}{n} \right]$$

可以证明，除 $n=1$ 外，有限项三角级数

$$\sum_{i=1}^{n} \cos\frac{(2i-1)\pi}{n} = 0$$

而 $n=1$ 是没有意义的，因此由式（3-35）可得

$$U_{1\mathrm{m}} = U_{\mathrm{m}}$$

也就是说，SPWM 逆变器输出脉冲序列的基波电压正是调制时所要求的等效正弦波电压。当然，这个结论是在前述的近似条件下得出的，即 n 不太少，$\sin\pi/2n \approx \pi/2n$，且 $\sin\delta_i/2 \approx \delta_i/2$。

对于图 3-20 所示的单相半桥逆变电路的 SPWM 波形，输出电压的基波有效值的最大值为 $U_{1\mathrm{max}} = \dfrac{U_{\mathrm{dc}}}{2\sqrt{2}}$；对于图 3-21 所示的单相全桥逆变电路，$U_{1\mathrm{max}} = \dfrac{U_{\mathrm{dc}}}{\sqrt{2}}$；对于图3-22所示的三相全桥逆变电路，输出线电压的基波有效值的最大值为 $U_{1\mathrm{max}} = \dfrac{\sqrt{3}U_{\mathrm{dc}}}{2\sqrt{2}}$。

2. 谐波特点

PWM 逆变电路由于载波对正弦信号的调制，除产生基波外，也产生和载波有关的谐波分量。

单相电压型 PWM 逆变电路的输出 PWM 波形频谱中所包含的谐波频率可表示为

$$nf_c \pm kf_r$$

式中：当 $n=1,3,5,\cdots$ 时，$k=0,2,4,6,\cdots$；当 $n=2,4,6,\cdots$ 时，$k=1,3,5,\cdots$

对图 3 - 20（b）所示的单相半桥 PWM 逆变电路输出电压 PWM 波形进行谐波分析，频谱图如图 3 - 30 所示（脉宽调制比 $M=0.8$）。可以看出，其 PWM 波不含低次谐波，只含有载波频率 f_c 及其附近的谐波，以及载波频率 $2f_c$、$3f_c$ 等及其附近的谐波。上述谐波中，影响最大的是频率为 f_c 的谐波分量。

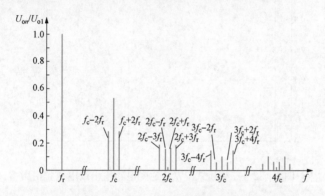

图 3 - 30　单相半桥 PWM 逆变电路输出电压频谱图

对图 3 - 21（b）所示的单相全桥 PWM 逆变电路输出电压 PWM 波形进行谐波分析，频谱图如图 3 - 31 所示（脉宽调制比 $M=0.8$）。可以看出，其 PWM 波中亦不含低次谐波，仅含有载波频率 $2f_c$、$4f_c$ 及其附近的谐波，不含载频频率 f_c、$3f_c$ 及其附近的谐波，谐波含量远小于单相半桥 PWM 逆变电路的谐波含量。

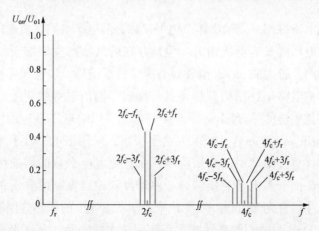

图 3 - 31　单相全桥 PWM 逆变电路输出电压频谱图

三相桥式 PWM 逆变电路可以每相各有一个载波信号，也可以三相共用一个载波信号。在共用一个载波信号的情况下，所包含的谐波频率也可表示为

$$nf_\mathrm{c}\pm kf_\mathrm{r}$$

式中：当 $n=1,3,5,\cdots$ 时，$k=3(2m-1)\pm1$，$m=1,2,\cdots$；当 $n=2,4,6,\cdots$ 时，$k=\begin{cases}6m-1(m=0,1,\cdots)\\6m+1(m=0,1,\cdots)\end{cases}$。

图 3-32 给出了脉宽调制比 $M=0.8$ 时三相桥式 PWM 逆变电路输出线电压的频谱图，与图 3-30 比较可见，频谱中依然不含低次谐波，但是载波频率 f_c 及其整数倍谐波没有了，仅含载频频率 f_c、$2f_\mathrm{c}$、$3f_\mathrm{c}$ 附近的谐波。

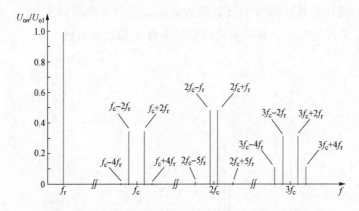

图 3-32　三相桥式 PWM 逆变电路输出线电压频谱图

综上所述，PWM 调制使得逆变电路输出电压中不再含有低次谐波，但是存在载波频率及其附近的高次谐波，这些高次谐波的存在会造成高频电磁干扰，通常需要采用高通滤波器滤除。

3.6　多电平变换电路

三相桥式电路每相只能输出两个电平，称为两电平电路。虽然两电平 PWM 电路输出的交流电压波没有低次谐波，但是存在的大量高次谐波会使电动机过热并产生振动和噪声，较大的 $\mathrm{d}u/\mathrm{d}t$ 会使设备绝缘过早损坏。多电平变换器的基本思想是通过一定的主电路拓扑结构获得多级阶梯波形输出来等效正弦波，该思想最早由日本长冈科技大学的 A. Nabae 等人在 1980 年的 IEEE 工业应用协会（IEEE Industry Applications Society，IAS）年会上提出。采用多电平技术不仅回避了全控型电力电子器件直接串联时的均压难题，而且随着电平数的增加可以使高次谐波含量大幅减少。由于多电平变换器对功率器件和控制电路的要求都很高，最初并未受到太多关注。直到 20 世纪 90 年代末，随着 IGBT 的成熟应用和高压变频器的发展，以及以 DSP 为核心的高性能数字控制技术的普及，多电平变换器的研究和应用才有了迅猛发展。近年来，随着柔性直流输电在新能源和直流电网中应用的

逐步增加，多电平电路逐步拓展到电压和功率等级更高的输配电领域。

3.6.1　多电平变换电路的拓扑结构

目前已提出多种多电平电路拓扑结构，可以分为由器件串联的钳位型多电平电路（clamped multilevel converter，CMC）和由模块串联的模块化多电平电路（modular multilevel converter，MMC）两种基本类型。根据主开关器件的电压钳位方式，钳位型多电平电路可分为二极管钳位型（又称中性点钳位型）和电容钳位型两种类型；根据模块级联的方式，模块化多电平电路可分为直流母线独立供电和有公共直流母线两种类型。

1. 钳位型多电平电路

（1）二极管钳位型五电平电路如图 3‑33 所示。二极管钳位型多电平电路的主要特点是：

1）采用多个二极管对相应的全控型器件进行钳位来解决器件的均压问题。M 电平电路每相桥臂需全控型器件 $2(M-1)$ 个，相应钳位二极管 $2(M-2)$ 个。

2）直流侧采用电容分压形成多级电平，M 电平电路需 $M-1$ 个分压电容，在控制上需解决电容电压不平衡的问题。

3）每相桥臂开关管的工作频率不同，中间开关管的导通时间远远大于外侧开关管的导通时间，负荷较重。

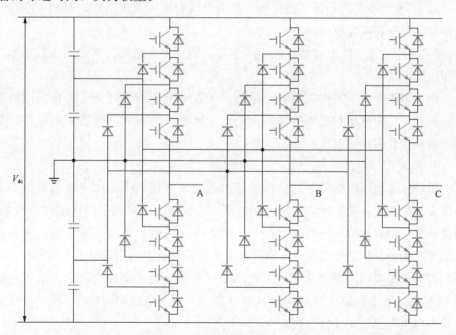

图 3‑33　二极管钳位型五电平电路

（2）飞跨电容钳位型五电平电路如图 3‑34 所示。飞跨电容钳位型多电平电路的主要特点是：

1）采用跨接在开关器件之间的串联电容进行钳位，M 电平电路每相桥臂需

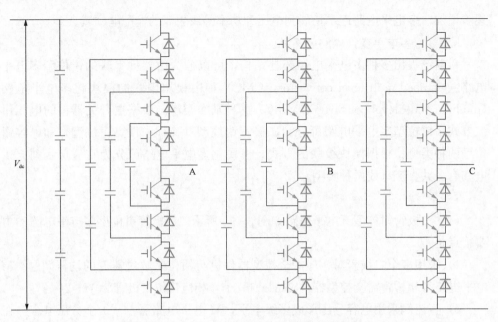

图 3 - 34　飞跨电容钳位型五电平电路

$(M-1)(M-2)/2$ 个钳位电容，直流侧分压电容与二极管钳位型电路相同。

2）开关状态的选择比二极管钳位型电路具有更大的灵活性，有利于平衡开关器件导通时间和电容电压。

3）由于直流滤波电容体积大、成本高、使用寿命较短，其实用价值不如二极管钳位型电路。

由于多于七电平的钳位型电路结构和 PWM 调制极为复杂，工程实用价值不大。因此，对于电压和功率等级较高的电力系统中的应用，则需采用电平数易于扩展的模块化多电平电路。

2. 模块化多电平电路

模块化多电平电路将相同结构的基本模块串联以获得多电平输出。由于各功率单元结构相同，易于模块化设计和封装，其控制方法也易于向更多电平数扩展；当某一单元出现故障时，可将其旁路，其余单元可继续运行，从而提高了系统的可靠性。因此，模块化多电平电路已成为目前最受关注的多电平电路形式。

（1）最早提出的模块化多电平电路采用各单元直流侧独立供电、交流侧串联的 H 桥级联型电路结构，两单元 H 桥级联型五电平电路如图 3 - 35 所示。H 桥级联型多电平电路的主要特点是：

1）交流侧每相由 N 个 H 桥单元级联而成，逆变电路输出相电压的电平数 $M=2N+1$。

2）直流侧采用独立电源供电，不需要钳位器件，不存在电压均衡问题。若直流侧由三相不可控整流电路供电时，整流侧需多绕组曲折联结变压器，增大了装置体积，但多重化整流减小了输入侧电流谐波。

3）按某一特定规律分别对每一单元进行 PWM 调制，各单元输出波形叠加即可得到多电平输出，控制方法比钳位型电路对各桥臂的整体控制更简单，并且易于扩展。

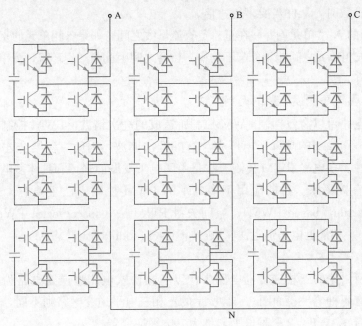

图 3-35　两单元 H 桥级联型五电平电路

（2）上述级联型的模块化多电平电路在高压电动机变频调速领域获得了广泛应用，但是由于没有公共直流母线，无法用于直流输电。为此，德国学者于 21 世纪初提出了新的 MMC 电路拓扑，如图 3-36 所示。该拓扑整体来看仍为三相桥式电路，每个桥臂为 N 个模块串联，具有公共直流母线，但电容分散于各个模块之中。该电路在电力系统中更具实用价值，因此未加说明时，MMC 电路特指这种多电平结构的电路，相对于其他多电平电路，其特点是：

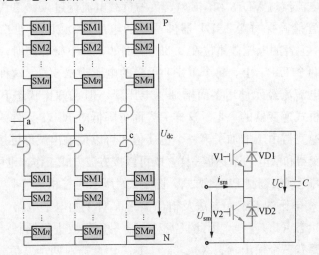

图 3-36　MMC 电路拓扑

1）具有模块化电路扩展简单、易于冗余设计的优点，并且有公共直流母线，能量可以双向流动，但是各个模块的电容存在均压问题。

2）每个桥臂由 N 个半桥串联时，输出电平数 $M=N+1$；和其他多电平电路输出相同电平数时，器件需要多用一倍。

3）每相的 N 个单元均并联在正、负直流母线之间，如果各相单元的直流电压有差异，会造成相单元之间能量分配不均衡，桥臂之间因此而产生环流，需串联桥臂电感以抑制环流。

3.6.2　多电平变换电路的调制方法

多电平电路可以有效抑制 PWM 控制所造成的高次谐波，PWM 控制可以减少多电平逆变电路输出的阶梯形电压中含有的低次谐波，因此二者结合才能获得最佳的频谱特性。多电平 PWM 控制方法是由两电平发展而来，和具体多电平电路的拓扑结构有直接关系。目前应用于多电平的 PWM 控制方法主要有：载波调制 PWM 法（carrier - based PWM）、空间矢量 PWM 法（space vector PWM，SVP-WM 或 SVM）和最近电平逼近法（nearest level modulation，NLM）。

1. 二极管钳位型三电平电路的调制方法

在本章所讨论的三相逆变器电路中，以三相桥式电压型逆变电路为例，其相电压输出只有两种电平；而图 3 - 37 所示的三相三电平逆变电路则不同，其逆变器的输出电压有 0、$\pm U_{\mathrm{d}}/2$ 三种电平，称为三电平逆变器。

为了简单明了，本小节介绍二极管钳位型三电平逆变器，它采用由 12 只 IG-BT 器件及 6 只钳位二极管组成的带中性点钳位的电路，如图 3 - 37 所示。其中，V11、V21、V31、V14、V24、V34 为主管，V12、V22、V32、V13、V23、V33 为辅管，辅管与钳位二极管 VD10、VD20、VD30、VD10′、VD20′、VD30′ 结合可使输出钳位在 O 点 0 电平上。以 a 相为例，在输出为 $U_{\mathrm{d}}/2$ 的状态，正的负载电流流过 V11 和 V12，负的负载电流流过 V11 和 V12；在输出为 0 的状态，正的负载电流流过 VD10 和 V12，负的负载电流流过 V13 和 VD10′；在输出为 $-U_{\mathrm{d}}/2$ 的状态，正的负载电流流过 VD13 和 VD14，负的负载电流流过 V13 和 V14。

钳位二极管能确保每个 IGBT 器件承受的电压为 $0.5U_{\mathrm{d}}$，当二极管 VD10 或 VD10′ 导通时，主管的电压被钳位在 $0.5U_{\mathrm{d}}$。例如，当下管导通时，其母线电压加在上面串联的两个 IGBT 上，每个 IGBT 承受的电压为 $0.5U_{\mathrm{d}}$。这种电路虽然在导通状态下由于电流流经元件增多而增加了电压降，但在截止状态下元件所承受的电压只有三相桥式逆变器的一半。这样一方面可降低对 IGBT 元件的耐压要求；另一方面三电平逆变器由于增加了第三个电压值，可以使输出波形更接近于正弦波。

三电平逆变器和两电平逆变器一样，既可以按方波方式工作，也可以按 PWM 方式工作，这里讨论载波调制 PWM 方式。图 3 - 38 所示为三相三电平逆变器按 PWM方式工作时 A 相电压的 PWM 方法及输出波形。对于两电平电路，由于每相桥臂只有两个输出状态（1、−1），因此只需对一个三角载波进行调制；而对于三电平电路，每相桥臂有三个输出状态（1、0、−1），因此需对两个三角载波 u_{C1}、u_{C2} 进

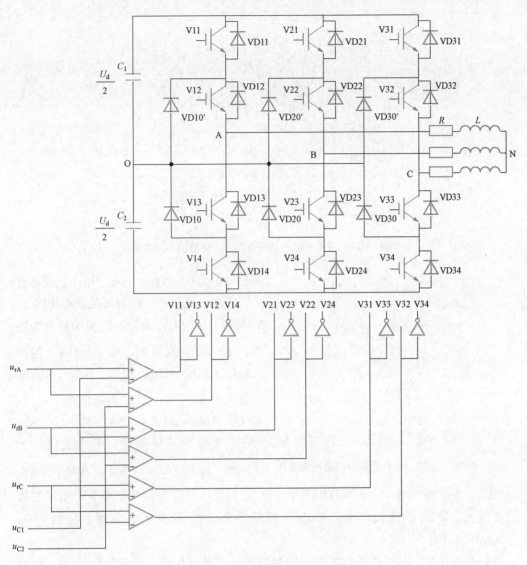

图 3 - 37　三相三电平逆变电路

行调制，这两个载波对称分布于时间轴两侧，分别与正弦波的正负半周进行调制。
在三电平电路中，由于在正弦波的正半周电平 1 与 0 交替出现，而在负半周电平
−1 与 0 交替出现，因此称为单极性调制；而在两电平电路中，每相始终是电平 1
和−1 交替出现，因此称为双极性调制。根据调制结果可生成各器件的驱动信号，
原理如图 3 - 38 所示。以 A 相为例，参考波 u_{rA} 与载波 u_{C1}、u_{C2} 的比较结果分别作
为开关器件 V11 和 V12 的驱动信号，而 V13 的驱动信号与 V11 的驱动信号互补，
V14 的驱动信号与 V12 的驱动信号互补。

　　三电平逆变电路也可采用 SVM 方式，但由于该方法会导致开关状态增多，
因而计算较为复杂。每个半桥逆变器都有下面三种开关状态：状态 A 为上管导
通，输出电平为 1；状态 B 为下管导通，输出电平为−1；状态 C 为辅管导通，

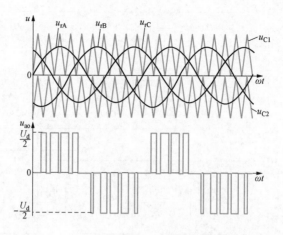

图 3-38　三相三电平逆变电路的 PWM 及输出波形

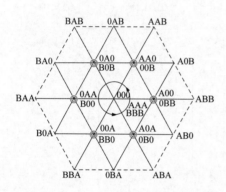

图 3-39　三相三电平逆变器的空间矢量图

输出电平为 0。因此，三相三电平逆变器有 $3^3=27$ 种开关状态，所有开关状态如图 3-39 所示。从中可以看出，开关矢量分为四类：第一类幅值最大，为 $\sqrt{2/3}U_d$，包括 AAB、ABB、ABA、BBA、BAA、BAB，统称大开关矢量；第二类幅值为 $U_d/\sqrt{2}$，包括 A0B、AB0、0BA、B0A、BA0、0AB，统称中开关矢量；第三类幅值为 $U_d/\sqrt{6}$，包括 AA0、A00、A0A、00A、0AA、0A0 和 00B、0BB、0B0、BB0、B00、B0B，它们均匀分布在 6 个扇区的边界线上，统称小开关矢量；第四类幅值为零，统称零开关矢量，包括 000、AAA、BBB。

系统在某一时刻选择六边形空间矢量图中的某一矢量，它就决定了这一时刻逆变器的输出状态，即这一时刻 IGBT 的开通、关断组合方式，同时决定了这一时刻逆变器三相输出电压的瞬时值，也就严格地确定了这一时刻三相电压的瞬时相位关系。所以，直接利用六边形空间矢量图，恰当地选择并执行图中的某些基本电压矢量，就能方便地对逆变器的输出电压幅值和频率进行控制。

2. 级联型多电平电路的 PWM 方法

根据载波分布的特点，载波调制法又可分为消谐波 PWM（sub-harmonic PWM，SHPWM）和三角载波移相 PWM（triangular carrier phase shifting PWM，PSPWM）。为提高直流电压利用率，在参考波中注入零序分量的方法称为开关频率优化 PWM（switching frequency optimal PWM，SFOPWM）。这三种载波调制方法的载波和参考波分布如图 3-40（以七电平为例，* 表示标幺值，后同）。这三种方法所用载波的数量相同，M 电平电路每相需采用 $M-1$ 个三角载波。

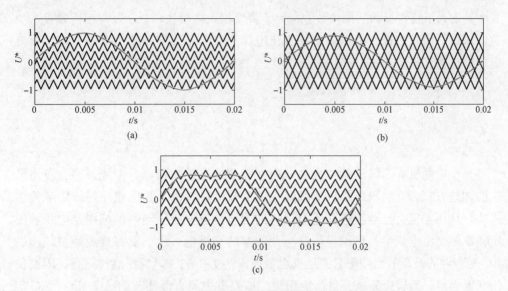

图 3-40　载波调制法的载波和参考波分布

（a）SHPWM 的载波和参考波；（b）PSPWM 的载波和参考波；（c）SFOPWM 的载波和参考波

　　PSPWM 法是针对等电压的单元级联型逆变电路特点提出的。每个单元的驱动信号由一个正弦波和相位互差为 180°的两个三角载波比较生成，同一相的级联单元之间正弦参考波相同，而三角载波互差 π/N（N 为每相单元数）。通过载波移相使各单元输出电压脉冲在相位上相互错开，并刚好可以叠加出多电平波形，如图 3-41 所示。由于各单元的调制方法相同，只是载波或参考波相位不同，因而控制算法容易实现，也便于向更多电平数扩展。但对于电压不等的单元级联，仅通过载波移相不能叠加出多电平波形，因而该方法并不适用于混合单元内部各基本单元的 PWM 调制。但对于相同结构的混合单元之间的级联，如两个混合七电平单元的级联，则可采用削谐波和载波移相相结合的调制方法。

　　对应用于高压直流输电领域的 MMC 电路，由于级联的模块众多，采用载波移相调制存在诸多困难，人们提出了一种最近电平逼近调制方法，其原理如图 3-42 所示。在任意时刻，上下桥臂投入总模块数相等，上下桥臂投入模块数为

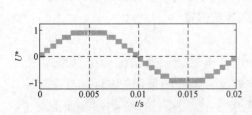

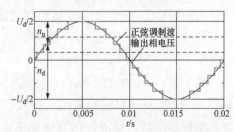

图 3-41　输出电压多电平波形　　　　　图 3-42　最近电平逼近调制原理

$$\begin{cases} n_{\mathrm{d}} = \mathrm{round}(u_{\mathrm{m}}) \\ n_{\mathrm{u}} = n - \mathrm{round}(u_{\mathrm{m}}) \end{cases} \tag{3-37}$$

式中：n_d为下桥臂投入的模块数；n_u为上桥臂投入的模块数；n为每相桥臂投入的总模块数，由直流母线电压和模块直流电压决定；u_m为期望输出电压与模块直流电压的比值。

3.7　变频调速系统的仿真

3.7.1　变频调速系统概述

异步电动机有不同的调速方法，而变频调速是效率最高、性能最好、应用最广的调速方法。变频调速是以变频器向交流电动机供电，并构成开环或闭环控制系统，从而实现交流电动机在宽范围内的无级调速。变频器可以把固定电压、固定频率的交流电变换为可调电压、可调频率的交流电。由于没有直流环节，AC-AC变频器的最高输出频率只能达到电源频率的$1/3\sim1/2$，无法高速运行，因而仅用在大容量、低转速领域。目前应用最广的是有中间直流环节的AC-DC-AC变频器，通常由不可控整流电路、直流滤波电路和逆变电路三部分组成，如图3-2所示。逆变电路是变频器的核心环节，用以完成变压变频控制。

三相异步电动机定子每相电动势的有效值

$$E_1 = 4.44k_{r1}f_1N_1\varPhi_M \tag{3-38}$$

式中：E_1为气隙磁通在定子每相中感应电动势的有效值；f_1为定子频率；N_1为定子每相绕组串联匝数；k_{r1}为与绕组结构有关的常数；$\varPhi_M$为每极气隙磁通量。

由式（3-38）可知，在改变电源频率调节电动机转速时，频率的下降会导致磁通增加，进而使磁路饱和，最终导致励磁电流增加、功率因数下降、铁芯和线圈过热。为此，要在降频的同时降压，这就要求对频率与电压进行协调控制。此外，为了保持调速时电动机产生的最大转矩不变，需要维持磁通不变，这也由频率和电压的协调控制来实现。恒压频比控制（$V/f=$常数）是变频器最简单的调速控制方式，也称变压变频调速。对于PWM逆变器，通过改变调制波的幅值而改变PWM脉冲的宽度可以控制其电压幅值，通过改变调制周期可以控制其输出频率，从而在逆变器上同时进行输出电压和频率的控制，而满足变频调速对电压和频率协调控制的要求。PWM逆变器的优点是能消除低次谐波，使负载电动机在波形近似正弦波的交变电压下运行，转矩脉冲小，调速范围宽。

3.7.2　变频调速系统参数

在MATLAB中的Simulink中搭建异步电动机变频调速系统的仿真原理图，如图3-43所示。整流侧采用二极管不可控整流，逆变侧采用PWM逆变器给一台笼型异步电动机供电，仿真电动机参数见表3-1。在0.3s处控制转速由额定转速的80%升至额定转速，在0.5s处又控制转矩由额定转矩降至60%额定转矩。

参数	数值
电动机额定容量/VA	2000
额定电压/V	380
额定频率/Hz	50
定子电阻*	0.01965
定子自感*	0.0397
转子电阻*	0.01909
转子自感*	0.0397
互感*	1.354
惯性常数/s	0.09526

表 3 - 1 　　　　　　　　　　仿真电动机参数

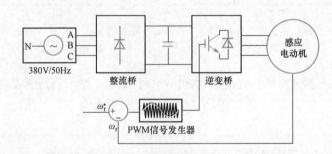

图 3 - 43　异步电动机变频调速系统仿真原理图

3.7.3　逆变器输出波形及谐波分析

图 3 - 44 所示为转速为 0.8 倍额定转速时 PWM 逆变器输出线电压的波形及频谱；图 3 - 45 所示为转速为额定转速时 PWM 逆变器输出线电压的波形及频谱。通过对比可以看出，随着转速的变化，PWM 波形的宽度也发生了变化，即输出电压的频率发生了改变，从而实现了变频调速。由电压频谱图可以看出，PWM 波的频谱中不含低次谐波，只有与载波频率相关的高次谐波分量。

3.7.4　调速性能分析

图 3 - 46～图 3 - 48 所示分别为变频调速前后电动机的转子转速、电磁转矩与定子电流随时间的变化情况。其中，0～0.2s 为电动机的启动过程，转速由 0 逐渐增大至稳态（$0.8n_N$），电磁转矩与定子电流也在启动过程结束后达到稳态值；当在 0.3s 处调节转子转速增大时，电磁转矩与定子电流在经过短暂调整后又回到原来的数值；当在 0.5s 处控制转矩由额定转矩降至 60％额定转矩时，可以看出转子转速略有升高，定子电流则随转矩的降低而减小。在整个调速过程中，转速平滑变化且响应速度快，达到了较好的调速效果。

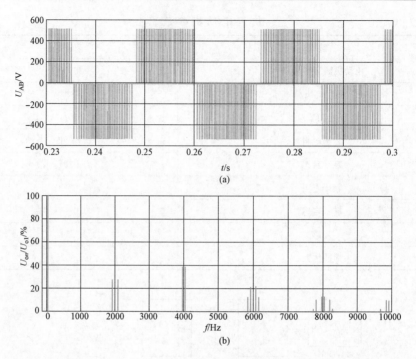

图 3-44　转速为 0.8 倍额定转速时 PWM 逆变器输出线电压的波形及频谱

（a）PWM 电压波形；（b）电压频谱

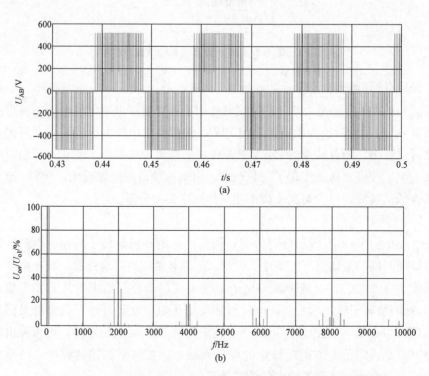

图 3-45　转速为额定转速时 PWM 逆变器输出电压波形及频谱

（a）PWM 电压波形；（b）电压频谱

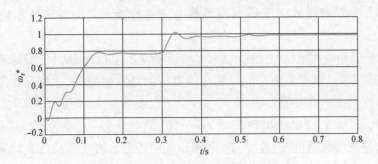

图 3 - 46 转子转速随时间的变化情况

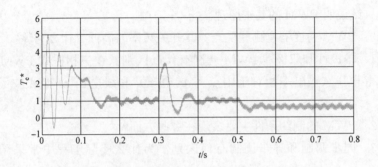

图 3 - 47 电磁转矩随时间的变化情况

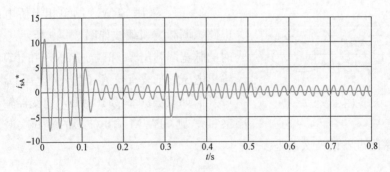

图 3 - 48 定子电流随时间的变化情况

第3章
仿真程序与讲解

3 - 1 无源逆变电路和有源逆变电路有什么区别？

3 - 2 器件的换流方式有哪些？各有什么特点？试举例说明。

3 - 3 什么是电压型逆变电路和电流型逆变电路？两者各有什么特点？

3 - 4 电压型逆变电路中二极管的作用是什么？如果没有将出现什么现象？为什么电流型逆变电路中没有这样的二极管？

3 - 5 请说明整流电路、逆变电路、变频电路的区别。

3-6　并联谐振式逆变器利用负载电压进行换相，为保证换相应满足什么条件？

3-7　三相桥式电压型逆变电路，180°导电方式，$U_d = 100\text{V}$。试求输出相电压的基波幅值 U_{AN1m} 和有效值 U_{AN1}，输出线电压的基波幅值 U_{AB1m} 和有效值 U_{AB1}，以及输出 5 次谐波的有效值 U_{AB5}。

3-8　三相全桥电压型逆变电路，直流侧电压 $U_d = 600\text{V}$，180°导电方式，（1）作出逆变器负载电压 U_{AN}、U_{BN} 和输出线电压 U_{AB} 的波形；（2）计算逆变器输出线电压的电压有效值和其基波有效值；（3）计算负载电阻上的电压有效值和其基波有效值。

3-9　试说明 PWM 的基本原理。

3-10　PWM 逆变器有哪些优点？其开关频率的高低有什么利弊？

3-11　单极性和双极性 PWM 调制有什么区别？在三相桥式 PWM 逆变电路中，输出相电压（输出端相对于中点 N′ 的电压）和线电压 SPWM 波形各有几种电平？

3-12　PWM 的制约条件主要表现在哪些方面？

3-13　同步调制和异步调制有何区别？为什么实际工程中常采用分段同步调制？

3-14　规则采样法和自然采样法各有何优缺点？哪种方法更适合工程应用？

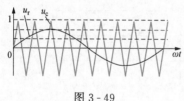

图 3-49

3-15　采用 SPWM 的单相半桥电压型逆变电路，调制波和载波如图 3-49 所示。（1）求此时的脉宽调制比 M 和载波比 N，并计算此时逆变输出电压的基波有效值（直流侧电压 $U_d = 500\text{V}$）；（2）假如载波频率为 10kHz，逆变器输出频率为 50Hz，则 SPWM 输出波形的最低次谐波集中在什么频率附近？谐波次数是多少？

第 4 章 DC-DC 变换电路

DC-DC 变换电路又称直流斩波电路，其功能是将直流电源（如蓄电池、光伏电池）或整流电路得到的直流电能变为幅值可调、性能更好的直流电能。DC-DC 变换电路在直流电动机调速、电解电镀电源、蓄电池充放电和开关电源等场合有着广泛应用。相控整流电路虽然实现了交流到直流的变换，但输出直流电压波动较大，需要很大的平波电抗器滤波才能得到比较平稳的直流电。此外，相控整流电路还存在无功功率和谐波问题。在很多直流电源的应用领域，相控整流电路并不能满足要求，需要采用高频的 DC-DC 变换来进一步提高输出性能、减小装置体积。对于光伏电池等不稳定的直流电源，则需要通过 DC-DC 变换得到稳定的直流电压，再给直流负载供电或通过逆变器并网。本章首先阐述 DC-DC 变换电路的一些重要概念，其次重点介绍非隔离型、隔离型、双向 DC-DC 变换电路和软开关技术，最后通过光伏发电系统中 DC-DC 变换电路的应用仿真算例进一步加深读者对 DC-DC 变换电路的理解。

4.1 DC-DC 变换电路概述

4.1.1 DC-DC 变换电路的基本类型

DC-DC 变换电路一般由全控型电力电子器件（如 IGBT、功率 MOSFET）、二极管、电感和电容组成，且有多种接线形式。根据是否经过变压器隔离，DC-DC 变换电路可分为非隔离型和隔离型两类。根据电路接线形式和功能的不同，非隔离型 DC-DC 变换电路可分为降压（Buck）型斩波电路、升压（Boost）型斩波电路、升降压（Buck-Boost）型斩波电路、Cuk 型斩波电路、Sepic 型斩波电路和 Zeta 型斩波电路。在开关电源等应用场合中，要求输入输出间有电气隔离，这时需要采用含变压器的隔离型 DC-DC 变换电路，而该电路需具有交流中间环节以放置隔离变压器，所以一般为 DC-AC-DC 的组合变换电路。常用的隔离型 DC-AC-DC 变换电路有正激型变换电路、反激型变换电路、桥式变换电路和推挽型变换电路等。此外，按照功率是否可以双向传递，DC-DC 变换电路还可分为单向和双向 DC-DC 变换电路。为了提高 DC-DC 变换电路的功率等级，可以将相同结构的斩波单元并联，构成多重斩波电路。

微课讲解

斩波电路概述

4.1.2 DC-DC 变换电路的控制方法

DC-DC 变换电路通过控制全控型电力电子器件的高频通断，调节输出电压和电流的大小。与相控整流电路相比，由于器件开关频率大幅度提高，采用较小的电感滤波即可得到纹波很小的直流输出电压。晶闸管整流电路主要采用相位控制，而 DC - DC 变换电路控制输出电压的方式主要有如下三种：

（1）定频调宽控制方式。定频指保持开关的工作频率不变，即周期 $T=t_{on}+t_{off}$ 恒定；调宽指通过改变开关导通时间 t_{on} 来改变占空比 D，从而改变输出直流电压的平均值，也称脉冲宽度调制（PWM）。这种控制方式的周期 T 固定，输出电压纹波频率也固定，因此滤波器比较容易实现，是最常用的控制方式。

（2）定宽调频控制方式。定宽指保持开关导通时间 t_{on} 不变，调频指通过调节开关周期 T 来改变占空比 D，从而改变输出直流电压的平均值，也称脉冲频率调制（pulse frequency modulation，PFM）。由于电路输出电压纹波频率有变化，所以滤波器的设计比较困难。

（3）调频调宽混合控制方式。该控制方式是前两种控制方式的综合，开关导通时间 t_{on} 与开关工作频率 f 均可改变，控制比较复杂，通常用于需大幅度改变输出电压值的场合。

4.1.3　DC - DC 变换电路的分析基础

为了分析简便，以下分析均做以下假定：DC - DC 变换电路由理想元件构成，输入电源内阻为零，输出端接有足够大的滤波电容。

在阐述各种电路之前，首先介绍推导过程中用到的两个基本原理：

（1）稳态条件下电感电压在一个开关周期内的平均值为零。电路处于稳态时，电路中的电压、电流等变量都是按开关周期严格重复的，因此每一个开关周期开始时的电感电流值必然都相等，而电感电流通常是不会突变的，故一个开关周期开始时的电感电流值一定等于上一个开关周期结束时的电感电流值。

（2）稳态条件下电容电流在一个开关周期内的平均值为零。这一原理与前一个原理互为对偶，也可以采用类似的方法证明。

4.1.4　DC - DC 变换电路的应用概述

DC - DC 变换电路主要用于匹配不同规格的直流电，将变化的直流电转换为恒定的直流电，或者将恒定的直流电根据控制需要变换为可调的直流电，从而广泛应用于现代工业的各类电气设备中。

20 世纪 90 年代，小功率 DC - DC 变换器广泛应用于测量仪器仪表和控制器电源，这类 DC - DC 变换器功率通常小于 100W。随着数字化和信息化的发展，用于数据中心和通信基站的直流开关电源和 UPS 得到广泛应用，这类设备中的 DC - DC 变换器功率等级已经达到千瓦级。进入 21 世纪以来，随着新能源技术和电力电子器件的发展，高压大功率的 DC - DC 变换器在电动汽车、轨道交通和电力系统中的应用日益成熟，如电池充放电控制器、直流充电桩、光伏发电系统、蓄电池储能系统等，这些装置或系统中的 DC - DC 变换器功率等级已达 100kW 级，通过功率模块串并联还可以达到更高的电压或功率等级。

在新能源电力系统中，将直流电源和直流负荷通过直流电网或直流微电网连接，可以减少中间电力变换环节，提高系统运行效率。在这样的直流系统中，直流母线的电压恒定或仅在很小的范围内变化，而且电压等级较高，通常需要通过直流升压电路将各类变化的直流电源变换为恒定的直流电压以并入直流电网，同时通过直流降压电路给各类不同电压等级的直流负荷供电。此外，直流电网中可能存在用于保证系统供电可靠性和能量平衡的储能系统，由于蓄电池储能系统功率是双向流动的，因此需要功率可双向传输的 DC - DC 变换器进行蓄电池的充放电管理。

4.2 非隔离型 DC - DC 变换电路

非隔离型 DC - DC 变换电路即没有隔离变压器，直接进行斩波变换，主要用于直流电动机调速、蓄电池充电、光伏发电等无须进行电气隔离的场合。非隔离型 DC - DC 变换电路结构简单，通常由一个主开关器件和一个二极管以及电容和电感构成，其基本结构有降压、升压、升降压三种斩波电路。根据这三种结构又可以衍生出 Cuk、Sepic 和 Zeta 三种升降压型电路。这些斩波电路除了升降压的功能不同，输出电压极性和输出电压的波动程度也有所不同，下面分别予以介绍。

4.2.1 降压斩波电路

输出直流电压低于输入直流电压的变换电路称为降压斩波电路。降压斩波电路结构如图 4 - 1（a）所示，图中规定了电压和电流的正方向。主开关 S 采用器件 IGBT，实际装置中根据功率需求也可能采用功率 MOSFET 等全控型器件，通过对其进行 PWM 来调节输出电压。二极管 VD 在 S 关断时为电感续流，斩波后得到的高频脉冲电压通过 LC 低通滤波器后变为比较平稳的直流电压输出。由于工作过程中主开关 S 和二极管 VD 始终轮流导通，不同开关状态时的电流通路如图 4 - 1（b）所示。如果是对输出电压纹波要求不高或负载中含有反电动势的场合，也可省去滤波电容，但需要采用较大的滤波电感。采用 LC 滤波和大电感滤波的两种情况，对负载可分别等效为电压源和电流源。本章主要分析电压型的 DC - DC 变换电路，因此采用 LC 滤波。若忽略输入电压和输出电压的波动，则电感上的电流呈线性变化，但该电路存在电感电流连续和电感电流断续两种工作模式，下面分别予以介绍。

微课讲解
降压斩波电路

1. 电感电流连续工作模式

当电感电流连续时，主开关和二极管轮流导通，电路在一个开关周期 T 内相继经历两个开关状态，电路的工作波形如图 4 - 2（a）所示。其中，主开关 S 的通态和断态分别用 1 和 0 来表示，U_i 和 U_o 分别为输入和输出电压的平均值，u_S 和 i_S 分别为主开关 S 的电压和电流，u_L 和 i_L 分别为电感 L 的电压和电流，u_d 为滤波前的脉冲直流电压。

（1）$t=0$ 时，驱动 IGBT 导通；在 $0 \sim t_{on}$ 区间，二极管 VD 反向偏置截止，电源能量加到电感、电容及负载上。电感两端所加的正向电压 $u_L=U_i-U_o$，在该电

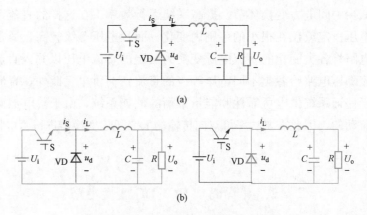

图 4-1 降压斩波电路结构及电流通路

（a）电路结构；（b）不同开关状态时的电流通路

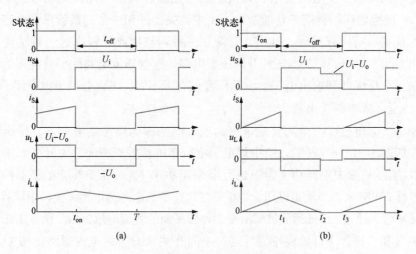

图 4-2 降压斩波电路的工作波形

（a）电感电流连续模式；（b）电感电流断续模式

压作用下电感储能，电感电流线性上升。

（2）$t=t_{on}$时，关断 IGBT；在 $t_{on}\sim T$ 区间，由于电感电流不能突变，通过二极管进行续流，电感存储的能量经二极管 VD 传给负载，电感两端电压呈现负电压，$u_L=-U_o$，在该电压作用下电感电流线性衰减。

在整个工作过程中，电容电流 i_C 为电感电流与负载电流之差，其平均值 $I_C=0$，从而电感电流的平均值与负载电流的平均值相等，即 $I_L=I_o$。电容电压与负载电压 u_o 相同，有脉动。选择低通滤波器的参数，使截止频率远小于开关频率，即 $\dfrac{1}{2\pi\sqrt{LC}}<<\dfrac{1}{T}$，可基本消除输出电压中的脉动。增大开关频率可减小滤波电感值，从而减小装置体积。图 4-3 所示为一实际降压斩波器经 LC 低通滤波器滤波前后的电压波形。由于 LC 低通滤波器的作用，输出电流的谐波含量比输入电流的谐波含量小得多。为减小换流器对电源的谐波干扰，可采用输入滤波器。可以看出，

二极管 VD 为续流二极管，可为释放
电感中的能量提供通道。

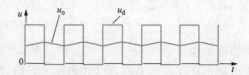

图 4 - 3　降压斩波器滤波前后的电压波形

推导电路的输出电压 U_o 与输入电
压 U_i 的关系时，可以利用稳态条件下
电感电压在一个开关周期内平均值为
零的基本原理。由图 4 - 2（a）可知，在稳态工况下，u_L 波形不断重复，且在一个
周期内的积分等于零，即正负波形面积相等，则有

$$(U_i - U_o)t_{on} = U_o(T - t_{on}) \tag{4 - 1}$$

因此，降压斩波电路的输出电压

$$U_o = \frac{t_{on}}{T}U_i = DU_i \tag{4 - 2}$$

式中：D 为占空比，指主开关导通时间 t_{on} 与开关周期 T 的比，即 $D = t_{on}/T$。

由于 $0 < D < 1$，因此降压斩波电路的输出电压不可能高于其输入电压，且与输
入电压极性相同。

若忽略所有元件的损耗，则输入功率等于输出功率，即

$$P_i = P_o, U_i I_i = U_o I_o$$

由此可得降压斩波电路的电流比与电压比的关系为

$$\frac{I_o}{I_i} = \frac{U_i}{U_o} = \frac{1}{D} \tag{4 - 3}$$

因此，在电流连续模式下，可把降压换流器看作直流变压器，其等效变比可
通过调节占空比在 0～1 内连续变化。

2. 电感电流断续工作模式

当负载较轻或占空比很小时，电感电流会出现断续的现象。滤波电感越小，
电流断续的范围越大。当处于电感断续工作模式时，该电路在一个开关周期内会
相继经历 3 个开关状态，即主开关导通、二极管导通以及主开关和二极管均关断。
此时，输出电压仍可调节，但不再满足式（4 - 2）。在占空比相同时，输出电压会
有所增加。电路的工作波形如图 4 - 2（b）
所示。

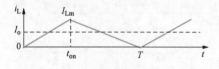

图 4 - 4　电感电流连续与断续的
临界波形

在设计斩波电路参数时，一般应在额定
负载附近确保电路工作在电感电流连续模式，
而在负载很轻或者占空比很小时才会出现电
感电流断续情况。图 4 - 4 所示为电感电流连
续和断续的临界波形。在 $0～t_{on}$ 区间，电感上电压和电流关系为

$$U_i - U_o = L\frac{di}{dt} = L\frac{I_{Lm}}{t_{on}} = L\frac{2I_o}{t_{on}} = L\frac{2U_o}{Rt_{on}} \tag{4 - 4}$$

由式（4 - 2）和式（4 - 4）可得电感电流连续的条件为

$$\frac{L}{RT} \geq \frac{1 - D}{2} \tag{4 - 5}$$

4.2.2 升压斩波电路

输出直流电压高于输入直流电压的变换电路称为升压斩波电路。升压斩波电路构成如图 4-5（a）所示，与降压斩波电路的构成元件相同，但接线方式不同。该电路也存在电感电流连续和电感电流断续两种工作模式。

1. 电感电流连续工作模式

当处于电感电流连续工作模式时，该电路在一个开关周期内相继经历两个开关状态，其相应电流通路如图 4-5（b）所示，电路工作时的波形如图 4-6（a）所示。

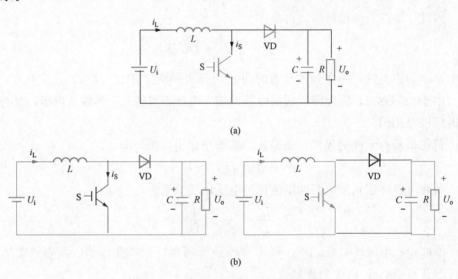

图 4-5 升压斩波电路结构及电流通路

（a）电路结构；（b）不同开关状态时的电流通路

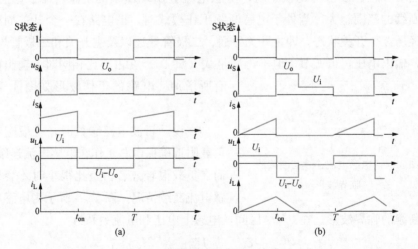

图 4-6 升压斩波电路的工作波形

（a）电感电流连续模式；（b）电感电流断续模式

（1）$t=0$ 时，驱动 IGBT 导通；在 $0\sim t_{on}$ 区间，二极管 VD 反向偏置截止，使

输入输出隔离，输入的能量存储在电感中不能输出，电感电流线性上升，其两端呈现正向电压 $u_L = U_i$。

（2）$t = t_{on}$ 时，关断 IGBT；在 $t_{on} \sim T$ 区间，输入侧电源的能量与电感存储的能量一起传给负载，电感两端电压 $u_L = U_i - U_o$，电感释放能量，电感电流线性衰减。

u_L 在一个周期内的积分等于零，由图 4 - 6（a）中的电感电压波形可得

$$U_i t_{on} + (U_i - U_o) t_{off} = 0 \qquad (4 - 6)$$

由此可得升压斩波电路的输出电压

$$U_o = \frac{1}{1 - D} U_i \qquad (4 - 7)$$

由于 $0 < D < 1$，因此升压型电路的输出电压不可能低于其输入电压，且与输入电压极性相同。该电路能够实现升压的原因在于电感储能产生泵升电压作用，而电容可以维持住这一电压。应注意的是，当 $D \to 1$ 时，$U_o \to \infty$，故应避免 D 过于接近 1，以免造成电路损坏。

若忽略所有元件的损耗，则输入功率等于输出功率，即 $P_i = P_o$，$U_i I_i = U_o I_o$，得平均输出电流与占空比的关系为

$$\frac{I_o}{I_i} = 1 - D \qquad (4 - 8)$$

在电感电流连续模式下，升压换流器也可等效为直流变压器，只是等效电压比始终大于 1，且可通过控制开关的占空比来进行连续控制。

2. 电感电流断续工作模式

当处于电感电流断续工作模式时，该电路在一个开关周期内相继经历 3 个开关状态，电路的工作波形如图 4 - 6（b）所示。

由图 4 - 4 所示的电感电流临界连续时的二极管电流波形可知，在 $t_{on} \sim T$ 区间，电感上的电压方程为

$$U_i - U_o = L \frac{di}{dt} = -L \frac{I_{Lm}}{t_{off}} = -L \frac{2 I_o \dfrac{T}{t_{off}}}{t_{off}} = -\frac{2L}{RT} U_o \left(\frac{T}{t_{off}} \right)^2 \qquad (4 - 9)$$

由式（4 - 7）和式（4 - 9）可得升压型电路中电感电流连续的条件为

$$\frac{L}{RT} \geqslant \frac{D(1 - D)^2}{2} \qquad (4 - 10)$$

电感电流断续时，总是有 $U_o > U_i / (1 - D)$，且负载电流越小，U_o 越高。输出空载时，$U_o \to \infty$，故升压型电路不应空载，否则会产生很高的电压而损坏电路中的元器件。

升压型电路常用于将较低的直流电压变换为较高的直流电压，如电池供电设备中的升压电路以及液晶背光电源、光伏电池升压电路等。该电路的另一个重要用途是作为单相功率因数校正电路。

4.2.3 升降压斩波电路

升降压斩波电路结构如图 4-7（a）所示。该电路同样存在电感电流连续和电感电流断续两种工作模式。

1. 电感电流连续工作模式

当处于电感电流连续工作模式时，该电路在一个开关周期内相继经历两个开关状态，其电流通路如图 4-7（b）所示，此时电路的工作波形如图 4-8（a）所示。

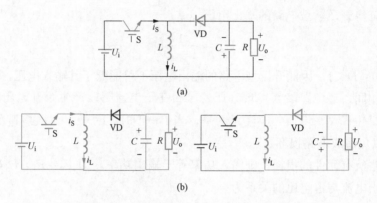

(a)

(b)

图 4-7 升降压斩波电路结构及电流通路

(a) 电路结构；(b) 电流通路

（1）$t=0$ 时，驱动 IGBT 导通；在 $0\sim t_{on}$ 区间，二极管反向偏置截止，使输入输出隔离，输入的能量存储在电感中不能输出，电感电流线性上升，两端呈现正向电压 $u_L=U_i$。

（2）$t=t_{on}$ 时，关断 IGBT；在 $t_{on}\sim T$ 区间，二极管正向偏置导通，电感存储的能量传给负载，能量不能从输入端提供，$u_L=U_o$。u_L 在一个周期内的积分等于零，由图 4-8（a）中的电感电压波形可得

$$U_i DT + U_o(1-D)T = 0 \tag{4-11}$$

因此，输出电压与开关通断的占空比的关系为

$$U_o = -\frac{D}{1-D}U_i \tag{4-12}$$

式（4-12）中等式右边的负号表示升降压型电路的输出电压极性与输入电压极性相反，其输出电压既可以高于输入电压，也可以低于输入电压。

2. 电感电流断续工作模式

当处于电感电流断续工作模式时，该电路在一个开关周期内相继经历 3 个开关状态，电路的工作波形如图 4-8（b）所示。

当电感电流临界连续时，在 $t_{on}\sim T$ 区间，电感上的电压方程为

$$U_o = L\frac{\mathrm{d}i}{\mathrm{d}t} = -L\frac{I_{Lm}}{t_{off}} = -L\frac{2I_o\frac{T}{t_{off}}}{t_{off}} = \frac{2L}{RT}U_o\left(\frac{T}{t_{off}}\right)^2 \tag{4-13}$$

由式（4‑13）可得电感电流连续的临界条件为

$$\frac{L}{RT} \geqslant \frac{(1-D)^2}{2} \tag{4-14}$$

升降压型电路可以灵活地改变电压的高低，还能改变电压极性，因此常用于电池供电设备中产生负电源的电路，还用于各种开关稳压器中。

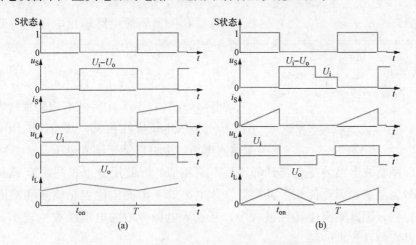

图 4‑8　升降压斩波电路的工作波形

（a）电感电流连续模式；（b）电感电流断续模式

4.2.4　Cuk 型斩波电路

Cuk 型斩波电路结构及电流通路如图 4‑9 所示。可以看出，Cuk 型斩波电路可以看成是由升压型电路和降压型电路级联而成的。在电感 L 和 L_1 的电流都连续的情况下，Cuk 型斩波电路在一个开关周期内相继经历两个开关状态。在图 4‑9 中，电容 C_1 的电压极性为 左正右负。

微课讲解
其他类型非隔离型斩波电路

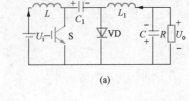

（a）

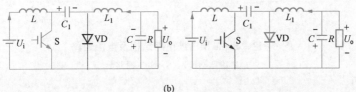

（b）

图 4‑9　Cuk 型斩波电路结构及电流通路

（a）电路结构；（b）电流通路

对于斩波电路的分析，电感上的电压波形是推导输出、输入电压关系的关键。Cuk 型斩波电路的工作波形如图 4‑10 所示。

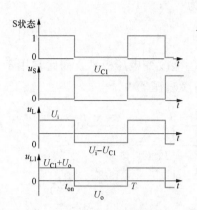

图 4 - 10　Cuk 型斩波电路的
工作波形

设两个电感电流都连续，分别计算电感 L 和 L_1 在一个开关周期内的电压平均值，即

$$U_L = U_i D + (U_i - U_{C1})(1 - D)$$
$$U_{L1} = (U_{C1} + U_o)D + U_o(1 - D)$$

令 $U_L = 0$，$U_{L1} = 0$，然后联立方程，消去 U_{C1}，可得 Cuk 型斩波电路输出电压比与开关通断的占空比间的关系为

$$U_o = -\frac{D}{1 - D}U_i \qquad (4 - 15)$$

同样，式（4 - 15）中等式右边的负号表示输出电压与输入电压极性相反，其输出电压可以高于输入电压，也可以低于输入电压。

Cuk 型斩波电路的特点与升降压型电路相似，因此用途也相同，但 Cuk 型斩波电路较为复杂，因此使用不甚广泛。该电路的一个突出优点是输入和输出回路中都有电感，因此输出电压纹波较小，从输入电源吸取的电流纹波也较小，可应用于某些有特殊要求的场合。

4.2.5　Sepic 型斩波电路

Sepic 型斩波电路结构及电流通路如图 4 - 11 所示。可以看出，Sepic 型斩波电路可以看成是由升压型电路和升降压型电路前后级联而成的。在电感 L 和 L_1 的电流都连续的情况下，该电路在一个开关周期内相继经历两个开关状态，其工作波形如图 4 - 12 所示。

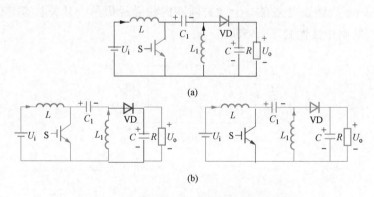

图 4 - 11　Sepic 型斩波电路结构及电流通路
(a) 电路结构；(b) 电流通路

按照与 Cuk 型斩波电路相同的分析方法，可得 Sepic 型斩波电路输出、输入电压比与开关通断的占空比间的关系为

$$U_o = \frac{D}{1 - D}U_i \qquad (4 - 16)$$

其电压比与 Cuk 型斩波电路的相同，差别仅在于 Sepic 型斩波电路的输出电压

与输入电压极性相同。

Sepic 型斩波电路也比较复杂，因此限制了其使用的范围。由于该电路具有输出电压比输入电压可高可低的特点，因此可以用于要求输出电压较低的单相功率因数校正电路。

4.2.6 Zeta 型斩波电路

Zeta 型斩波电路结构及电流通路如图 4 - 13 所示，电容 C_1 的电压极性为左负右正。可以看出，Zeta 型斩波电路可以看成是由升降压型电路和降压型电路前后级联而成的。在电感 L 和 L_1 的电流连续的情况下，该电路在一个开关周期内相继经历两个开关状态，其工作波形如图 4 - 14 所示。

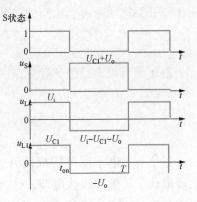

图 4 - 12 Sepic 型斩波电路的工作波形

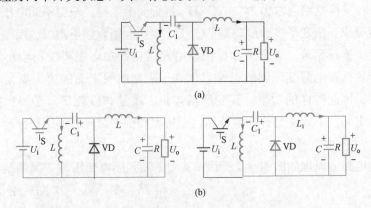

(a)

(b)

图 4 - 13 Zeta 型斩波电路结构及电流通路

(a) 电路结构；(b) 电流通路

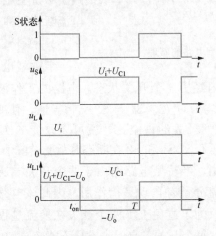

图 4 - 14 Zeta 型斩波电路的工作波形

按照与 Cuk 型斩波电路相同的分析方法，可得 Zeta 型斩波电路输出、输入电

压比与开关通断的占空比间的关系为

$$U_o = \frac{D}{1-D} U_i \tag{4-17}$$

Zeta 型斩波电路也比较复杂，因此限制了其使用的范围。

4.3　隔离型 DC - DC 变换电路

采用电力电子器件构成的开关电源，由于在体积、效率等方面的明显优势，已经取代了传统的线性电源。作为给电子电路供电的直流电源，要求对输入和输出进行电气隔离，以确保电子电路免受强电的干扰。为减小隔离变压器的体积，通常将其设置在高频侧。为此，需要先将直流波形转变为高频交流波形，再设置隔离变压器，然后将隔离之后的交流波形转变为直流波形。因此，准确地说，隔离型 DC - DC 变换电路通常为 DC - AC - DC 组合变换电路。根据不同电压功率等级和电压精度要求，出现了多种隔离型 DC - DC 变换电路，如正激型、反激型、半桥型、全桥型、推挽型等。正激型和反激型电路结构简单，主要应用于小功率开关电源中。但这两种电路变压器的工作点仅处于磁化曲线平面的第Ⅰ象限，没有得到充分利用，因此同样的功率，其变压器体积、质量和损耗都大于半桥型、全桥型和推挽型电路。下面主要分析半桥型、全桥型和推挽型电路的工作原理。

4.3.1　半桥型电路

半桥型电路的原理如图 4 - 15 所示。其中，高频隔离变压器一次侧是半桥逆变电路，变压器一次侧两端分别连接在电容 C_1、C_2 的连接点和开关 S1、S2 的连接点；二次侧是全波整流电路。半桥型电路也存在电流连续和电流断续两种工作模式。

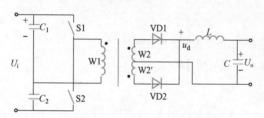

图 4 - 15　半桥型电路的原理

1. 电流连续工作模式

半桥型电路工作于电流连续模式时，在一个开关周期内经历 4 个开关状态，电路的工作波形如图 4 - 16（a）所示。电容 C_1、C_2 的电压均为 $U_i/2$。S1 与 S2 交替导通，使变压器一次侧形成幅值为 $U_i/2$ 的交流电压。改变开关的占空比，就可以改变二次侧整流电压 u_d 的平均值，也就改变了输出电压 U_o。S1 和 S2 在断态时承受的峰值电压均为 U_i。

由于电容的隔直作用，半桥型电路对由于两个开关导通时间不对称而造成的变压器一次侧电压的直流分量有自动平衡作用，因此该电路不容易发生变压器偏磁和直流磁饱和的问题。为了避免上下两个开关在换流过程中发生短暂的同时导通而造成短路损坏开关，每个开关各自的占空比不能超过 50%，并应留有裕量。

当滤波电感 L 的电流连续时，有

$$\frac{U_o}{U_i} = \frac{1}{2} \frac{N_2}{N_1} \frac{t_{on}}{T/2} = \frac{1}{2} \frac{N_2}{N_1} D \tag{4-18}$$

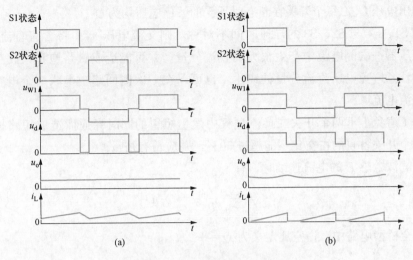

图 4 - 16　半桥型电路的工作波形

(a) 电流连续模式；(b) 电流断续模式

值得注意的是，在隔离型 DC - DC 变换电路中，占空比定义为

$$D = \frac{t_{on}}{T/2} \qquad (4 - 19)$$

2. 电流断续工作模式

半桥型电路工作于电流断续模式时，在一个开关周期内经历 6 个开关状态，电路的工作波形如图 4 - 16 (b) 所示。

半桥型电路变压器的利用率高，且没有偏磁问题，可以广泛应用于数百瓦至数千瓦的开关电源中。与下面将要介绍的全桥型电路相比，半桥型电路的开关器件数量少（但电流等级要大些），当功率相同时成本要低一些，故可以用于对成本要求较苛刻的场合。

4.3.2　全桥型电路

全桥型电路的原理如图 4 - 17 所示。其中，高频变压器的一次侧是全桥逆变电路，二次侧是单相桥式不可控整流电路。全桥型电路也存在电流连续和电流断续两种工作模式。

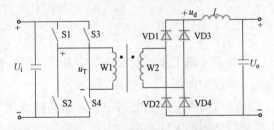

图 4 - 17　全桥型电路的原理

1. 电流连续工作模式

全桥型电路工作于电流连续模式时，在一个开关周期内经历 4 个开关状态，电路的工作波形如图 4-18 (a) 所示。

全桥型电路中的逆变电路由 4 个开关组成，互为对角的两个开关同时导通，而同一侧半桥的上下两个开关交替导通，将直流电压逆变成幅值为 U_i 的交流电压，加在变压器一次侧。改变开关的占空比，就可以改变整流电压的平均值，也就改

变了输出电压 U_o。每个开关在断态时承受的峰值电压均为 U_i。

若 S1、S4 与 S2、S3 的导通时间不对称，则交流电压 u_T 中将含有直流分量，会在变压器一次侧电流中产生很大的直流分量，并可能造成磁路饱和，故全桥型电路应注意避免电压直流分量的产生，也可以在一次侧回路中串联一个电容，以阻断直流电流。

为了避免上下两个开关在换流过程中发生短暂的同时导通而造成短路损坏开关，每个开关各自的占空比不能超过 50%，并应留有裕量。

当滤波电感 L 的电流连续时，有

$$\frac{U_o}{U_i} = \frac{N_2}{N_1} \frac{t_{on}}{T/2} = \frac{N_2}{N_1} D \qquad (4-20)$$

在全桥型电路中，占空比定义为 $D = \dfrac{t_{on}}{T/2}$。

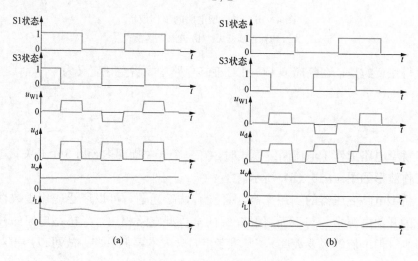

图 4-18 全桥型电路的工作波形
(a) 电流连续模式；(b) 电流断续模式

2. 电流断续工作模式

全桥型电路工作于电流断续模式时，在一个开关周期内经历 6 个开关状态，电路的工作波形如图 4-18（b）所示。

在所有隔离型开关电路中，采用相同电压和电流容量的开关器件时，全桥型电路可以达到最大的功率，因此该电路常用于中大功率的电源中。目前，全桥型电路被用于数百瓦至数十千瓦的各种工业用开关电源中。

4.3.3 推挽型电路

推挽型电路的原理如图 4-19 所示。推挽型电路也存在电流连续和电流断续两种工作模式。

1. 电流连续工作模式

推挽型电路工作于电流连续模式时，在一个开关周期内经历 4 个开关状态，电路的工作波形如图 4-20（a）所示。

在推挽型电路中，两个开关 S1 和 S2 交替导通，在绕组 W1 和 W2 两端分别形成相位相反的交流电压。S1 导通时，二极管 VD1 处于通态；S2 导通时，二极管 VD2 处于通态；当两个开关都关断时，二极管 VD1

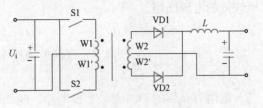

图 4 - 19 推挽型电路的原理

和 VD2 都处于通态，各分担电感电流的一半。当 S1 或 S2 导通时，电感 L 的电流逐渐上升；当两个开关都关断时，电感 L 的电流逐渐下降。S1 和 S2 在断态时承受的峰值电压均为 $2U_i$。

若 S1 与 S2 的导通时间不对称，则交流电压中将含有直流分量，会在变压器一次电流中产生很大的直流分量，并可能造成磁路饱和。与全桥型电路不同的是，推挽型电路无法在变压器一次侧串联隔直电容，因此只能靠精确的控制信号和电路元器件参数的匹配来避免电压直流分量的产生。

如果 S1 和 S2 同时处于通态，就相当于变压器一次绕组短路。因此，必须避免两个开关同时导通，每个开关各自的占空比不能超过 50%，并且要留有死区。

电流连续时电路的电压比为

$$\frac{U_o}{U_i} = \frac{N_2}{N_1} \frac{t_{on}}{T/2} = \frac{N_2}{N_1} D \qquad (4 - 21)$$

2. 电流断续工作模式

推挽型电路工作于电流断续模式时，在一个开关周期内经历 6 个开关状态，电路的工作波形如图 4 - 20（b）所示。

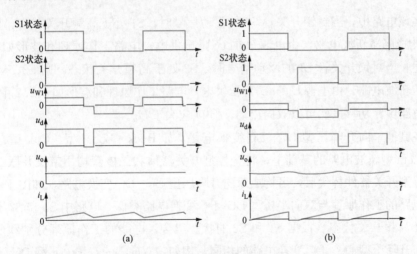

图 4 - 20 推挽型电路的工作波形

(a) 电流连续模式；(b) 电流断续模式

推挽型电路的一个突出优点是，在输入回路中仅有一个开关的通态压降，而全桥型电路有两个，因此在同样的条件下，产生的通态损耗较小，适用于输入电压较低的电源回路。

4.4　双向DC‐DC变换电路

前两节介绍的DC‐DC变换电路，辅助开关器件采用的是二极管，因此功率只能单方向流动。对于蓄电池充放电、直流微电网等需要功率双向流动的应用场合，则需采用本节将要介绍的全部采用全控型器件的双向DC‐DC变换电路。双向DC‐DC变换电路能够实现能量在不同直流电源间的双向流动。为了实现电流的双向流动，该电路中采用的开关器件都是全控型器件与二极管的反并联。

4.4.1　非隔离型双向DC‐DC变换电路

由半桥构成的非隔离型双向DC‐DC变换电路及其等效电路如图4‐21所示。

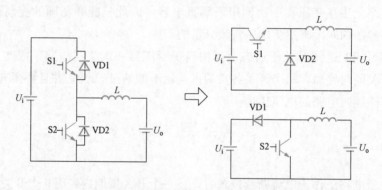

图4‐21　半桥非隔离型双向DC‐DC变换电路及其等效电路

在该电路中，当封锁开关管S2的驱动信号时，S1处于高频开关状态，则S1、VD2构成降压斩波电路，由电源U_i向U_o降压供电，电路工作原理和波形如4.2.1中所述；当封锁开关管S1的驱动信号时，S2处于高频开关状态，则S2、VD1构成升压斩波电路，由电源U_o向U_i升压供电，电路工作原理和波形如4.2.2中所述。在该电路中，功率虽然可以双向流动，但U_i应大于U_o。

在其他单向升降压型DC‐DC变换电路，如Buck‐Boost型、Cuk型、Sepic型和Zeta型斩波电路的基础上，将全控型开关器件和二极管均用带反并联二极管的全控型开关器件替代后，可构成双向升降压型DC‐DC变换电路，如图4‐22所示。电路的工作原理与双向半桥型DC‐DC变换电路类似，电路中S1和S2不同时工作在高频开关状态，根据S1和S2的状态组合，电路的工作原理分别和前面所述单向升降压型DC‐DC变换电路的相同。例如，双向Buck‐Boost型DC‐DC变换电路，当S2的驱动信号被封锁时，S1和VD2形成能量通路，功率由U_i向U_o方向传输；当S1的驱动信号被封锁时，S2和VD1形成能量通路，功率由U_o向U_i方向传输。然而，每种运行状态下的电路工作原理和工作波形与前文介绍的单向Buck‐Boost型DC‐DC变换电路并无不同，所以这里不再介绍。

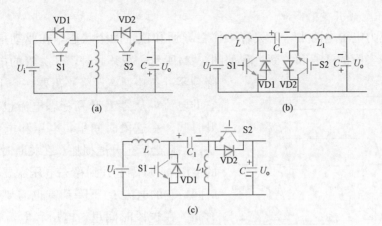

图 4 - 22　其他非隔离型双向 DC - DC 变换电路

（a）Buck - Boost 型；（b）Cuk 型；（c）Sepic/Zeta 型

4.4.2　隔离型双向 DC - DC 变换电路

一种典型的隔离型双向 DC - DC 变换电路如图 4 - 23 所示。它由单向全桥型 DC - DC 变换电路演变而来，由于高频变压器一、二次侧均为全控型器件构成的全桥电路，具有主动进行波形变换的能力，因此该电路也被称为双主动全桥隔离型双向 DC - DC 变换电路。当通过控制使变压器一、二次侧交流方波电压存在幅值和相位差时，能够实现功率的双向传输。隔离变压器除了具有电气隔离的作用，通过设计合适的变比还能适配不同输入输出直流电压，提高变换效率。采用高频变压器能够减小变换器的体积，提高功率密度。这种电路采用模块化级联结构，在高压大功率直流变换场合应用较广泛。

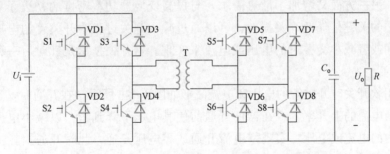

图 4 - 23　双主动全桥隔离型双向 DC - DC 变换电路

4.5　软 开 关 技 术

在前面的章节中，分析变换电路的工作原理时，都是将开关管和二极管当作理想器件，认为器件的开通和关断是瞬时完成的；但实际的开关管开通和关断都要经历一个过程，其电压和电流存在交叠，由此会导致开通损耗和关断损耗。为了降低开关损耗，提高变换效率，可以采用软开关技术。

4.5.1　硬开关的概念

在电力电子电路中，开关管工作在导通和截止两个状态，在驱动信号 u_{BE} 的控制下，实际的开通和关断过程如图 4-24 所示。在开通时，开关管的电压 u_{CE} 下降到零（忽略通态压降）需要一个下降时间，它的电流 i_C 从零上升到稳态电流也有一个上升时间。在这段时间里，电压和电流存在交叠，由此会产生开通损耗。在关断时，开关管的电压 u_{CE} 从零上升到稳态电压需要一个上升时间，它的电流 i_C 下降到零也需要一个下降时间。在这段时间里，电压和电流也存在交叠，由此会产生关断损耗。开通损耗和关断损耗统称为开关损耗。在一定的工作条件下，每个开关周期内的开关损耗是恒定的，因此在一段时间内总的开关损耗与开关频率成正比。开关损耗的存在限制了变换器开关频率的提高，不利于变换器功率密度的提升。

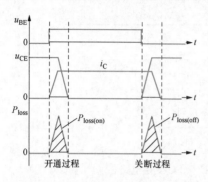

图 4-24　采用硬开关时开关管的
电压和电流波形

采用图 4-24 所示的开关方式，$\mathrm{d}i/\mathrm{d}t$ 和 $\mathrm{d}u/\mathrm{d}t$ 很大，被称为硬开关。除了开关损耗，采用硬开关时还会产生很大的电磁干扰。

4.5.2　软开关的概念

电力电子变换电路中除了开关器件，还有用于能量存储和交换的电感和电容等无源器件，提高开关频率通常能够减小这些无源器件的体积和质量，进而提升变换器的功率密度。但是，开关频率的提升会使开关损耗增加，一方面降低了变换效率，另一方面又增加了散热需求，与提高变换器功率密度的初衷矛盾。解决这一问题的关键是降低开关损耗，可以通过减小开关过程中开关管的电压和电流交叠时间或者减小交叠时的电压或电流来实现。软开关技术是针对后一种实现方式而言的。

采用软开关时开关管的电压和电流波形如图 4-25 所示。在开通时，通过限制器件开通电流的上升率，或在器件开通前使其电压下降到零，以减小电压和电流交叠区内的电流或电压，实现零电流开通或零电压开通，此时开通损耗被近似或完全消除到零。在关断时，使流过器件的电流降为零，或限制其电压上升率，同样可以减小电压和电流交叠区内的电流或电压，实现零电流关断或零电压关断，此时关断损耗被近似或完全消除到零。通常情况下，零电流开通和关断是一起实现的，即零电流开关（ZCS），零电压开通和关断也是一起实现的，即零电压开关（ZVS）。无论零电流开关还是零电压开关，开关管开关过程中的 $\mathrm{d}i/\mathrm{d}t$ 或 $\mathrm{d}u/\mathrm{d}t$ 都比硬开关要小，相当于开关过程被软化了，因此称为软开关。

4.5.3　软开关变换器

软开关技术多用于直流变换器。

（1）对单管直流变换器，典型的软开关直流变换器有如下几种：

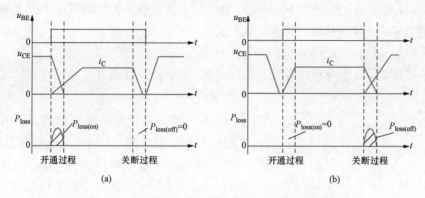

图 4 - 25　采用软开关时开关管的电压和电流波形

(a) 零电流开关；(b) 零电压开关

1）准谐振变换器（quasi - resonant converter，QRC）。其特点是：在一个开关周期中，谐振元件只参与能量变换的某一个阶段，而不全程参与。谐振开关是 QRC 的关键，由开关管与谐振电感和谐振电容组成。根据不同的组合形式，谐振开关可分为零电流谐振开关和零电压谐振开关，如图 4 - 26 所示。根据谐振开关类型，QRC 也可分为零电流开关 QRC 和零电压开关 QRC 两类，需要采用脉冲频率调制方法。

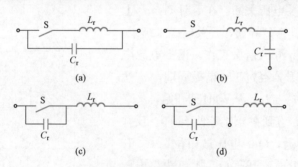

图 4 - 26　谐振开关

(a) 二端口型零电流开关；(b) 三端口型零电流开关；

(c) 二端口型零电压开关；(d) 三端口型零电压开关

2）零开关（zero switching）PWM 变换器。在 QRC 的基础上，增加一个辅助开关管，将谐振元件的谐振过程分为两个阶段，分别实现零电压（或零电流）开通、关断。加入辅助开关后，变换器可以实现 PWM 调制。

3）零转换（zero transition）PWM 变换器。辅助谐振电路只在主开关管开关时工作很短一段时间，以实现其软开关，在其他时间停止工作，因而辅助谐振电路的损耗很小。

（2）对桥式直流变换器，软开关形式主要有两种：

1）谐振变换器。在一个开关周期内，谐振元件都参与能量变换。根据谐振元件的个数，可分为二阶谐振变换器、三阶谐振变换器等；根据谐振元件的不同组合形式，有串联和并联谐振拓扑。谐振变换器主要采用频率调制法。

2）移相控制全桥变换器。采用移相控制可以实现开关管的零电压开关或零电流开关，但不能实现所有开关管的软开关。

4.5.4　软开关技术的应用

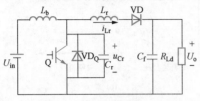

图 4-27　Boost 型零电压
开关 QRC 电路

下面以 Boost 型零电压开关 QRC 为例简要介绍相关软开关技术在直流变换器中的应用。

传统 Boost 型变换电路中的开关管用三端口型零电压谐振开关替代可得到如图 4-27 所示的 Boost 型零电压开关 QRC 电路。图 4-28 给出了该变换器的主要工作波形。在一个开关周期中，该变换器有 4 种开关状态，其等效电路如图 4-29 所示。

假设所有元器件均为理想元器件，且升压电感 L_b 和输出滤波电容 C_f 足够大，输入电压和 L_b 可等效为恒流源 I_{in}，C_f 和负载电阻 R_{Ld} 可等效为恒压源 U_o。

在 t_0 时刻之前，开关 Q 导通，谐振电容 C_r 上的电压为 0，谐振电感 L_r 上的电流为 0。在 t_0 时刻，关断 Q，输入电流 I_{in} 从 Q 转移到 C_r，C_r 充电，且电压从零开始线性上升。此时，Q 为零电压关断。在 t_1 时刻，u_{Cr} 上升到输出电压 U_o，VD 导通，开关模式 1 结束。从 t_1 时刻开始，L_r 和 C_r 谐振工作，谐振电感电流 i_{Lr} 从零开始上升，经过 1/4 谐振周期，u_{Cr} 达到最大，而此时 $i_{Lr} = I_{in}$。从 t_{1a} 时刻开始，$i_{Lr} > I_{in}$，C_r 开始放电，直到在 t_2 时刻下降到 0，反并联二极管 VD_Q 导通，Q 的电压被钳位在 0，开关模式 2 结束。此时，开通 Q，则 Q 为零电压开通。在 $t_2 \sim t_3$ 时段，谐振电感两端电压为 $-U_o$，i_{Lr} 线性下降，直至减小为 0，开关模式 3 结束。在 $t_3 \sim t_4$ 时段，L_r 和 C_r 停止工作，输入电流 I_{in} 经过 Q 续流。在 t_4 时刻，Q 零电压关断，开关模式 4 结束，并进入下一个开关周期。

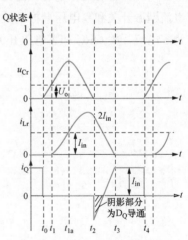

图 4-28　Boost 型零电压开关
QRC 的主要工作波形

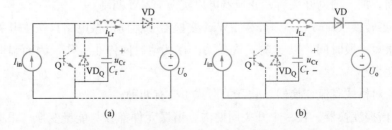

(a)　　　　　　　　　　　　(b)

图 4-29　Boost 型零电压开关 QRC 各开关模态的等效电路（一）

(a) $t_0 \sim t_1$ 时段；(b) $t_1 \sim t_2$ 时段

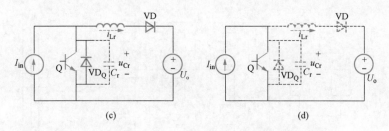

图 4 - 29　Boost 型零电压开关 QRC 各开关模态的等效电路（二）

(c) $t_2 \sim t_3$ 时段；(d) $t_3 \sim t_4$ 时段

4.6　光伏发电系统的仿真

本节以光伏发电系统为例，介绍 DC - DC 变换电路在新能源电力系统中的应用。

4.6.1　并网光伏发电系统基本原理

1. 系统结构和基本控制策略

图 4 - 30 所示为大容量交流并网光伏发电系统典型拓扑结构。在单级式拓扑中，光伏电池阵列直接连接于直流母线，由并网 DC - AC 逆变电路控制其并网功率；在双级式拓扑中，光伏电池阵列经 Boost 型电路连接于直流母线，再由并网 DC - AC 逆变电路接入交流电网，若接入直流电网则不需要 DC - AC 逆变电路。单级式光伏发电系统只经过一级功率变换，变换效率较高，但是当各并联的光伏电池组串光照条件不一致时，不能实现最优的光伏功率输出。两级式光伏发电系统经过两级功率变换，变换效率降低，但是可以让光伏电池组串先经 Boost 型电路升压再并联至 DC - AC 逆变电路，因而可以实现各光伏电池组串独立的功率输出控制，最大化光伏发电系统的输出功率。因此，两级式光伏并网系统适用于光伏电池组串经常处于不同光照条件的应用场合。并网 DC - AC 逆变电路在第 3 章进行了介绍，本章主要讨论应用于光伏并网系统中的 Boost 型电路。

在双级式光伏并网系统中，DC - AC 变换电路将直流电变换为交流电，实现与交流电网的同步并网控制。通常情况下，DC - AC 变换电路的并网有功功率由光伏阵列输出功率决定。为维持功率平衡，DC - AC 变换电路采用定直流母线电压控制模式，而在交流侧采用单位功率因数控制模式。在上述并网 DC - AC 逆变控制策略下，滤波电容 C 的电压能够维持恒定，即 Boost 型电路的输出侧电压恒定。光伏直流并网系统中的情形与此相似，由于直流电网电压基本恒定，Boost 型电路的输出侧电压也是恒定的。图 4 - 31 所示为某型号光伏电池组串的伏安特性和功率 - 电压特性曲线。从中可以看出，光伏电池的伏安特性随环境温度和太阳辐照度的变化而变化，光伏电池的最大输出功率点对应的电池端电压也随之发生变化。因此，当外部条件变化时，Boost 型电路在输出侧电压一定的前提下可以依据一定的控制

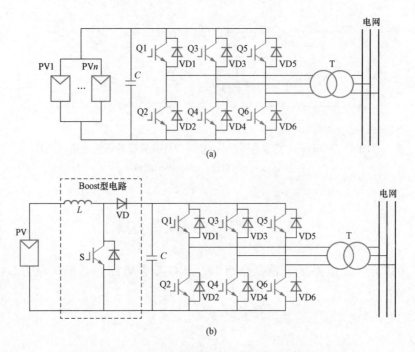

图 4-30　大容量交流并网光伏发电系统典型拓扑结构

（a）单级式；（b）双级式

策略动态调节其输入侧光伏电池组串的端电压，以实现光伏发电系统的最大功率输出，即最大功率点追踪（maximum power point tracking，MPPT）控制。

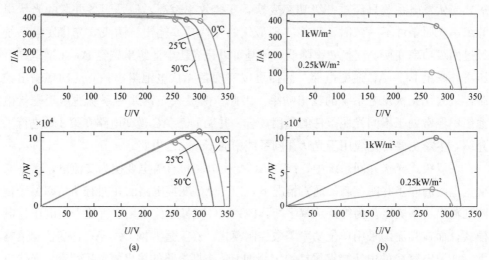

图 4-31　某型号光伏电池组串的伏安特性和功率-电压特性曲线

（a）环境温度影响；（b）辐照度影响

2. 最大功率点追踪控制

最大功率点追踪控制算法主要有恒定电压法、扰动观测法和电导增量法。这里以电导增量法为例简要介绍最大功率点追踪控制的原理。电导增量法从光伏电池输出功率随输出电压变化而变化的规律出发，推导出系统工作点位于最大功率点时的电导和电导变化率之间的关系，根据这一关系实现最大功率点追踪控制。由图 4-31 可得光伏电池的功率-电压特性曲线和 dP/dU 变化特征，如图 4-32 所示。由此可见，在最大功率点两侧，dP/dU 的符号异号，因此在最大功率点处 $dP/dU=0$。

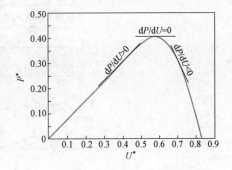

图 4-32 光伏电池功率-电压特性曲线和 dP/dU 变化特征示意图

通过对 dP/dU 的定量分析可以得到相应的最大功率点判据。考虑光伏电池的瞬时输出功率

$$P = IU \tag{4-22}$$

同时将式（4-22）两端对 U 求导，可得

$$\frac{\mathrm{d}P}{\mathrm{d}U} = I + U\frac{\mathrm{d}I}{\mathrm{d}U} \tag{4-23}$$

当 $dP/dU=0$ 时，光伏电池输出功率最大，此时由式（4-23）可得

$$\frac{\mathrm{d}I}{\mathrm{d}U} = -\frac{I}{U} \tag{4-24}$$

实际控制器中以 $\Delta I/\Delta U$ 代替 $\mathrm{d}I/\mathrm{d}U$，则利用电导增量法进行最大功率点追踪的判据为

$$\begin{cases} \dfrac{\Delta I}{\Delta U} > -\dfrac{I}{U}, & \text{最大功率点左侧} \\[2mm] \dfrac{\Delta I}{\Delta U} = -\dfrac{I}{U}, & \text{最大功率点} \\[2mm] \dfrac{\Delta I}{\Delta U} < -\dfrac{I}{U}, & \text{最大功率点右侧} \end{cases} \tag{4-25}$$

图 4-33 所示为定步长电导增量法流程图。其中，ΔU^* 为每次调节系统工作点时固定的电压改变量（步长），U_{ref} 为算法输出的光伏电池端电压指令参考值。从中可以看出，根据当前电压和前一时刻电压计算出 ΔU 后，对其是否为零进行判定。若不为零，则根据上述判据进行电压指令步长的调整；若为零，则需进一步根据 ΔI 判断是否发生外部辐照扰动，防止误判。

在利用电导增量法获得使光伏电池输出最大功率的端电压指令参考值后，可进一步采用闭环控制根据端电压测量值与指令参考值之间的偏差量调节 Boost 型电路的占空比，使光伏电池端电压调节至指令参考值，最终达到最大功率点对应的工作电压，从而实现光伏电池的最大功率输出。

4.6.2　Boost 型电路参数设计

1. 功率器件选型

由 Boost 型电路工作原理可知，当开关管 S 导通时，二极管 VD 承受的电压为

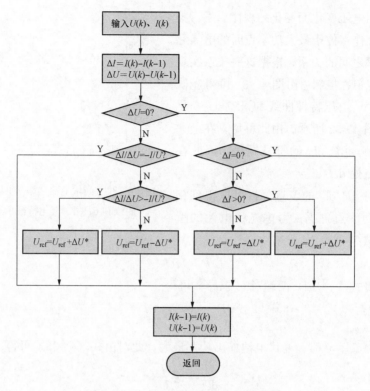

图 4 - 33　定步长电导增量法流程图

输出电压 U_o；当 S 截止时，S 承受的电压也为 U_o。因此，开关管 S 和二极管 VD 的电压应力为

$$U_S = U_{VD} = U_o \tag{4-26}$$

S 导通时，其电流 i_S 就是升压电感电流 i_L；当 S 截止时，流过 VD 的电流 i_{VD} 也是 i_L。因此，开关管 S 和二极管 VD 的最大电流均等于升压电感电流的最大值 I_{Lmax}，即

$$I_{Smax} = I_{VDmax} = I_{Lmax} = \frac{1}{1-D}I_o + \frac{U_{in}}{2L}DT_S \tag{4-27}$$

开关管 S 的电流平均值

$$I_S = DI_{in} = \frac{D}{1-D}I_o \tag{4-28}$$

前面已指出，二极管 VD 的电流平均值 I_{VD} 等于输出电流 I_o，即

$$I_{VD} = I_o \tag{4-29}$$

由此可以推导出开关管 S 和二极管 VD 的电流有效值，分别为

$$I_{S\_RMS} = \sqrt{\frac{1}{T_s}\int_0^{DT_s} i_S^2 dt} = \sqrt{\left(\frac{1}{1-D}I_o\right)^2 + \frac{1}{12}\left[\frac{U_o}{L}(1-D)DT_S\right]^2}\sqrt{D} \tag{4-30}$$

$$I_{VD\_RMS} = \sqrt{\frac{1}{T_s}\int_{DT_S}^{T_S} i_{VD}^2 dt} = \sqrt{\left(\frac{1}{1-D}I_o\right)^2 + \frac{1}{12}\left[\frac{U_o}{L}(1-D)DT_S\right]^2}\sqrt{1-D} \tag{4-31}$$

根据功率器件（包括开关管和二极管）的电压应力和流过的最大电流、平均电流与有效值电流，可以选择合适的功率器件型号。

2. 电感设计

升压电感电流脉动量

$$\Delta I_{\mathrm{L}} = \frac{U_{\mathrm{in}}}{L} D T_{\mathrm{S}} \tag{4-32}$$

显然，ΔI_{L} 随着占空比 D 的增大而增大，其最大值 ΔI_{Lmax} 出现在最大占空比 $D_{\max}$ 处，即

$$\Delta I_{\mathrm{Lmax\_1}} = \frac{U_{\mathrm{in}}}{L} D_{\max} T_{\mathrm{S}} \tag{4-33}$$

根据式（4-32）和式（4-33）可得

$$\frac{\Delta I_{\mathrm{L}}}{\Delta I_{\mathrm{Lmax\_1}}} = \frac{D}{D_{\max}} \tag{4-34}$$

根据式（4-34），可以作出 U_{in} 恒定不变时 ΔI_{L} 与 D 的关系曲线，如图 4-34（a）所示。

根据所允许的电感电流最大脉动值 $\Delta I_{\mathrm{Lmax\_0}}$，当 U_{in} 恒定不变时，由式（4-33）可以确定电感的大小，即

$$L = \frac{U_{\mathrm{in}}}{\Delta I_{\mathrm{Lmax\_0}}} D_{\max} T_{\mathrm{S}} \tag{4-35}$$

当输出电压 U_{o} 恒定不变时，ΔI_{L} 可用 U_{o} 来表示，那么根据式（4-32），有

$$\Delta I_{\mathrm{L}} = \frac{U_{\mathrm{in}}}{L}\left(1 - \frac{U_{\mathrm{in}}}{U_{\mathrm{o}}}\right) T_{\mathrm{S}} \tag{4-36}$$

从式（4-36）可以看出，ΔI_{L} 的最大值出现在 $U_{\mathrm{in}} = U_{\mathrm{o}}/2$ 处，即

$$\Delta I_{\mathrm{Lmax\_2}} = \frac{U_{\mathrm{o}} T_{\mathrm{S}}}{4L} \tag{4-37}$$

由式（4-36）和式（4-37）可得

$$\frac{\Delta I_{\mathrm{L}}}{\Delta I_{\mathrm{Lmax\_2}}} = 4 \frac{U_{\mathrm{in}}}{U_{\mathrm{o}}}\left(1 - \frac{U_{\mathrm{in}}}{U_{\mathrm{o}}}\right) \tag{4-38}$$

根据式（4-38）可以作出 ΔI_{L} 与 U_{in} 的关系曲线，如图 4-34（b）所示。由此可见，当 $U_{\mathrm{in}}/U_{\mathrm{o}} \leqslant 0.5$ 时，ΔI_{L} 的最大值出现在最高输入电压 U_{inmax} 处；当 $U_{\mathrm{in}}/U_{\mathrm{o}} \geqslant 0.5$ 时，ΔI_{L} 的最大值出现在最低输入电压 U_{inmin} 处；当 $U_{\mathrm{inmin}}/U_{\mathrm{o}} \leqslant 0.5 \leqslant U_{\mathrm{inmax}}/U_{\mathrm{o}}$ 时，ΔI_{L} 的最大值出现在 $U_{\mathrm{in}}/U_{\mathrm{o}} = 0.5$ 处。那么，当 U_{o} 恒定不变时，由式（4-36）可确定升压电感的大小，即

$$L = \begin{cases} \dfrac{U_{\mathrm{inmax}}}{\Delta I_{\mathrm{Lmax\_0}}}\left(1 - \dfrac{U_{\mathrm{inmax}}}{U_{\mathrm{o}}}\right) T_{\mathrm{S}} & (U_{\mathrm{in}}/U_{\mathrm{o}} \leqslant 0.5) \\[3mm] \dfrac{U_{\mathrm{inmin}}}{\Delta I_{\mathrm{Lmax\_0}}}\left(1 - \dfrac{U_{\mathrm{inmin}}}{U_{\mathrm{o}}}\right) T_{\mathrm{S}} & (U_{\mathrm{in}}/U_{\mathrm{o}} \geqslant 0.5) \\[3mm] \dfrac{U_{\mathrm{o}}}{4\Delta I_{\mathrm{Lmax\_0}}} T_{\mathrm{S}} & (U_{\mathrm{inmin}}/U_{\mathrm{o}} \leqslant 0.5 \leqslant U_{\mathrm{inmax}}/U_{\mathrm{o}}) \end{cases} \tag{4-39}$$

在实际工程设计中，一般选取 ΔI_{Lmax} 为额定输出时输入电流的 20%，也可根据实际情况选取更大或更小的值。

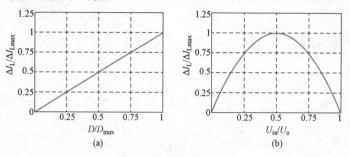

图 4 - 34　电感电流脉动曲线

（a）U_{in} 恒定；（b）U_o 恒定

3. 电容设计

根据 Boost 型电路的工作原理，当 S 导通时，滤波电容 C 放电；当 S 截止时，C 充电。输出电压脉动 ΔU_o 可用 C 放电时的电压下降量来表示，而放电电流为输出电流 I_o，因此 ΔU_o 的表达式为

$$\Delta U_o = \frac{I_o}{C} D T_s \tag{4-40}$$

由式（4-40）可得滤波电容容量

$$C = \frac{I_o}{\Delta U_o} D T_s \tag{4-41}$$

根据所允许的输出电压脉动值 ΔU_o，可以由式（4-41）计算出滤波电容容量。

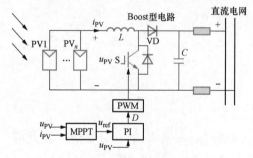

图 4 - 35　某工程 100kW 光伏
直流并网系统结构

4.6.3　仿真算例

某工程 100kW 光伏直流并网系统结构如图 4-35 所示，光伏阵列经 Boost 型电路接入直流电网。已知光伏阵列的工作电压范围为 $250\sim275$V，额定电压为 260V，直流母线额定电压为 500V。Boost 型电路功率器件开关频率为 5kHz，希望电感电流最大脉动值 ΔI_{Lmax} 控制在 10A 以内，输出电压脉动控制在 5V 以内。

1. 参数设计

由上述参数可知，对于 Boost 型电路，开关周期 $T_s = 1/5000 = 2 \times 10^{-4}$（s），额定电压时的占空比为 $D = 1 - 260/500 = 0.48$，额定功率时的输出电流为

$$I_o = \frac{P}{U_o} = \frac{100 \times 10^3}{500} = 200（\text{A}）$$

（1）升压电感。由式（4-39）可以确定升压电感的大小。由系统运行条件可知，$U_{in}/U_o \geqslant U_{inmin}/U_o = 0.5$。所以

$$L = \frac{U_{inmin}}{\Delta I_{Lmax}}\left(1 - \frac{U_{inmin}}{U_o}\right)T_s = \frac{250}{10}\times\left(1 - \frac{250}{500}\right)\times 2\times 10^{-4} = 2.5\times 10^{-3}(\text{H})$$

（2）滤波电容。由式（4 - 41）可确定滤波电容的大小，即

$$C = \frac{I_o}{\Delta U_o}DT_s = \frac{200}{5}\times 0.48\times 2\times 10^{-4} = 3.84\times 10^{-3}(\text{F})$$

（3）开关管 S 和二极管 VD 的参数。可分别按如下方式计算：

开关管 S 和二极管 VD 的电压 $U_S = U_{VD} = U_o = 500\text{V}$。

开关管 S 和二极管 VD 流过的最大电流

$$I_{Smax} = I_{VDmax} = I_{Lmax} = \frac{1}{1-D}I_o + \frac{U_{in}}{2L}DT_s$$

$$= \frac{1}{1-0.48}\times 200 + \frac{260}{2\times 2.5\times 10^{-3}}\times 0.48\times 2\times 10^{-4} \approx 389.61(\text{A})$$

开关管 S 的电流平均值

$$I_S = DI_{in} = \frac{D}{1-D}I_o = \frac{0.48}{1-0.48}\times 200 \approx 184.62(\text{A})$$

二极管 VD 的电流平均值 $I_{VD} = I_o = 200\text{A}$。

由式（4 - 30）和式（4 - 31）可得开关管 S 和二极管 VD 的电流有效值，分别为

$$I_{S\_RMS} = \sqrt{\left(\frac{1}{1-D}I_o\right)^2 + \frac{1}{12}\left[\frac{U_o}{L}(1-D)DT_s\right]^2}\sqrt{D} \approx 266.48\ (\text{A})$$

$$I_{VD\_RMS} = \sqrt{\left(\frac{1}{1-D}I_o\right)^2 + \frac{1}{12}\left[\frac{U_o}{L}(1-D)DT_s\right]^2}\sqrt{1-D} \approx 277.36(\text{A})$$

根据功率器件的电压应力和流过的最大电流、平均电流与有效值电流，可以选择合适的功率器件型号。

2. 仿真分析

根据上述算例参数，在仿真软件中搭建图 4 - 35 所示的光伏直流并网系统模型，并采用电导增量法实现辐照度和温度变化条件下的光伏发电系统最大功率点追踪控制。

仿真初始辐照度为 1000W/m^2，温度为 25℃。在 1s 时，Boost 型电路进入初始稳态，电感电流和输出滤波电容电压波形如图 4 - 36 所示，由此可见电感电流脉动和输出电压波动均满足设计要求。图 4 - 37 所示为辐照度 E 和温度变化时，Boost 型电路在最大功率点追踪控制下，光伏阵列输出功率和端电压、占空比 D 的变化过程。在 1.25s 时，辐照度从 1000W/m^2 逐渐降到 200W/m^2，Boost 型电路的占空比经历暂态过程后增大，使得光伏阵列端口电压下降，其最大输出功率从 100kW 降至 20kW，与图 4 - 31 所示的特性一致；当在 2.25s 辐照度恢复时，最大输出功率也恢复至 100kW。在 2.5s 时，环境温度从 25℃ 逐渐上升至 50℃，Boost 型电路在最大功率点追踪控制下调节光伏阵列端电压，使最大输出功率达到 50℃ 时对应的最大功率（约 93kW）。

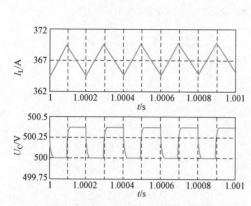

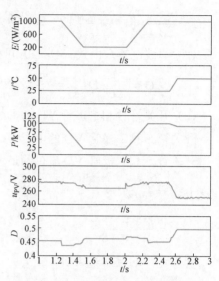

图 4-36　Boost 型电路电感电流和　　　　图 4-37　Boost 型电路实现最大功率点
　　　　输出滤波电容电压波形　　　　　　　　　追踪的动态波形

习　题

第4章
仿真程序与讲解

4-1　一升压换流器由理想元件构成，输入电压 U_d 在 8～16V 内变化，通过调整占空比使输出 U_o＝24V 固定不变，最大输出功率为 5W，开关频率为 20kHz，输出端电容足够大，求使换流器工作在电流连续模式的最小电感。

4-2　一台运行在 20kHz 开关频率下的升降压换流器由理想元件构成，其中 L＝0.05mH，输入电压 U_d＝15V，输出电压 U_o＝－10V，可提供 10W 的输出功率，并且输出端电容足够大，试求其占空比 D。

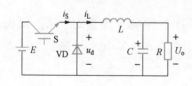

图 4-38

4-3　在图 4-38 所示的降压斩波电路中，已知 E＝100V，R＝0.5Ω，L＝1mH，采用 PWM 方式，T＝20μs，当 t_{on}＝5μs 时，试求：
（1）输出电压平均值 U_o、输出电流平均值 I_o；
（2）输出电流的最大和最小瞬时值并判断负载电流是否断续；（3）当 t_{on}＝3μs 时，重新进行上述计算。

4-4　在图 4-39 所示的降压斩波电路中，已知 E＝600V，R＝0.1Ω，L＝∞，E_M＝350V，采用 PWM 方式，T＝1800μs，若输出电流 I_o＝100A，试求：（1）输出电压平均值 U_o 和所需的 t_{on} 值；（2）作出 u_o、i_o 以及 i_G、i_D 的波形。

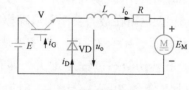

图 4-39

4-5　升压斩波电路为什么能使输出电压高于电源电压?

4-6　在图 4-40 所示的升压斩波电路中，已知 E＝50V，L 值和 C 值极大，

$R=20\Omega$，采用 PWM 方式。当 $T=40\mu s$，$t_{on}=25\mu s$ 时，计算输出电压平均值 U_o 和输出电流平均值 I_o。

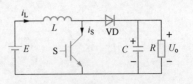

图 4 - 40

4 - 7　说明降压斩波电路、升压斩波电路、升降压斩波电路的输出电压范围。

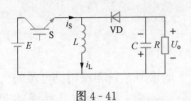

图 4 - 41

4 - 8　在图 4 - 41 所示的升降压斩波电路中，已知 $E=100V$，$R=0.5\Omega$，L 值和 C 值极大，试求：（1）当占空比 $D=0.2$ 时输出电压和输出电流的平均值；（2）当占空比 $D=0.6$ 时输出电压和输出电流的平均值，并计算此时的输入功率。

4 - 9　试说明升降压斩波电路和 Cuk 型斩波电路的异同点。

4 - 10　在隔离型 DC - DC 变换电路中，变压器的主要作用是什么？

4 - 11　什么是软开关？软开关技术的目的是什么？

4 - 12　软开关直流变换器有哪几种？

第 5 章 AC - AC 变换电路

AC - AC 变换电路，即把固定的正弦交流波形变成幅值、频率或相位可调的交流波形的电路。根据是否有中间的直流环节，可分为 AC - AC 直接变换电路和 AC - DC - AC 组合变换电路。传统的 AC - AC 直接变换电路一般采用反并联晶闸管对交流正弦波形进行变换，输出侧得到的是不完整的正弦波，虽然电压或功率可调，但仅适用于可承受波形畸变或大惯性负载等场合。此外，传统 AC - AC 直接变换电路虽然也可以变频，但输出侧频率较低，仅大功率、低转速等特殊场合可以应用。目前，基于全控型器件的模块化多电平矩阵变换器（modular multilevel matrix converter，M3C）已成为直接 AC - AC 变换电路的研究热点，但其拓扑与控制都较为复杂，尚未得到推广应用，因此本章仅介绍由晶闸管构成的传统 AC - AC 变换电路。对于开关变换电路来说，直流波形更容易变换为变压、变频的交流波形，且性能更好，因此含中间直流环节的 AC - DC - AC 变换电路已广泛应用于变频调速、新能源并网、直流输电等领域。本章首先介绍 AC - AC 变换电路的基础知识，传统交流电力控制电路中的交流调压电路、交流调功电路和交流无触点开关的电路结构及原理，以及直接 AC - AC 变频电路的原理；其次介绍 AC - DC - AC 组合变换电路，由于 AC - DC - AC 变换电路的核心仍是第 2、3 章所述的 AC - DC 或 DC - AC 变换电路，所以本章仅介绍常用的组合变换电路的类型及特点；再次结合 AC - AC 变换电路在静止无功补偿领域的应用，阐述晶闸管控制电抗器（thyristor controlled reactor，TCR）、晶闸管投切电容器（thyristor switched capacitor，TSC）的工作原理；最后给出 AC - AC 变换电路用于静止无功补偿的系统仿真算例。

5.1 AC - AC 变换电路概述

5.1.1 AC - AC 变换电路的分类

（1）直接 AC - AC 变换电路。交流电力控制电路是调节交流电压幅值、功率或控制电路通断的直接 AC - AC 变换电路。虽然主电路都基于反并联的晶闸管，但根据用途不同可分为三种不同的交流电力控制电路：①采用相位控制的交流调压电路，主要用于交流电压的调节（电动机软启动）、无功功率的调节（如 TCR）等；②采用周波控制的交流调功电路，主要用于大惯性负载的有功调节（如温度控制、灯光调节等）；③采用通断控制的交流无触点开关，主要根据负载需要使电路接通或者断开，代替传统的机械开关（如 TSC）。直接 AC-AC 变换电路也可改变频率，因此称为交交变频器或周波变换器，主要应用于大功率交流电动机调速传动系统。就6脉波的三相桥式电路而言，一般认为输出最高上限频率是电网频率的 $1/3\sim1/2$。

（2）AC-DC-AC 组合变换电路。该电路根据输出侧电压是变频还是恒频可分为：①变压变频电路，主要用作交流电动机调速用的变频器；②恒压恒频电路，主要用作 UPS 或者风力发电机等接入交流电网。此外，换流器的一般分类方式也适用于 AC-DC-AC 变换电路：根据输出侧接的是交流电网还是具体用电负载，可分为有源型和无源型；根据功率是否可以双向流动，分为单向型和双向型；根据直流侧滤波元件，可以分为电压型和电流型。

5.1.2　AC-AC 变换电路在静止无功补偿中的应用

与固定电容器补偿技术相比，静止无功补偿技术具有响应速度快和可连续调节的优点，已广泛应用于提高输电系统的稳定性、改善配电系统的电能质量、对冲击性负荷的无功补偿和闪变抑制等领域。本小节将结合静止无功补偿技术阐述 AC-AC 变换电路的概念和原理。

早期的无功补偿装置有同步调相机（synchronous condenser，SC）和并联电容器。同步调相机是专门用来产生无功功率的同步电动机，在过励磁或欠励磁的情况下，分别能够发出感性或容性无功功率，在电力系统的无功功率控制中一度发挥着主要作用。然而，由于同步调相机是旋转电动机，因此其在运行中的损耗和噪声都比较大，运行维护也比较复杂，而且响应速度慢，在很多情况下无法满足快速动态补偿的要求。并联电容器具有结构简单、经济方便等优点，但其阻抗是固定的，故不能跟踪负荷无功功率需求的变化，即不能实现对无功功率的动态补偿。在系统中有谐波时，电容器还有可能与系统阻抗发生并联谐振，使谐波放大，从而造成烧毁电容器的事故。

20 世纪 70 年代以来，同步调相机和并联电容器逐渐被静止无功补偿装置（SVC）所取代。SVC 与同步调相机相比，没有旋转部件，是一种利用电容器和可控类型的电抗器进行无功补偿（可提供可变的容性或感性无功功率）的装置。早期的 SVC 是饱和电抗器（saturable reactor，SR）。1967 年，英国 GEC 公司推出了世界上第一批饱和电抗器型 SVC。此后，各国生产厂商纷纷推出各自的产品。与同步调相机相比，饱和电抗器具有静止部件运行可靠、响应速度快等优点，但其铁芯需磁化到饱和状态，因而损耗和噪声还是很大，并且还存在非线性电路的一些特殊问题，又不能分相调节以补偿负荷的不平衡，所以未能占据 SVC 的主流。

电力电子技术的快速发展拓展了其在电力系统中的应用，使用晶闸管的 SVC 逐渐占据了静止无功补偿领域的主导地位。1977 年，美国 GE 公司首次在实际电力系统中演示运行了使用晶闸管的 SVC。1978 年，在美国电力研究院（Electric Power Research Institute，EPRI）的支持下，西屋（Westinghouse）电气公司制造的使用晶闸管的 SVC 投入实际运行。随后，世界各大电气公司都竞相推出了具备各自特点的系列产品。我国也先后引进了数套此类装置。由于使用晶闸管的

SVC 具有优良的性能，在世界范围内其市场一直在迅速而稳定地增长，已占据了静止无功补偿领域的主导地位。因此，SVC 一词往往专指使用晶闸管控制的 SVC。SVC 包括晶闸管控制电抗器（TCR）和晶闸管投切电容器（TSC），以及这两者的混合装置（TCR+TSC），或者 TCR 与固定电容器（fixed capacitor，FC）或机械式动作投切的电容器（mechanically switched capacitor，MSC）混合使用的装置（如 TCR+FC、TCR+MSC 等）。

经过多年发展，静止无功补偿技术在输配电系统和工业部门已有大量应用。工业应用中常常将 TCR 和 TSC 支路接在负荷母线，但在输电系统中的应用常常还要通过降压变压器在 10～35kV 电压等级接入 SVC。为了达到足够的电压耐受能力，SVC 的每相控制阀由适当数量的晶闸管对串联组成。SVC 的容量，对于工业用户来说常为 10～50Mvar；对主要用于输电系统的无功功率支持设备，一般要有 100～300Mvar。

随着电力电子技术的不断发展和控制技术的不断提高，SVC 向高压大容量多套并联的方向发展，以满足电力系统对无功补偿和电压控制的要求。南京南瑞继保电气有限公司安装于新疆‐西北主网联网工程第二通道 750kV 沙州变电站的 SVC 系统容量为－360（感性）～＋360Mvar（容性），由两套配置相同的 SVC 组成，直接接入变电站同一条 66kV 母线，每套 SVC 包含 TCR（－360Mvar）×1、滤波器组（＋180Mvar）×1。该工程的 SVC 系统 TCR 单体容量达到 360Mvar，直接接入 66kV 电网，开启了我国输电系统大容量、高电压动态无功补偿装置的新篇章。

随着大电网大容量输电工程的建设，对无功补偿容量的需求不断增加。通过研制 110kV 直挂式 SVC 阀组，可以不需要变压器就可以直接将 SVC 接入高压交流输电系统低压 110kV 侧，既可满足大容量无功补偿的需求，也减小了设备的占地面积。

5.2　交流电力控制电路

本节讲述的是采用晶闸管的直接 AC‐AC 变换电路的原理。交流电力控制电路是将一对晶闸管反并联或用一个双向晶闸管与负载串联，然后接到交流电源上，通过对晶闸管的控制可实现对负载的交流电压或功率的控制。根据用途不同选择相位控制、通断周期控制（周波控制）和过零点通断控制（通断控制）三种不同的控制方式，便构成了三种不同的交流电力控制器。

5.2.1　交流调压电路

接在交流电源与负载之间的晶闸管，以相位控制方式来调节负载上的电压，便构成了交流调压器，其工作情况与负载性质有关。三相交流调压器接线形式不同，技术性能也不同。

1. 单相交流调压电路

（1）电阻负载。单相交流调压电路是交流电力控制器中最基本的电路。

图 5-1 给出了带电阻负载的单相交流调压电路及工作波形。

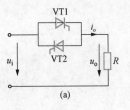

微课讲解

单相交流
调压电路

在交流电压的正半周，控制角为 α 时，晶闸管 VT1 导通，把交流正电压的一部分加在负载 R 上。交流电压由正过零变负时，回路电流下降到零，VT1 自然关断，负载上电压、电流为零。$\omega t = \pi + \alpha$ 时，触发 VT2 导通，把交流负电压的一部分加在负载 R 上。交流电压由负过零变正时（称正向过零点），VT2 自然关断。改变 α 角的大小，就改变了负载上的电压波形，从而改变了负载电压的有效值，达到了调压的目的。显然这种控制方式也属于相位控制方式。

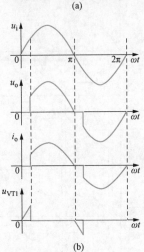

图 5-1　带电阻负载的单相
交流调压电路及工作波形
(a) 电路图；(b) 工作波形

负载电压的有效值

$$U_o = \sqrt{\frac{1}{\pi} \int_\alpha^\pi (\sqrt{2} U_i \sin\omega t)^2 \, d(\omega t)}$$

$$= U_i \sqrt{\frac{1}{2\pi} \sin 2\alpha + \frac{\pi - \alpha}{\pi}} \qquad (5 - 1)$$

电阻负载上的电流与电压波形同相，其有效值

$$I_o = U_o / R \qquad (5 - 2)$$

交流调压器功率因数

$$\lambda = \frac{P}{S} = \frac{U_o I_o}{U_i I_o} = \sqrt{\frac{1}{2\pi} \sin 2\alpha + \frac{\pi - \alpha}{\pi}} \qquad (5 - 3)$$

可见 α 角越大，输出电压越低，功率因数也越低。另外，输出电压波形为有缺口的正弦波，谐波含量较大。

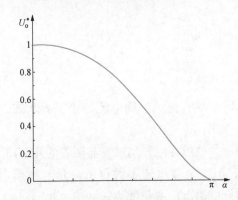

图 5-2　负载电压与触发延迟角 α 的关系
（电阻负载）

由于每个晶闸管电流为负载电流的一半，因此晶闸管电流的有效值

$$I_{VT} = \frac{I_o}{\sqrt{2}} \qquad (5 - 4)$$

图 5-2 给出了归一化的负载电压 U_o^* 与 α 的关系。其中，当 $\alpha = 0°$ 时，负载即为交流电源电压；随着 α 增大到 $180°$，电压逐渐减小至 0。

（2）阻感负载。交流调压电路工作在电感负载时，由于控制角 α 和负载阻抗角 φ 的关系不同，晶闸管每半周导通

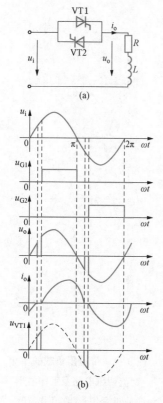

图 5-3　带阻感负载的单相
交流调压电路及工作波形
（a）电路图；（b）工作波形

时，会产生不同的过渡过程。单相交流调压电路工作在阻感负载时的电路和 $\alpha > \varphi$ 时的工作波形如图 5-3 所示。

在 $\omega t = \alpha$ 时刻开通 VT1，负载电流满足

$$L\frac{\mathrm{d}i_\mathrm{o}}{\mathrm{d}t} + Ri_\mathrm{o} = \sqrt{2}U_\mathrm{i}\sin\omega t \tag{5-5}$$

$$i_\mathrm{o}\big|_{\omega t = \alpha} = 0$$

解此微分方程，可得

$$i_\mathrm{o} = \frac{\sqrt{2}U_1}{Z}\left[\sin(\omega t - \varphi) - \sin(\alpha - \varphi)\mathrm{e}^{\frac{\alpha - \omega t}{\tan\varphi}}\right]$$

$$\alpha \leqslant \omega t \leqslant \alpha + \theta \tag{5-6}$$

式中：θ 为晶闸管导通角；阻抗 $Z = \sqrt{R^2 + (\omega L)^2}$。

输出电流中含有两个分量，即正弦稳态分量 i_B 与按指数规律衰减的自由分量 i_S，其值分别为

$$i_\mathrm{B} = \frac{\sqrt{2}U_1}{Z}\sin(\omega t - \varphi) \tag{5-7}$$

$$i_\mathrm{S} = -\frac{\sqrt{2}U_1}{Z}\sin(\alpha - \varphi)\mathrm{e}^{-\frac{\alpha}{\tan\varphi}} \tag{5-8}$$

1）$\alpha > \varphi$ 时，随着电源电压下降过零进入负半周，电路中的电感存储的能量释放完毕，电流降为零。利用边界条件 $\omega t = \alpha + \theta$ 时，$i_\mathrm{o} = 0$，可求得

$$\sin(\alpha + \theta - \varphi) = \sin(\alpha - \varphi)\mathrm{e}^{-\frac{\theta}{\tan\varphi}} \tag{5-9}$$

取不同的功率因数角 φ 代入式（5-9）可求得 $\theta = f(\alpha)$ 的关系曲线，如图 5-4 所示。

此时负载电压波形呈断续状态，但交流电压可调。因此，带阻感负载时 α 的移相范围应为 $\varphi \leqslant \alpha \leqslant \pi$。负载电压有效值

$$U_\mathrm{o} = \sqrt{\frac{1}{\pi}\int_\alpha^{\alpha+\theta}\left(\sqrt{2}U_\mathrm{i}\sin\omega t\right)^2\mathrm{d}(\omega t)}$$

$$= U_\mathrm{i}\sqrt{\frac{\theta}{\pi} + \frac{1}{\pi}\left[\sin 2\alpha - \sin(2\alpha + 2\theta)\right]} \tag{5-10}$$

2）$\alpha = \varphi$ 时，自由分量 $i_\mathrm{S} = 0$，导通角 $\theta = 180°$，正负半周电流处于临界状态，相当于晶闸管失去控制作用，电路失去调压作用。

3）$\alpha < \varphi$ 时，输出电流波形如图 5-5 所示。虽然在刚开始触发晶闸管的几个周期内，两只晶闸管的电流波形是不对称的，但当负载电流中的自由分量衰减后，得到完全对称连续的负载电流波形，电流滞后电源电压的角度为 φ。

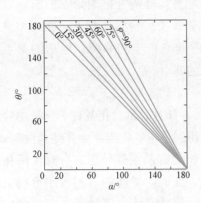

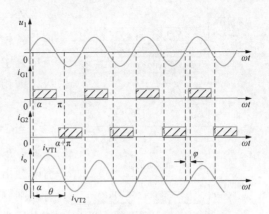

图 5-4 单相交流调压电路以 φ 为
参变量的 θ 和 α 关系曲线

图 5-5 $\alpha < \varphi$ 时带阻感负载的单相交流
调压电路的工作波形

由上述分析可知，带电阻负载时，负载电流波形与单相桥式可控整流电路交流侧电流波形一致，改变 α 可以改变负载电压有效值，移相范围为 $0° \sim 180°$。带电感负载时，最小控制角 $\alpha = \varphi$，同时不能用窄脉冲触发，否则当 $\alpha < \varphi$ 时会发生一个晶闸管无法导通的现象，电流出现很大的直流分量，会烧毁熔断器或晶闸管。

2. 三相交流调压电路

根据三相联结方式的不同，三相交流调压电路具有多种形式，其中图 5-6（a）所示的星形联结和图 5-6（b）所示的三角形联结应用最为广泛。由于三角形联结的三相调压电路可以看成独立的三个单相调压电路，只是每个支路承受的是线电压，因此下面仅分析星形联结的三相调压电路原理。

对于星形联结法，采用三相四线制时零线上谐波电流过大，因而一般采用三相三线制。三相交流调压器接纯电阻 Y 形负载电路如图 5-6（a），由于无中性线，每相电流必须与另一相构成通路，即一相的正向晶闸管与另一相的反向晶闸管同时导通。为此，如同三相桥式全控整流电路一样，触发脉冲也是每隔 60° 触发一组晶闸管，脉冲宽度必须大于 60°或采用双窄脉冲触发。三相桥式全控整流电路的触发脉冲方式也可用于三相三线交流调压器。

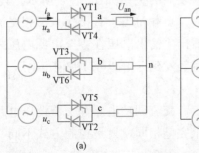

(a)

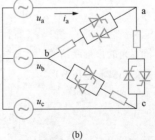

(b)

图 5-6 三相交流调压电路
（a）星形联结；（b）三角形联结

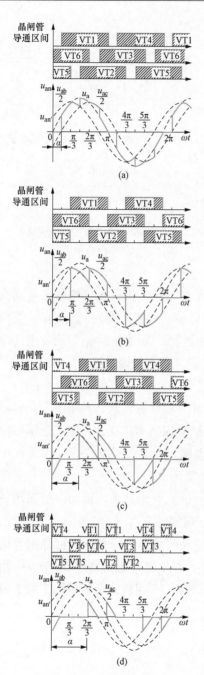

图 5-7 不同 α 角时星形联结的
三相调压电路的负载相电压波形
(a) $\alpha=30°$；(b) $\alpha=60°$；
(c) $\alpha=90°$；(d) $\alpha=120°$

在一般情况下，晶闸管控制角 α 的起始点应为各相晶闸管开关的自然换相点。在三相整流电路中，α 的起点位于相邻两相电压的交点处，即相电压的 30°位置。而在三相交流调压电路中，α 的起点位于相邻相电压的零点处。

当 $\alpha=0°$时，任意时刻三相各有一只晶闸管导通，负载上得到全电压。当 α 为其他角度时，有时会出现三相均有晶闸管导通，有时仅两相有晶闸管导通。此时，导通的两相每相负载上的电压为其线电压的一半，不导通相的负载电压为零。

不同 α 角时负载相电压波形如图 5-7 所示。对不同 α 角电路工作情况进行分析可得出：当 $\alpha=0°$时，三相电流波形为完整的正弦波；当 $0°<\alpha<60°$时，三只晶闸管导通与两只晶闸管导通两种模式交替工作；当 $60°<\alpha<90°$时，任意时刻只有两只晶闸管导通，这时负载电压不为零的区间总是导通两相线电压的一半；当 $\alpha>90°$后，电流断续，有一区段内三相晶闸管均不导通；当 $\alpha=150°$时，输出电压电流均为零。所以，当三相三线交流调压器带电阻负载时，α 角的移相范围是 0°～150°。

由以上分析可以看出，交流调压所得的负载电压和电流波形都不是正弦波，且随着 α 角的增大，负载电压相应减小，负载电流开始出现断续情况。

三相调压器（带电阻负载）的输出电压与触发角的关系如图 5-8 所示。其中，当 $\alpha=0$ 时，负载相当于直接接入三相交流电源。可以看出，输出电压在零至电源电压之间变化，改变触发延迟角即可改变输出电压。

5.2.2 交流调功电路

交流调功电路和交流调压电路在电路形式上完全相同，只是控制方式不同。交流调功电路通过调节晶闸管在设定周期内的周波通断比来调节负载两端的交流电压或功率，即在设定周期内将电路接通几个周波，再断开几个周波，所以也称周波控制器，其工作波形如图 5-9 所示。在交流调功电路中，晶闸管在电源电压过零点导通或关断，因此也称"零触发"方式。这样可以减小交流电源与负载接通瞬间产生的电压、电流冲击，使负载上得到完整的正弦波，从而消除相位控制带来的高次谐波干扰。但其通断频率低于电源频率，当周波通断比太小时，存在低频干扰，会使灯光闪烁、仪表指针抖动等，所以交流调功电路一般用于热惯性较大的电热负载。

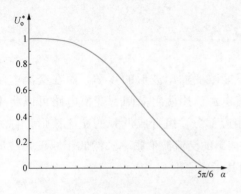

图 5-8 三相调压器（电阻负载）的输出电压与触发角的关系　　图 5-9 交流调功电路的工作波形

其中，T_C 为设定的控制周期，它是工频周期的 M 倍，N 为控制周期内的导通周波数，则调功器的输出电压有效值和输出功率分别为

$$U_o = \sqrt{\frac{1}{T_C} \int_0^{NT} u^2 \mathrm{d}t} = \sqrt{\frac{NT}{T_C}} U_i = \sqrt{\frac{N}{M}} U_i \qquad (5-11)$$

$$P_o = \frac{U_o^2}{R} = \frac{N}{M} \frac{U_i^2}{R} = \frac{N}{M} P_{max} \qquad (5-12)$$

式中：P_{max}、U_i 分别为在设定周期 T_C 内全部周波导通时，装置输出功率和电压的有效值。

因此，改变导通周波数 N 即可改变输出电压和功率。

5.2.3 交流电力电子开关

交流电力电子开关是利用反并联晶闸管或双向晶闸管与交流负载串联而构成的一种交流电力控制电路，已广泛应用于电力系统和传动系统中。采用交流电力电子开关的主要目的是根据负载需要使电路接通和断开，从而代替传统的机械开关。它具有响应快、无火花、无噪声和寿命长等优点，可频繁控制通断。

交流电力电子开关在电路形式上与交流调功电路类似，但控制方式或控制目的有所不同。交流调功电路也用来控制电路的接通和断开，但它是以控制电路的平均输出功率为目的，其控制方式是改变晶闸管开关的导通周期数和控制周期数的比值。而交流电力电子开关并不去控制电路的平均输出功率，而只根据负载需要控制电路的接通和断开，从而使负载实现其相应的功能或目的。交流电力电子开关通常没有明确的控制周期，其启动方式也随负载的不同而有所变化，其开关频率通常也比交流调功电路低得多。

微课讲解
交流调功电路和
电力电子开关

在公用电网中，交流电力电容器的投入与切断是控制无功功率的重要手段。通过对无功功率的控制，可以提高功率因数，稳定电网电压，改善供电质量。与用机械开关投切电容器的方式相比，TSC 是一种性能优良的无功补偿方式。交流无触点开关带电阻负载的应用也很多，主要应用在各种电加热负载上，如干燥箱、加热炉，以及易燃易爆等有危险的场合，如煤矿井下和制氢车间。

5.3　AC - AC 变频电路

上一节讲述的交流电力控制电路并不能改变输出波形的频率，而在交流电动机调速等应用领域，需要变压变频的交流电源。用两组晶闸管变换电路可以将不同周波内的交流波形按照正弦规律取出相应部分，组合成低频的交流波形，称为AC - AC 变频电路。AC - AC 变频电路叠加出的交流波形频率必然低于原正弦波形频率，因而只能用于低频场合，下面介绍其工作原理。

5.3.1　单相 AC - AC 变频电路

1. 电路构成和基本工作原理

图 5 - 10 所示为单相 AC - AC 变频电路原理图和输出电压波形。电路由 P 组和N 组反并联的晶闸管换流电路构成。换流器 P 和 N 都是相控整流电路，P 组工作时，负载电流 i_o 为正；N 组工作时，i_o 为负。让两组换流器按一定的频率交替工作，负载就得到该频率的交流电。改变两组换流器的切换频率，就可以改变输出频率 ω_o；改变换流电路工作时的触发延迟角 α，就可以改变交流输出电压的幅值。为了使输出电压 u_o 的波形接近于正弦波，可以按正弦规律对触发延迟角 α 进行调制。如图 5 - 10（b）所示，可在半个周期内让正组换流器 P 的 α 按正弦规律从 90°逐渐减小到 0°或某个值，然后再逐渐增大到 90°。这样每个控制间隔内的平均输出电压就按正弦规律从零逐渐增至最高，再逐渐降低至零，如图 5 - 10（b）虚线所示。在另外半个周期内可对换流器 N 进行同样的控制。

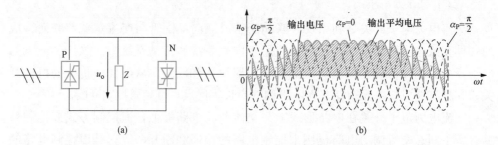

图 5 - 10　单相 AC - AC 变频电路原理图和输出电压波形

（a）电路结构；（b）基于三相半波电路的输出电压波形

图 5 - 10（b）所示的波形为换流器 P 和 N 都是三相半波可控电路时的波形。可以看出，输出电压 u_o 的波形并不是平滑的正弦波，该电压由若干段电源电压拼接而成，在输出电压的一个周期内，所包含的电源电压段数越多，其波形就越接

近于正弦波。因此，AC - AC 变频电路通常采用 6 脉波的三相桥式电路或 12 脉波换流电路。

2. 整流与逆变电路工作状态

下面以阻感负载为例来说明电路的整流工作状态与逆变工作状态，这种分析也适用于交流电动机负载。

如果把 AC - AC 变频电路理想化，忽略换流电路换相输出电压的脉动分量，就可把电路等效成图 5 - 11 （a）所示的正弦波交流电源和二极管的串联电路。其中，交流电源表示换流电路可输出的交流正弦电压，二极管体现了换流电路电流的单方向性。

假设负载阻抗角为 φ，即输出电流滞后输出电压 φ 角。另外，为避免两组换流器之间产生环流（在两组换流器之间流动而不经过负载的电流），两组换流电路在工作时不同时施加触发脉冲，即一组换流电路工作时，封锁另一组换流电路的触发脉冲（这种方式称为无环流工作方式）。图 5 - 11 （b）给出了一个周期内负载的电压、电流波形及正反两组换流电路的电压、电流波形。由于换流电路的单向导电性，在 $t_1 \sim t_3$ 期间的负载电流正半周，只能是正组换流电路工作，反组电路被封锁。其中，在 $t_1 \sim t_2$ 阶段，输出电压和电流均为正，故正组换流电路工作的整流状态输出功率为正；在 $t_2 \sim t_3$ 阶段，输出电压已反向，但输出电流仍为正，正组换流器电路工作在逆变状态，输出功率为负。在 $t_3 \sim t_5$ 阶段的负载电流负半周，反组换流电路工作，正组电路被封锁。其中，在 $t_3 \sim t_4$ 阶段，输出电压和电流均为负，反组换流电路工作在整流状态；在 $t_4 \sim t_5$ 阶段，输出电流为负而电压为正，反组换流器电路工作在逆变状态。

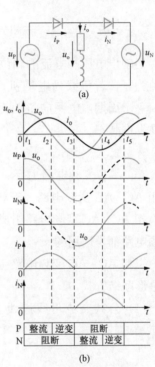

图 5 - 11 理想化 AC - AC 变频电路的整流和逆变工作原理

(a) 电路原理图；(b) 电流、电压波形

可以看出，在带阻感负载的情况下，在一个输出电压周期内，AC - AC 变频电路有 4 种工作状态。哪组换流电路工作是由输出电流的方向决定的，与输出电压极性无关。换流电路工作在整流状态还是逆变状态，则是根据输出电压方向与输出电流方向是否相同来确定的。

图 5 - 12 所示为基于三相全桥的单相 AC - AC 变频电路输出电压和电流波形。如果考虑到无环流工作方式下负载电流过零的正反组切换死区时间，一个周期的波形可分为 6 段：第 1 段，$i_o < 0$，$u_o > 0$，为反组逆变；第 2 段，电流过零，为切换死区；第 3 段，$i_o > 0$，$u_o > 0$，为正组整流；第 4 段，$i_o > 0$，$u_o < 0$，为正组逆变；第 5

段，又是切换死区；第 6 段，$i_o<0$，$u_o<0$，为反组整流。

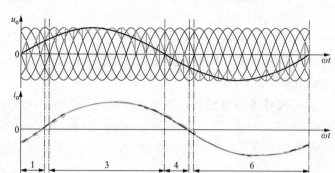

图 5 - 12　基于三相全桥的单相 AC - AC 变频电路输出电压和电流波形

当输出电压和电流的相位差小于 90°时，一个周期内电网向负载提供能量的平均值为正，若负载为电动机，则电动机工作在电动状态；当两者相位差大于 90°时，一个周期内电网向负载提供能量的平均值为负，即电网吸收能量，电动机工作在发电状态。

5.3.2　三相 AC - AC 变频电路

AC - AC 变频电路主要应用于大功率交流电动机调速系统，这种系统使用的是三相 AC - AC 变频电路。三相 AC - AC 变频电路是由三组输出电压相位各差 120°的单相 AC - AC 变频电路组成的，因此 5.3.1 中的许多分析和结论对三相 AC - AC 变频电路都是适用的。

三相 AC - AC 变频电路主要有两种接线方式，即公共交流母线进线方式和输出星形联结方式。

（1）公共交流母线进线方式。它由三组彼此独立、输出电压相位相互错开 120°的单相 AC - AC 变频电路构成，它们的电源进线通过进线电抗器接在公共交流母线上。因为电源进线端是公用的，所以对三组单相 AC - AC 变频电路的输出端必须进行隔离。为此，交流电动机的三个绕组必须拆开，共引出六根线。这种电路主要用于中等容量的交流调速系统。

（2）输出星形联结方式。图 5 - 13 所示为基于输出星形联结方式的三相 AC - AC 变频电路原理图。三组单相 AC - AC 变频电路的输出端是星形联结的，电动机的三个绕组也是星形联结的，电动机中点不和变频器中点接

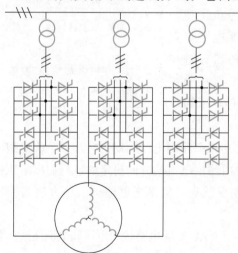

图 5 - 13　基于输出星形联结方式三相
AC - AC 变频电路原理图

在一起，电动机只引出三根线即可。因为三组单相 AC - AC 变频电路的输出端连接在一起，对其电源进线就必须进行隔离，因此三组 AC - AC 变频器分别用三个变压器供电。

由于变频器输出端中点不和负载中点相连接，所以在构成三相变频电路的六组桥式电路中，至少要由不同输出相的两组桥中的四个晶闸管同时导通才能构成回路，形成电流。和整流电路一样，同一组桥内的两个晶闸管靠双触发脉冲保证同时导通，而两组桥之间则是靠各自的触发脉冲有足够的宽度保证同时导通。

本节介绍的 AC - AC 变频电路是把一种频率的交流直接变成可变频率的交流，是一种直接变频电路。与 AC - DC - AC 变频电路相比，AC - AC 变频电路的缺点是：①接线复杂，如采用三相桥式电路的三相 AC - AC 变频器至少要用 36 只晶闸管；②受电网频率和换流电路脉波数的限制，输出频率较低，输入功率因数较低；③输入电流谐波含量大，频谱复杂。由于以上缺点，AC - AC 变频电路主要用在 500kW 或 1000kW 以上的大功率、低转速的交流调速电路中。目前，该电路既可用于异步电动机传动，也可用于同步电动机传动，已在轧机主传动装置、鼓风机、矿石破碎机、球磨机、卷扬机等场合获得较多的应用。

5.4 AC - DC - AC 组合变换电路

AC - DC - AC 组合变换电路已广泛应用于变频调速系统中，该系统也被称为变压变频调速系统。AC - DC - AC 变频器是由 AC - DC、DC - AC 两类基本的变换电路组合形成的。AC - DC - AC 变频器与 AC - AC 变频器相比，最主要的优点是输出频率不再受输入电源频率的限制。按照 AC - DC - AC 组合变换电路中直流电路采用电容滤波与电感滤波作用的不同，分为电压型和电流型两种电路拓扑。在变频调速系统中，电压型拓扑应用更为广泛。

5.4.1 电压型 AC - DC - AC 组合变换电路

图 5 - 14 所示为不能处理再生反馈电力的电压型 AC - DC - AC 组合变换电路。该电路中 AC - DC 部分采用的是不可控整流，它和电容器之间的直流电压和直流电流极性不变，只能由电源向直流电路输送功率，而不能由直流电路向电源反馈电能；DC - AC 部分的能量是可以双向流动的，若负载能量反馈到中间直流电路，将导致电容电压升高，该电压称为泵升电压。由于该能量无法反馈回交流电源，则电容只能承担少量的反馈能量，否则泵升电压过高会危及整个电路的安全。

根据应用场合及负载的要求，当负载电动机需要频繁、快速制动时，变频器有时需要具有处理再生反馈电力的能力。为了使上述电路具备处理再生反馈电能的能力，可采取的几种方法分别如图 5 - 15～图 5 - 17 所示。

图 5 - 15 所示电路是在图 5 - 14 所示电路的基础上，在直流电容两端并联一个

由 GTR V0 和能耗电阻 R_0 组成的泵升电压限制电路。当泵升电压超过一定数值时，使 V0 导通，把从负载反馈的能量消耗在 R_0 上，这种电路可用在对电动机制动时间有一定要求的调速系统中。

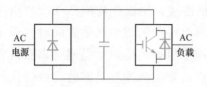 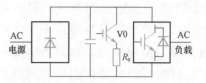

图 5-14　不能处理再生反馈电力的　　　　图 5-15　带有泵升电压限制电路的
电压型 AC-DC-AC 组合变换电路　　　　电压型 AC-DC-AC 组合变换电路

当交流电动机负载频繁快速地加减速时，上述泵升电压限制电路中消耗的能量较多，能耗电阻 R_0 也需要较大的功率。在这种情况下，希望在制动时把电动机的动能反馈回电网，而不是消耗在电阻上。此时，如图 5-16 所示，由于电容上电压不能反相，需增加一套可控变换电路，使其工作于有源逆变状态，以实现电动机的再生制动。当负载回馈能量时，中间直流电压上升，使不可控 AC-DC 变换电路停止工作，可控 AC-DC 变换电路工作于有源逆变状态，中间直流电压极性不变而电流反向，通过控制变换器将电能反馈回电网。

图 5-17 所示为 AC-DC 和 DC-AC 部分均采用 PWM 的 AC-DC-AC 组合变换电路，可简称为双 PWM 电路。AC-DC 和 DC-AC 部分的构成可以完全相同，能量都可以双向流动。该电路具有以下优点：电动机负载可以工作在电动运行状态，也可以工作在再生制动状态。此外，改变输出交流电压的相序即可使电动机正转或反转。因此，电动机可实现四象限运行。交流电源通过交流电抗器和 AC-DC 变换电路连接，通过对 AC-DC 变换电路进行 PWM 调制，可以使输入电流呈正弦波并且与电源电压同相位，因而输入功率因数为 1，并且中间直流电路的电压可以调节。该电路的缺点是控制较复杂，成本也较高。

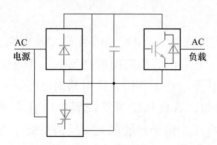 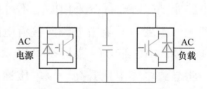

图 5-16　利用可控变换器实现再生　　　　图 5-17　AC-DC 和 DC-AC 部分均采用
反馈的电压型 AC-DC-AC 组合变换电路　　　　PWM 的电压型 AC-DC-AC 组合变换电路

AC-DC 和 DC-AC 部分均采用 PWM 的电压型 AC-DC-AC 变换电路的一个典型应用为风力发电中发电机的调速系统。异步发电机或同步发电机通过电力电子变换器并网，转速可调，有多种组合形式。目前，实际应用的变速恒频机组主要有两种类型：一类是采用绕线式异步发电机通过转子侧的部分功率变换器并网的双馈风力发电机组，如图 5 - 18 所示。其中，转子侧 AC - DC 变换器的主要功能是控制电磁功率，并为电动机提供交流励磁；网侧 DC - AC 变换器的主要功能是控制直流电压以及单位功率因数的运行。另一类是采用永磁同步发电机通过全功率变换器并网的永磁直驱风力发电机组，如图 5 - 19 所示。其中，永磁直驱风力发电机组大多采用机侧 AC - DC 变换器实现对电动机转矩的控制，实现最大风能跟踪控制；采用网侧 DC - AC 变换器实现直流侧电压稳定和交流输出功率因数控制，实现输出有功和无功功率的解耦控制，使风力发电机组功率平稳传输到电网上。

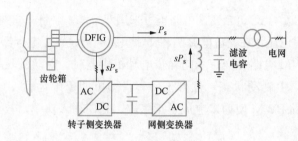

图 5 - 18　双馈风力发电机组

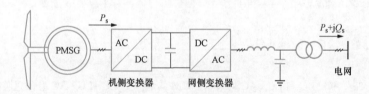

图 5 - 19　永磁直驱风力发电机组

5.4.2　电流型 AC - DC - AC 组合变换电路

图 5 - 20 给出了可以处理再生反馈电力的电流型 AC - DC - AC 组合变换电路，其中实线表示的是由电源向负载输送功率时中间直流电压极性、电流方向、负载电压极性及功率流向等。当电动机制动时，中间直流电路的电流极性不能改变，要实现再生制动，只需调节可控 AC - DC 变换电路的触发角，使中间直流电压反极性即可，如图 5 - 20 中虚线所示。与电压型 AC - DC - AC 组合变换电路相比，整流部分只用一套可控变换电路，系统的整体结构相对简单。

图 5 - 21 给出了相控电路与 PWM 混合的电流型 AC - DC - AC 组合变换电路。这为适用于较大容量的场合，将主电路中的器件换为 GTO，逆变电路输出端的电容 C 是为吸收 GTO 关断时产生的过电压而设置的，它也可以对输出的 PWM 电流波起滤波作用。

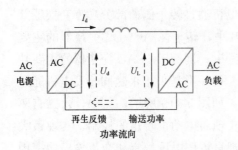

图 5 - 20　可以处理再生反馈电力的
电流型 AC - DC - AC 组合变换电路

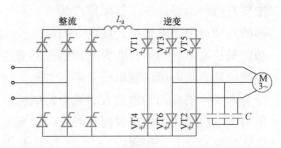

图 5 - 21　相控电路与 PWM 混合的电流型
AC - DC - AC 组合变换电路

电流型 AC - DC - AC 组合变换电路也可采用双 PWM 电路，如图 5 - 22 所示。为了吸收换流时的过电压，在交流电源侧和交流负载侧都设置了电容器。和图 5 - 17 所示的电压型双 PWM 电路一样，当向异步电动机供电时，电动机既可工作在电动状态，又可工作在再生制动状态，且可正反转，即可四象限运行。该电路同样可以通过对整流电路的 PWM 使输入电流呈正弦波，并使输入功率因数为 1。

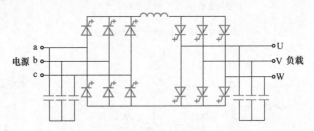

图 5 - 22　AC - DC 和 DC - AC 均采用 PWM 的电流型 AC - DC - AC 组合变换电路

5.5　静止无功补偿装置的仿真

采用电力电子器件控制的静止无功补偿装置（SVC）具有响应速度快和可连续调节的优点，已广泛应用于提高输电系统的稳定性、改善电能质量、对冲击性负荷的无功补偿和闪变抑制等领域。

5.5.1　静止无功补偿装置（SVC）的作用

SVC 的基本作用是连续而迅速地控制无功功率，即以快速响应，通过发出或吸收无功功率来控制它所连接的输电系统的节点电压或功率潮流。

（1）当 SVC 作为系统补偿时，其作用主要有：①维持输电线路上节点的电压，减小线路上因为功率流动变化造成的电压波动，并提高输电线路有功功率的传输容量和电网的静态稳定性；②在网络故障的情况下，快速稳定电压，维持线路输电能力，提高电网的暂态稳定性；③增加系统的阻尼，抑制电网的功率振荡；④在输电线路末端进行无功补偿和电压支持，提高电压稳定性等。

（2）当 SVC 作为负荷补偿时，其作用主要有：①抑制负荷变化造成的电压波动和闪变；②补偿负荷所需要的无功电流，改善功率因数，优化电网的能量流动；③减小负荷不平衡对电压的影响，提高电能的使用效率。

除了应用于互联电网的高压输电线路外，SVC 还广泛地应用于高压直流输电换流站的无功补偿，还可用于抑制电弧炉等大型冲击负荷造成的电压闪变和电压波动。

5.5.2 晶闸管控制电抗器（TCR）

TCR 是 5.2 中晶闸管交流调压电路带电感负载的一个典型应用。TCR 的三相接线形式大都为三角形联结，图 5 - 23 所示为 TCR 的基本原理，从中可以看出这是采用支路控制三角联结方式的晶闸管三相交流调压电路。相比其他接线形式，这种接线形式的优点是线电流中谐波含量较小。图 5 - 23（a）中的单相基本结构是由两个反并联的晶闸管与一个电抗器串联而成的。由于目前晶闸管的关断能力通常在 3～9kV、3～6kA，在实际应用中往往是多个（10～20 个）晶闸管串联使用，串联的晶闸管要求同时触发导通。此外，工程实际中常常将每一相的电抗分成两部分，分别接在晶闸管对的两端，这样可以使晶闸管在电抗器损坏时得到有效的保护。这种每相只有一个晶闸管对的接线形式被称为 6 脉波 TCR。对其输出电流波形进行傅里叶分析可知，其线电流中所含谐波 $6k \pm 1$ 次（k 为正整数）。

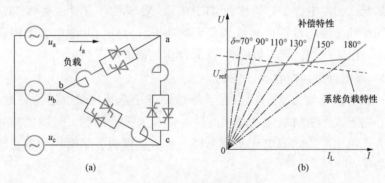

图 5 - 23　TCR 的基本原理
（a）典型电路；（b）基频伏安特性

由于电抗器中所含电阻很小，可以近似看成纯电感负载。由于电感的存在，当触发延迟角 $\alpha < 90°$ 时，触发晶闸管会产生含直流分量的不对称电流。因此，TCR 型晶闸管阀的触发延迟角的有效范围为 $90° \sim 180°$。通过对 α 的控制，可以连续调节流过电抗器的电流，从而连续调节电抗器的基波无功功率，进而调节电路从电网中吸收的无功功率。当 $\alpha = 90°$ 时，晶闸管完全导通，与晶闸管串联的电抗器相当于直接接到电网上，这时其吸收的基波电流和无功功率最大。当 α 在 $90° \sim 180°$ 时，晶闸管在部分区间导通。增大触发延迟角的效果就是减少电流中的基波分量，相当于增大补偿器的等效感抗，或者减小其等效电纳，因而减小了其吸收的无功功率。当 $\alpha = 180°$ 时，TCR 不吸收无功功率，对电力系统不起任何作用。

对于 TCR，电抗器电流的表达式为

$$\begin{cases} i_L = \sqrt{2}u(\cos\alpha - \cos\omega t)/X_L & \alpha < \omega t \leqslant \alpha + \delta \\ i_L = 0 & \alpha + \delta < \omega t < \alpha + \pi \end{cases} \qquad (5-13)$$

式中：u 为电网电压有效值；X_L 为电抗器的电抗，$X_L = \omega L = 2\pi fL$；δ 为导通角，与 α 的关系为 $2\alpha + \delta = 2\pi$。

i_L 的基波电流有效值

$$I_1 = \frac{\delta - \sin\delta}{\pi X_L}u \qquad (5-14)$$

TCR 的基频伏安特性如图 5-23（b）所示，可表示为

$$u = u_{ref} + jX_S I_1 \qquad (5-15)$$

式中：X_S 为系统等效阻抗；u_{ref} 为电网电压参考值。

可以看出，TCR 的基频伏安特性实际上是一种稳态特性，该特性曲线上的每一点都是 TCR 在导通角 δ 为某一角度时的等效感抗的伏安特性曲线上的一点。TCR 之所以能从其电压-电流特性曲线上的某一稳态工作点转移到另一稳态工作点，都是控制系统不断调节触发延迟角 α，从而不断调节导通角 δ 的结果。

单独的 TCR 由于只能吸收感性的无功功率，因此往往与并联电容器配合使用。并联上电容器后，总的无功功率为 TCR 与并联电容器无功功率抵消后的净无功功率。如配以固定电容器，则称为 TCR＋FC 型 SVC，有时也简称 TCR，此时可以在从容性到感性的范围内连续调节无功功率。另外，并联电容器串联上小的调谐电抗器可以兼作滤波器，以吸收 TCR 产生的谐波电流。

5.5.3　晶闸管投切电容器（TSC）

固定并联电容补偿方式的优点在于补偿设备建造费用低、运行和维护简单，但是这种补偿方式无法解决无功功率的过补偿和欠补偿问题。与用机械开关投切电容器的方式相比，TSC 具有无机械磨损、响应速度快、平滑投切以及综合补偿效果良好等优点。

TSC 的基本原理如图 5-24 所示。从中可以看出，TSC 的基本原理是用 5.2 中的交流无触点开关来投入或切除电容器。图 5-24 中给出的是单相电路，实际上常用的是三相电路，这时可以采用三角形联结，也可以采用星形联结。图 5-24（a）所示为 TSC 单相电路结构简图，其中的两个反并联晶闸管将电容器并入电网或从电网断开，串联的小电感用来抑制电容器投入电网时可能造成的冲击电流，在很多情况下，这个电感往往不画出来。对于 TSC，晶闸管只作为投切电容器的开关，不能连续调节无功功率，不像 TCR 中的晶闸管那样起相控作用。当电容器投入时，TSC 的电压-电流特性就是该电容的伏安特性，如图 5-24（c）中 A 所示。

在工程实际中，为避免容量较大的电容器组同时投入或切断对电网造成较大的冲击，一般把电容器分成几组，如图 5-24（b）所示。这样可根据电网的无功功率需求投切这些电容器，TSC 实际上就成为断续可调的动态无功补偿器。电容器的分组可以有各种方法，从动态特性考虑，能组合产生的电容值级数越多越好；从设计制造简化和经济性考虑，电容器容量规格不宜过多，对两者可折中考虑。

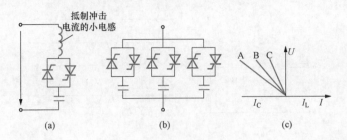

图 5 - 24　TSC 的基本原理

(a) 单相电路结构简图；(b) 分组投切的 TSC 单相电路结构简图；(c) 电压 - 电流特性

综合这些问题可以采用二进制方案，在该方案中，采用 $k-1$ 个电容值均为 C 的电容器和一个电容值为 $C/2$ 的电容器，这样的分组法可使组合成的电容值有 $2k-1$ 级。按照投入电容器组数的不同，TSC 的电压 - 电流特性可以如图 5 - 24（c）中 A、B 或 C 所示。

与 TCR 相比，TSC 虽然不能连续调节无功功率，但具有运行时不产生谐波而且损耗较小的优点。因此，TSC 已在电力系统尤其是低电压等级的电网中获得了较广泛的应用，而且在很多情况下是与 TCR 配合使用构成 TCR＋TSC 混合型补偿器。

TSC 系统的应用形式非常灵活，可分别按电压等级和补偿对象进行划分。按电压等级可划分为：①低压补偿，即 1kV 及其以下的补偿；②高压补偿，即 6～35kV 的补偿。按补偿对象可划分为：①面向系统的补偿，该补偿方式旨在维持系统电压在一定的范围内变化，一般为高压补偿方式；②面向负荷补偿，该补偿方式直接针对某一负荷进行补偿，消除其对电网的无功功率冲击。

TSC 运行时，晶闸管应在交流电源电压与电容器预先充电电压相等时投入。因为根据电容器的特性，当加在电容上的电压有阶跃变化时将产生一个冲击电流，可能破坏晶闸管或给电源带来高频振荡等不利影响。

对于电容器，其预先充电电压为电源电压峰值；对于晶闸管，其触发相位固定在电源电压的峰值点。根据电容器的特性方程，有

$$i_C = C \frac{\mathrm{d}u_C}{\mathrm{d}t} \tag{5 - 16}$$

在投入电容器时，由于在这一点上电源电压的变化率（时间导数）为零，因此电流 i_C 即为零，随后电源电压（也即电容电压）的变化率按正弦规律上升，电流也按正弦规律上升。这样在整个投入过程不但不会产生冲击电流，而且电流也没有阶跃变化。这就是所谓的理想投入时刻。

图 5 - 25 所示为理想投切时刻原理说明，它以简单的电路原理图和投切时的波形对此做了说明。

在图 5 - 25 中，设电源电压为 e_S，在本次导通开始之前，电容器的端电压 u_C 已通过上次导通时段最后导通的晶闸管 VT1 充电至电源电压 e_S 的峰值，且极性为正。

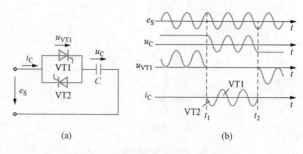

图 5-25　理想投切时刻原理说明

（a）电路图；（b）波形

本次导通开始时刻取为 e_S 和 u_C 相等的时刻 t_1。此时，给晶闸管 VT2 以触发脉冲，使其开通，则电容电流 i_C 开始流通，实际电流的方向与规定的方向相反。之后每半个周波发出触发脉冲轮流给 VT1 和 VT2，直到需要切除这条电容支路。在 t_2 时刻，停止触发脉冲，i_C 为零，VT2 由导通变为关断，VT1 因未获触发而不导通，电容电压保持为 VT2 导通结束时的电源电压负峰值，为下次投入电容器做了准备。

在实际的 TSC 设计中，也可以采用晶闸管和二极管反并联的方式代替两个反并联的晶闸管，这样可以使导通前电容充电电压维持在电源电压的峰值，如图 5-26 所示。一旦电容电压比电源电压峰值有所降低，二极管会将其充电至峰值电压，因此不会发生两晶闸管反并联方式中电容器充电电压下降的现象。但是，由于二极管是不可控的，当要切除该电容支路时，最大的时间滞后为一个周波，因此其响应速度比两晶闸管反并联的方式稍慢，但成本要低一些。

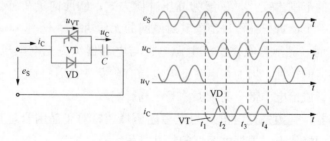

图 5-26　采用晶闸管和二极管反并联方式的 TSC

5.5.4　其他静止无功补偿装置（SVC）

1. TCR+FC 型 SVC

当 TCR 与固定电容器配合使用时，被称为 TCR+FC 型 SVC，其伏安特性如图 5-27 所示。可以看出，与单独的 TCR 的伏安特性相比，相当于在坐标原点逆时针旋转了一定的角度，这个角度的大小和并联电容器的参数等有关。当改变控制系统的参考电压时，可以改变特性曲线在纵轴上的截距，因而可以使特性曲线的水平段上下移动。作为其特性曲线左边界的斜线，就是晶闸管导通角为零，即 $\alpha=180°$ 时的伏安特性，此时相当于仅有固定电容器并联在母线上时电容器的伏安特性；而作为右边界的斜线段，就是晶闸管完全导通，即 $\alpha=90°$ 时的伏安特性，此时相当于串联电抗器直接接在母线上时，与并联电容器并联产生的总等效阻抗的伏安特性，而它所对应的无功功率是电容器与电抗器无功功率对消后的净无功功率。因此，如果要求这种补偿器既能补偿感性无功功率又能补偿容性无功功率，则电抗器的容量必须大于电容器的容量。这种补偿器的缺陷是：当补偿器工作在吸收很小的容性或感性无功功率的状态时，其电抗器和电容器实际上都已吸收了很大的无功功率，因此都有很大的

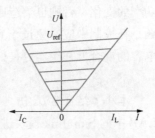

图 5 - 27 TCR＋FC 型 SVC 的伏安特性

电流流过，只是相互对消了而已，这显然降低了 TCR 的使用效率。

2. TCR＋MSC 型和 TCR＋TSC 型 SVC

对上述配置加以改进，将并联电容器的一部分或全部改为可以分组投切的电容器，如图 5 - 28 所示。这样伏安特性中电容器造成的偏置度就可以分级调节，就可以根据系统的实际情况来改变 TCR 的容量。这样的补偿器称为 TCR＋可投切电容器型的静止补偿器，或者称为混合型静止补偿器。图 5 - 28 给出的即为部分并联电容器可以分组投切的混合型静止补偿器，它包括一组固定电容器和三组可投切电容器。当电容器的投切开关为机械断路器时，称为 TCR＋MSC 型静止补偿器；当电容器的投切开关为晶闸管时，称为 TCR＋TSC 型静止补偿器。

混合型静止补偿器的伏安特性如图 5 - 29 所示。其中 0—1—1′、0—2—2′、0—3—3′ 和 0—4—4′ 分别对应图 5 - 28 中 TCR 并联一组、两组、三组和四组电容器时的伏安特性，故形成总的电压 - 电流特性为 0—4—1′。为了在切换时保持电压 - 电流特性连续而不出现跳跃，在 TCR 的控制器中应有代表当前并联电容器组数的信号，当一组并联电容器投入或切除时，该信号使 TCR 的导通角立即调整，以使所增减的容性无功功率刚好被 TCR 的感性无功功率变化所平衡。

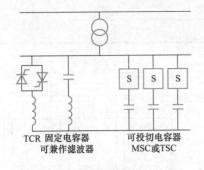

图 5 - 28 混合型静止补偿器

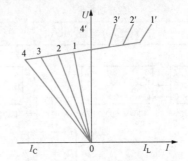

图 5 - 29 混合型静止补偿器的伏安特性

从图 5 - 29 可以看出，混合型静止补偿器中 TCR 的容量只需在对消那组固定电容的容性无功功率后能满足对感性无功功率的要求即可，而不必像 TCR＋FC 型 SVC 补偿器那样要能在对消全部并联电容器的容性无功功率后满足对感性无功功率的要求。另外，混合型补偿器中 TCR 的容量应略大于每次电容切换时容性无功

功率的变化，否则也会造成电压 - 电流特性在切换处断续。混合型补偿器的主要问题是在控制中应避免过于频繁地投入或切除电容器组，对于使用机械断路器投切电容的混合型补偿器更是如此。

5.5.5　仿真算例

本小节结合 SVC 仿真算例说明交流电力变换电路的原理与性能。采用 MAT-LAB 中的 Simulink 模块进行仿真，建立了 SVC 仿真模型，如图 5 - 30 所示，系统仿真主要参数见表5 - 1。该仿真系统由短路功率为 6000MVA 的电网等效电源和 200MW＋50Mvar 的负荷串联组成，负荷侧并联 SVC 设备。SVC 的结构包括一个 500/10kV、333MVA 的耦合变压器，一个 109Mvar 的 TCR 组和三个 94Mvar 的 TSC 组（TSC1、TSC2、TSC3）。通过相位控制 TCR 可以输出在 0～109Mvar 内连续变化的感性无功功率，通过 TCR 的配合 TSC 可以输出在 0～109Mvar 内连续变化的容性无功功率与最大 282Mvar 的容性无功功率。

表 5 - 1　　　　　　　　　　系 统 仿 真 主 要 参 数

参数	数值
系统电压/kV	500
系统容量/MVA	6000
配电网电压/kV	10
电网频率/Hz	50
线路电感/mH	0.389
滤波电容/μF	0.25
TCR 电感/mH	0.9
TSC 电容/μF	928.4
TSC 电感/mH	1.43
负载有功容量/MW	200
负载无功容量/Mvar	50

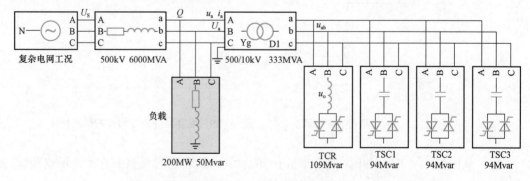

图 5 - 30　SVC 仿真模型

该仿真算例主要研究电网电压在 0.2s 提升至额定值的 101.5％、在 0.5s 降低至额定值的 95%、在 0.8s 再恢复到额定值的过程中，TCR＋TSC 型 SVC 对维持系统电压稳定、实现连续和动态无功补偿的情况。仿真结果如图 5-31～图 5-36 所示。

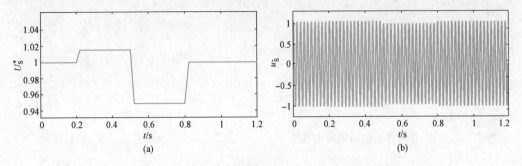

图 5-31　电网电压幅值波形及 A 相电压波形

（a）电网电压幅值波形；（b）A 相电压波形

图 5-31 所示为电网电压幅值波形及 A 相电压波形，图 5-32 所示为 SVC 并网点，即耦合变压器一次侧相电压和电流波形，图 5-33 所示为 SVC 并网点电压幅值与参考值波形。由此可以看出，系统在电压波动的情况下，SVC 装置可以有效补偿接入点电压，减小输电线路上因为功率流动变化而造成的电压波动，从而提高了输电系统的电压稳定性。

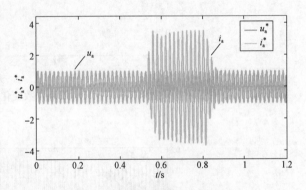

图 5-32　SVC 并网点相电压和电流波形

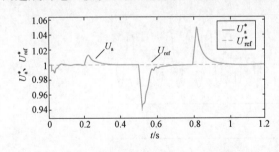

图 5-33　SVC 并网点电压幅值与参考值波形

图 5-34 所示为 SVC 补偿点无功功率变化情况，图 5-35 所示为 TCR 触发延迟角 α 变化情况，图 5-36 所示为 TSC 投切个数变化情况，图 5-37 所示为 TCR 输入输出电压波形及局部放大图。从中可以看出，仿真开始时，在 TCR 和投入一组 TSC 的共同作用下，SVC 无功功率逐渐趋于零。当 $t=0.2$s 时，电源电压突然增加到额定值的 101.5%，SVC 通过吸收无功功率（$Q=-95$Mvar）抑制电压上升，使电压恢复到额定值。此时，TSC 全部关断，TCR 的触发延迟角 $\alpha=140°$。当 $t=0.5$s 时，电源电压突然降低到额定值的 95%，SVC 通过发送 282Mvar 的容性无功功率来抑制电压降低，将电压增大到额定值。此时，三个 TSC 均导通，TCR 几乎不吸收任何无功功率

（$\alpha=180°$）。最后，当 $t=0.8\text{s}$ 时，电网电压恢复到额定值，TCR 的触发延迟角 α 降低至 143°，TSC2 和 TSC3 关断，系统无功功率逐渐降低至零。

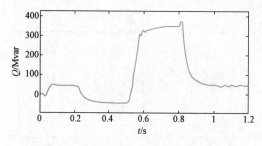

图 5-34　SVC 补偿点无功功率变化情况　　　　图 5-35　TCR 触发延迟角 α 变化情况

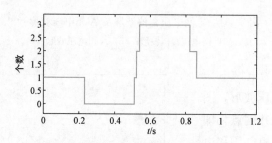

图 5-36　TSC 投切个数变化情况

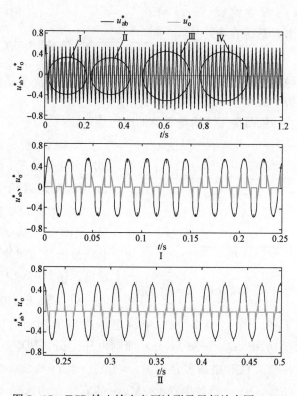

图 5-37　TCR 输入输出电压波形及局部放大图（一）

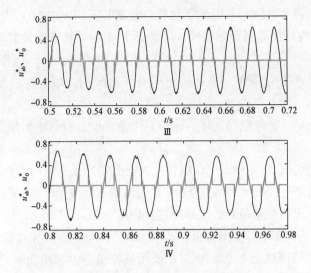

图 5 - 37　TCR 输入输出电压波形及局部放大图（二）

因此可以看出，SVC 的补偿点电压和无功功率在电网电压稳定时保持不变，在 0.2s 和 0.5s 电网电压波动时，能迅速做出反应，可以从感性到容性连续地进行动态无功补偿，使系统电压恢复至额定值，极大地提高了电力系统供电的可靠性。

 习　　题

第5章
仿真程序与讲解

5 - 1　在单相交流调压器中，电源电压 $U_1 = 120V$，电阻负载 $R = 10\Omega$，当触发角 $\alpha = 90°$ 时，计算负载电压有效值 U_o、负载电流有效值 I_o、负载功率 P_o 和输入功率因数 λ。

5 - 2　一调光台灯由单相交流调压电路供电，如图 5 - 38 所示。设该台灯可看作电阻负载，在 $\alpha = 0°$ 时输出功率最大，试求功率为最大输出功率的 80%、50% 时的触发角 α。

5 - 3　某单相交流调压器如图 5 - 39 所示，由工频额定电压为 220V 的交流电源供电，负载为阻感串联，其中 $R = 0.5\Omega$，$L = 2mH$。试求：（1）触发角 α 的移相范围；（2）负载电流的最大有效值；（3）最大输出功率及此时电源侧的功率因数；（4）当 $\alpha = \pi/2$ 时，晶闸管电流有效值、晶闸管导通角和电源侧功率因数。

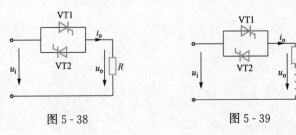

图 5 - 38　　　　　　　　　　　　　图 5 - 39

5-4 交流调功电路，采用过零触发。电源电压 $U_1 = 220V$，电阻负载 $R = 1\Omega$，在控制周期 T_C 内，使晶闸管导通 0.3s、断开 0.2s，计算电阻负载的功率及该电路的最大功率。

5-5 交流调压电路和交流调功电路有什么区别？两者各应用于什么样的负载？为什么？

5-6 AC-AC 变频电路的最高输出频率是多少？制约输出频率提高的因素是什么？

5-7 举例说明 AC-DC-AC 组合变换电路的特点及应用场合。

5-8 什么是 TCR？什么是 TSC？它们的基本原理是什么？各有何特点？

5-9 静止无功补偿装置的基本原理及作用。

5-10 某用户 10kV 变电站低压有功负荷为 400MW，无功负荷为 320Mvar，现提升低压侧功率因数至 0.92，则需在低压侧补偿多少无功功率。现有一个 TCR 和三个 TSC 型装置组成的 SVC 系统，TSC 单台容量为 90Mvar，TCR 支路电感为 24.8mH，则需要投入几组 TSC 电容器？TCR 晶闸管的控制角是多少？

参 考 文 献

[1] 王兆安，刘进军. 电力电子技术 [M]. 5 版. 北京：机械工业出版社，2009.

[2] 袁立强，赵争鸣，宋高升，等. 电力半导体器件原理与应用 [M]. 北京：机械工业出版社，2011.

[3] 陈坚，康勇. 电力电子学——电力电子变换和控制技术 [M]. 3 版. 北京：高等教育出版社，2011.

[4] HART D W. Power electronics [M]. New York：McGraw Hill Higher Education，2010.

[5] 杨旭，裴云庆，王兆安. 开关电源技术 [M]. 北京：机械工业出版社，2004.

[6] 赵婉君. 高压直流输电工程技术 [M]. 2 版. 北京：中国电力出版社，2011.

[7] 王兆安，刘进军，王跃，等. 谐波抑制和无功功率补偿 [M]. 3 版. 北京：机械工业出版社，2015.

[8] 陈坚. 柔性电力系统中的电力电子技术：电力电子技术在电力系统中的应用 [M]. 北京：机械工业出版社，2012.

[9] （奥）WAKILEH G J. 电力系统谐波：基本原理、分析方法和滤波器设计 [M]. 徐政，译. 北京：机械工业出版社，2011.

[10] （英）ANAYA - LARA O，JENKINS N，EKANAYAKE J，等. 风力发电的模拟与控制 [M]. 徐政，译. 北京：机械工业出版社，2011.

[11] 韩民晓，文俊，徐永海. 高压直流输电原理与运行 [M]. 3 版. 北京：机械工业出版社，2019.

[12] （法）MONMASSON E. 电力电子变换器：PWM 策略与电流控制技术 [M]. 冬雷，译. 北京：机械工业出版社，2016.

[13] 邹甲，赵锋，王聪. 电力电子技术 MATLAB 仿真实践指导及应用 [M]. 北京：机械工业出版社，2018.

[14] （德）LUTZ J，SCHLANGENOTTO H，SCHEUERMANN U，等. 功率半导体器件：原理、特性和可靠性（原书第 2 版） [M]. 卞抗，杨莺，刘静，译. 北京：机械工业出版社，2020.

[15] 王丁，朱学东，沈永良，等. 电力电子技术与器件应用 [M]. 北京：机械工业出版社，2015.

[16] 阮新波. 电力电子技术 [M]. 北京：机械工业出版社，2021.

[17] 张兴，张崇巍. PWM 整流器及其控制 [M]. 北京：机械工业出版社，2012.